KB143710

코끼리도 장례식장에 간다

코끼리도 __장례식장에 __간다

동물들의 10가지 의례로 배우는 관계와 공존

케이틀린 오코넬 지음 | 이선주 옮김

현대
지성

추천의 글

〈남극의 눈물〉을 제작할 당시 남극대륙에서 일 년 동안 황제펭귄과 함께했다. 눈과 얼음만 존재하는 그곳에서 살아남기 위해 황제펭귄들은 독특한 집단 의례를 보여줬다. 바로 허들링이다. 블리자드가 불기 시작하면 약속이나 한 듯 주변에 흩어져 있던 수천 마리의 펭귄들이 한자리에 모여 몸을 밀착시키고 거대한 원을 만든다. 바깥쪽의 펭귄들이 등으로 혹한의 바람을 온전히 막아내 안쪽의 펭귄들을 보호하는 것이다. 놀랍게도 원을 천천히 회전시켜 바깥쪽의 펭귄들이 안쪽으로 들어올 수 있도록 안쪽의 펭귄들이 바깥으로 자리를 비켜준다. 이런 공동체적인 행동 덕분에 황제펭귄들은 수천 년 동안 차가운 얼음 대륙에서 버텨올 수 있었다.

먹이를 찾으러 떠났다가 무사히 돌아온 엄마 펭귄을 기쁨에 찬 울음소리로 반기는 새끼 펭귄, 짝짓기를 위해 귀여운 몸짓으로 놀이를 제안하는 암컷 반달곰, 어떻게든 숨 쉬게 하려고 이미 죽어버린 동료를 끝없이 수면 위로 들어 올리는 돌고래를 촬영할 때마다 인간을 보는 것 이상의 감동을 느끼곤 한다. 이제 팬데믹의 공포가 서서히 사그라들고 있다. 코로나19 이전으로 온전히 돌아갈 수는 없겠지만 조금씩 언택트에서 벗어나 콘택트로 삶의 비중이 이동하고 있다. 팬데믹 기간을 지내며 관계의 중요성을 뼈저리게 실감했다. 그리고 동물행동학의 권위자 케이틀린 오코넬의 『코끼리도 장례식장에 간다』를 읽으면서 관계와 공존에 대한 해답을 찾아가는 중이다.

저자는 아이러니하게도 인간이 아니라 동물들의 행동을 통해 공동체와 공존의 가치를 주장한다. 인간뿐 아니라 야생동물도 모두 사회적 '존재'이기 때문이다. 우리는 모두 함께 살아가는 존재다. 케이틀린은 그 사실을 야생 현장에서 몸소 체험할 수 있었다. 이 책은 30년 이상 현장에서 연구한 동물학자의 관계와 공존에 대한 빛나는 통찰이 담긴 공생 다큐멘터리다. 지구상에서 이념, 빈부, 성별, 세대 갈등 그리고 자국 이익을 위한 전쟁이 벌어지고 있는 요즘, 다른 누구도 아닌 동물에게서 해답을 구해보는 건 어떨까. 나는 이 책이 답을 줄 것이라 믿는다.

_김진만, 다큐멘터리 〈아마존의 눈물〉 〈남극의 눈물〉 PD

케냐 마사이마라, 탄자니아 세렝게티 국립공원에서 코끼리를 실제로 본 적이 있다. 동물이 좋아서 아프리카로 떠난 사파리 여행이었다. 처음에는 사자, 표범, 치타와 같은 맹수를 찾아 눈을 크게 뜨고 다녔다.

그러던 어느 날, 그늘에 차를 세우고 바닥에 걸터앉아 점심 식사로 샌드위치를 입에 물고 있는데 멀리서 떠들썩한 소리가 들려왔다. "이히힝, 히히힝" 커다란 코로 내는 소리가 멀리 울려 퍼졌고 걸음걸이도 쿵쿵 느껴졌다. 부모와 새끼가 섞여 있는 코끼리 가족 무리였다.

코끼리들은 인간은 아랑곳하지 않은 채 물웅덩이에 들어가 물을 내뿜으며 떠들썩하게 진흙 위를 뒹굴었다. 한참이 지난 후, 코끼리들은 시원하다는 듯 자리를 털고 일어나 다시 길을 떠났다. 나를 포함한 인간 몇몇은 샌드위치를 마저 먹지도 못한 채 뭔가에 홀린 듯 그 모습을 지켜봤다.

당시 내가 머릿속으로 그려왔던 아프리카는 거친 포식 동물이 연약한 초식동물을 잡아먹는 야생의 현장이었다. 기대했던 것처럼 치타가 뛰어다니며 톰슨가젤을 사냥하는 모습을 보기도 했지만, 그보다 더 기억에 남는 것은 코끼리가 목욕과 놀이를 하던 그날 오후의 장면이었다. 코끼리 가족이 함께 몸을 씻고 놀이를 하는 모습을 보며 코끼리와 인간이 크게 다르지 않다는 사실을 직감적으로 깨달았다.

이 책의 저자는 아프리카에서 동물을 관찰한 경험을 바탕으로 야생동물도 인간과 마찬가지로 인사를 하고, 선물을 하고, 여행을 하며, 놀이를 한다는 사실을 알려준다. 저자가 들려주는 동물 이야기를 따라가다 보면 지구라는 행성에서 의례를 행하는 지적인 생명체가 인간 외에도 여럿 있다는 것을 알게 된다. 풍요로운 지구 위에서 이들과 오랫동안 함께 살고 싶다는 생각이 든다.

_이원영, 동물행동학자 / 극지연구소 선임연구원

책을 덮으니 내 반려견 뭉크의 마지막이 떠올랐다. 그 시절 뭉크는 걷지를 못했는데, 죽기 며칠 전 신기하게도 벌떡 일어나 집 안 구석구석을 아주 정성스럽게 냄새 맡고 다녔다. 그때는 기적 같은 것인 줄로만 알았다. 그런데 이 책을 읽고 나니 뭉크의 마지막 의례였다는 것을 이제는 알겠다. 그때 뭉크는 온 힘을 다해 예를 갖추어 자신이 머물렀던 정든 곳에 마지막 인사를 한 것일지도 모르겠다.

나는 나의 마지막도 뭉크와 같기를 바란다. 이 책 속의 코끼리, 얼룩말, 침팬지, 기린, 늑대와 같기를 바란다. 그들처럼 내가 맺은 관계 하나하나에 온 마음을 담아 제대로 된 인사를 할 수 있기를 바란다. 나의 삶 역시 그들과 조금이라도 비슷해지기를 바라며 한 번 더 책을 펼쳐본다.

매일 집을 나서고 돌아올 때마다 열정적으로 온몸을 흔들며 인사를 했던 뭉크처럼, 이 지구상에서 머무는 짧은 순간을 최선을 다해 강렬하게 빛냈던 이 책 속의 동물들처럼 살아가는 법을 되새기기 위해서. 현명한 동물들은 더 꽉 껴안고, 더 오래 바라보고, 더 신명 나게 춤추고, 더 크게 웃고, 더 오랜 시간을 들여 슬퍼하며 삶을 채워나간다.

시간이 흐르고 반복되는 계절 속에서 아무리 여러 번 그것이 행해진다고 하더라도 그들은 어김없이 모든 힘을 다해 의례를 치를 것이다. 이들처럼 매일매일의 작은 의례들에 마음을 쏟아 온전히 표현하며 살아간다면 우리의 삶도 그렇게 무의미한 것만은 아닐지도 모른다.

_루리, 『긴긴밤』 저자

케이틀린 오코넬은 인간과 동물 모두의 의례 그리고 인간과 동물을 연결하는 깊은 유대 관계를 매력적으로 조명한다.

『코끼리도 장례식장에 간다』는 과학적 발견과 스토리텔링의 다채로운 조합을 보여준다. 이 책은 동물 무리의 의례에 근거해 폭력을 줄이고 더 부드럽고 안전한 삶을 영위하는 방법을 알려준다. 그리고 어떻게 인간이 아닌 동물들이 우리 자신과 공명할 수 있는지 보여준다.

케이틀린 오코넬은 곤충에서 인간까지 모든 동물을 아우르는 이 광범위하고 아름다운 책을 통해 우리와 자연 세계가 얼마나 깊이 관계를 맺고 있는지 보여준다. 더불어, 격렬한 갈등을 겪고 있는 분열의 시대에 우리가 어떻게 의례를 통해 다시 서로 연결될 수 있는지 강조한다.

자연에는 의례가 정말 많다. 케이틀린 오코넬은 우리가 동물의 왕국을 즐겁게 여행하면서 놀이, 구애, 인사, 애도 의례들을 발견하도록 친절하게 안내한다. 의례 덕분에 우리는 사회를 조금 더 잘 예측할 수 있고, 더 쉽게 대처할 수 있다.

눈을 떼지 못하게 흥미진진하며 풍부한 정보와 희망을 전달하는 책이다. 페이지를 넘길 때마다 감동적이고 흥미롭고 경이롭고 색다른 통찰력을 발견하게 된다. 케이틀린 오코넬은 끝없는 호기심과 열정으로 글을 썼고, 그의 책 덕분에 우리는 의례를 통해 더 깊고 의미 있게, 궁극적으로는 더욱더 인간적으로 살 수 있을 거라는 새로운 희망을 품게 된다. 특히 요즘처럼 힘든 시기에 꼭 읽어야 할 책이다.

_제니퍼 애커먼, 『새들의 방식』 『새들의 천재성』 저자

동물 행동 전문가이자 탁월한 스토리텔러인 케이틀린 오코넬은 방대하지만 잘 알려지지 않은 의례의 왕국을 이 책에서 탄탄하고 유쾌하고 아름답게 조명한다.

_칼 사피나, 『소리와 몸짓』 『야생적으로 살기』 저자

저자는 30년 넘게 자연 서식지에서 동물들을 연구해왔으며, 애도하는 법, 선물하는 법, 놀이하는 법, 인사하는 법을 포함해 그들이 우리 인간에게 가르쳐주는 10가지 교훈을 이 책에 담았다. 이 이야기는 놀라울 정도로 매혹적이며 영감이 풍부하다.

_그레이티스트

흥미진진하면서도 교훈적이다. 저자가 여러 대륙을 횡단하며 연구를 진행하는 동안 목격한 동물들의 의례 행위와 인간 사회의 모습, 저자의 솔직한 이야기로 가득한 이 책은 막힘없이 술술 읽힌다.

_미국동물복지연구소

아빠, 감사해요. 아빠 덕분에 뉴저지주 위코프에 있던 우리 집 뒤 시내와 숲에서 처음으로 가재와 도마뱀을 봤죠. 저에게 컬버호수에서 낚시하는 법을 알려주시고, 캠핑에 데려가주시고, 아홉 살 때 스쿠버다이빙하는 방법을 가르쳐주셔서 감사해요. 자연에 대한 사랑과 방랑벽을 물려주셔서 감사해요. 아빠한테서 물려받은 게 틀림없어요.

차례

들어가는 글

우리가 잃어버린 것

"살아 있는 생명체 모두를 사랑하는 것은
인간의 가장 고귀한 재능이다."

_찰스 다윈

코끼리의 인사

무샤라 웅덩이를 향해 차를 모는 동안 내 머릿속에는 여러 가지 생각
이 스쳐 지나갔다. 나미비아의 에토샤 국립공원 북동쪽 모퉁이로 가
는 길이었다. 나는 지난 30년 동안 매해 7월 무렵에 그곳을 방문해 코
끼리를 연구했다. 2만 2,000제곱킬로미터가 넘는 넓은 땅에 위치한
에토샤 국립공원은 아프리카에서 가장 큰 국립공원으로 손꼽힌다. 이
곳에 살고 있는 코끼리의 수는 약 3,000마리에 이른다.

　나는 생각에 잠겨 먼지에 휩싸인 채 희뿌옇게 바랜 지평선을 바라
보았다. 흙먼지가 날리던 그 순간, 길 한가운데에서 갑자기 두 마리의
거대한 동물이 모습을 드러냈다. 차가 달려오는 것을 알아차리지 못
한 듯했다. 나는 코끼리 두 마리와 충돌하지 않으려고 황급히 브레이

크를 밟아 차를 멈춰 세웠다. 코끼리는 땅에 사는 동물 중 가장 덩치가 크다. 바로 내 눈앞에서 암컷 코끼리 두 마리가 흰 먼지구름을 잔뜩 일으키며 서로를 향해 다가서고 있었다.

'코끼리 시간'이 시작되는 때에 맞춰 웅덩이로 달려가고 싶었지만, 이미 한 시간이나 늦어버렸다. 나는 하루 중 코끼리 가족이 웅덩이에 모이는 시기를 '코끼리 시간'이라고 불렀다. 오후 네 시부터 새벽 두 시까지가 '코끼리 시간'이다. 그곳에는 내가 연구팀과 함께 연구하고 있는 코끼리들도 있었다. 코끼리들을 식별할 수 있는 목록을 만들려면 해가 지기 전에 사진을 찍어두어야 했다.

먼지가 가라앉자 나는 곧바로 '노브노즈'와 '도넛'을 알아봤다. 나는 내가 좋아하는 코끼리들에게 각각의 특징에 어울리는 이름을 지어주었다. 노브노즈의 코에는 커다란 혹이 튀어나와 있었고, 도넛의 귀에는 도넛 모양 같은 커다란 구멍이 나 있었다. 다른 방향에서 걸어오던 그들은 서로를 알아보자마자 곧장 앞으로 달려 나갔다. 이번에도 그들은 으레 나누던 인사를 나누기 위해 내 길을 막았다.

코끼리들은 얼굴을 마주하고 섰다. 머리를 어깨 위로 높이 쳐들고 귀를 빠르게 퍼덕거렸다. 도넛은 코를 치켜 올리고 우레 같은 소리로 울부짖었다. 방금 뭔가 끔찍한 일이 벌어지기라도 한 듯한 소리였다. 오랫동안 관찰한 끝에, 나는 야생 코끼리들이 엄청나게 흥분하면 이렇게 소리를 지른다는 사실을 알게 되었다. 코끼리들은 부드러운 소리를 내면서 서로의 코를 상대의 입가로 가져갔다. 두 코끼리는 코를 길게 뻗어 악수하고 있었다. 도넛이 코끝을 노브노즈의 입가에 부드럽게 갖다 대자 둘 다 흥분해서 코끝을 떨었다. 노브노즈도 화답하듯 도넛의 입가에 자신의 코끝을 가져갔다.

그들에겐 당연한 인사 의례를 한 차례 마친 뒤에 두 코끼리는 북쪽을 바라보며 나란히 섰다. 둘은 코의 한 발 길이 정도나 되는 부분을 도로에 축 늘어뜨렸다. 코끼리의 코는 엄청나게 크고 무엇이든 휘감을 수 있지만 이번만큼은 코의 근육이 모두 사라진 것처럼 보였다. 그러고는 금방이라도 행진하려는 듯 어깨를 꼿꼿이 세웠다. 하지만 둘은 움직이지 않고 그 자리에 얼어붙은 것처럼 몸을 고정한 채 으르렁거리며 소리를 지르기만 했다. 그다음에 어김없이 하는 일이 있다. 갑자기 볼일을 시원하게 보는 것이다. 이 일을 마친 뒤에야 비로소 암컷 코끼리의 인사가 마무리된다. 순수한 기쁨을 극적으로 표현하는 그들만의 방식이다.

여러분은 이들이 엄청난 흥분에 휩싸인 채 서로를 반기는 모습을 보고 적어도 몇 년 만에 처음 만났으리라고 짐작할지도 모르겠다. 하지만 내 생각은 다르다. 얼마만인지 정확히 알 수는 없지만 기껏해야 몇 분에서 몇 시간 정도일 것이다. 한 마리를 볼 때마다 다른 한 마리도 멀지 않은 곳에 있었다. 그러니 분명 둘은 아주 오랫동안 떨어져 있지는 않았을 것이다. 두 코끼리는 내가 연구하는 지역에서 살고 있었다. 노브노즈는 코끼리 가족의 대장이고, 도넛은 부대장이다. 이들 무리는 주로 근처의 다른 웅덩이에서 생활하고 있어서 자주 관찰하지는 못했지만, 나는 늘 도넛이 노브노즈의 딸이라고 생각했다. 나이가 적당히 차이 났으며 둘은 아주 친밀한 관계였기 때문이다.

노브노즈와 도넛은 계속해서 길고 낮은 울음소리를 냈고, 빠른 속도로 귀를 퍼덕거리면서 열광적인 인사를 멈추지 않았다. 이제 눈 옆 측두샘에서 액체가 흘러내리면서 양쪽 뺨에는 두 개의 눈물 자국이 생긴다. 심리적으로든 생리적으로든 분명 뭔가 중요한 일이 벌어지고 있었다. 코끼리들이 이렇게 세세한 순서를 지켜 인사하는 목적은 확실했다.

우리도 동물 세계의 일부다

동물 세계의 의례를 우리 삶과 관련 지어 생각하기는 쉽지 않다. 그러나 사실 동물의 의례와 인간의 의례는 다르지 않고, 다르지 않아야만 한다. 동물이든 인간이든 평화롭게 공존하려면 인사 예절을 지키는 것은 정말 중요하다. 동물 세계에서 인사가 얼마나 중요한지 관찰하면서 우리는 이 '의례'의 필요성을 다시 한번 깨닫는다.

우리는 인사말 건네기, 머리 숙여 인사하기, 눈 맞추기, 포옹하기와 같은 행동들을 당연하게 여긴다. 하지만 인사할 때뿐만 아니라 구애를 하거나 인간관계를 맺거나 함께 어울리거나 애도할 때 지켜야 하는 의례들은 우리 삶에서 커다란 부분을 차지한다. 그런 의례를 지키기를 거부하면 잃을 게 많다. 의례는 어떻게 행동해야 할지 모르는 상황에서 우리에게 방법을 알려주고, 한 치 앞도 예측할 수 없는 세상에서 일상을 유지하게 해준다. 모두가 똑같이 행동할 때 우리는 하나의 공동체로 연결된다. 그러므로 예의를 갖춰 의식을 치르는 동물들에게서 우리가 배울 점이 많다.

사실 인간은 다른 동식물과 다양한 공통점을 공유한다. 어느 날 오후 워싱턴 DC의 자연사박물관에서 호모에렉투스 쪽에 전시된 인간의 조상에 관한 도표를 보다가 깜짝 놀랐다. 우리가 지닌 유전자의 50퍼센트는 바나나와 똑같다는 것이었다. 인간의 유전자가 초파리 유전자와 61퍼센트가 겹치고 쥐의 유전자와는 85퍼센트가 동일하며, 우리와 가장 가까운 침팬지의 유전자와는 98퍼센트나 일치한다는 사실은 진작 알고 있었지만, 바나나라니! 바나나는 뇌도 없고 척추도 없고 동물도 아니지 않은가.

우리는 '세포 유지'라는 유전자를 바나나와 공유한다. 이 유전자는 호흡, 회복, 재생 같은 기본적인 세포 기능을 유지하는 데 필요하다. 식물과 동물 모두 살아가기 위해서는 세포가 재생할 수 있어야 하고 지속적으로 이산화탄소나 산소를 소비해야 한다. 모든 생물이 유전자의 일정 부분을 공유한다는 사실은 놀랍지 않다. 인간은 지구의 다른 모든 생물과 서로 연결되어 있었다.

최근 유전자 연구에 따르면, 현재 모든 생물은 약 35억 년 전에 생겨난 단세포 생물에서 진화했다. 인간도 마찬가지다. 우리의 출발지는 '모든 생물의 마지막 공통 조상Last Universal Common Ancestor'의 머리글자를 따서 LUCA라고 이름 붙인 생물이었다. 지난 수십 년간 과학계는 생명의 근원지에 관해 논쟁해왔다. 생명이 시작된 곳이 소금기가 많거나 온도가 높은(심해 열수구나 화산 근처) 극한 환경인지, 아니면 다윈이 생각했듯 광합성을 할 수 있는 '작고 따뜻한 연못'인지 의견이 분분했다. 지금은 갈라파고스제도의 심해 열수구에서 생명이 시작되었다는 의견이 보편적이다.

단세포생물이 다세포생물로 진화하는 데는 30억 년 정도가 걸렸지만, 10억 년이 채 되지 않는 시간을 거슬러 올라가면 바나나와 인간을 포함한 모든 다세포생물의 공통 조상을 만날 수 있다. 덕분에 바나나와 인간의 유전자가 비슷하다고 말할 수 있는 것이다. 아직 이해하기 힘들다면, 인간도 엄마 배 속에 있을 때는 아가미구멍과 꼬리를 지닌다는 사실을 생각해보자. 모든 척추동물의 배아에는 아가미구멍이 있다. 모든 척추동물은 4억 년 전에 살았던 물고기와 공통 조상을 공유하기 때문이다. 말, 호랑이, 고래, 박쥐 그리고 인간과 같은 다양한 포유동물의 조상은 800만 년 전에 살았던 작은 '쥐'였다. 그래서 모든 포유동물은 젖샘과 몸털을 지니고 있고 가운데귀 속에는 작은 뼈 세 개가 있다는 분명한 특징을 공유한다.

우리는 인간을 다른 동물과 구분지어 생각하려는 경향이 있어서 인간이 더 발달하거나 우월한 존재라고 생각한다. 인간이 독특하고 유일무이한 존재라서 자연을 지배한다는 이제까지의 생각은 그릇되었다. 과연 인간이 다른 동물과 비슷하다는 깨달음은 인간의 권위에 대한 위협일까? 인간과 동물이 서로 비슷하다는 사실을 알고 기뻐할 수는 없을까? 특히 동물들의 의식을 지켜보고 있으면 그런 생각이 든다. 삶의 모든 면에서 동물은 믿을 수 없을 정도로 복잡하고 정교한 의례를 행한다. 덕분에 동물들은 험난하고 복잡한 세상에서 기어코 살아남는다. 의식을 치르면서 무슨 일이 일어날지 예측하고 가족이나 집단과 긴밀하게 소통한다. 동물들의 의례는 인간의 의례와 다를 바 없다.

뇌 영상 기술이 발달해 우리는 동물의 마음속에서 무슨 일이 벌어지는지 알 수 있다. 예를 들어 과학자들은 다른 영장류나 개, 암초 오징어 등 수많은 동물의 뇌를 비교해 인간과 동물의 뇌가 비슷하게 작동한다는 사실을 발견했다. 게다가 인간과 동물은 비슷한 환경에 노출되면 같은 호르몬을 분비한다. 많은 동물이 인간과 같이 감정을 느낀다는 사실을 보여주는 연구도 있다.

인류가 탄생한 이래로 야생동물은 끊임없이 인간의 상상력을 자극했다. 나는 이들을 관찰하면서 우리 자신에 대해 많은 것을 깨닫게 되어 매일같이 감탄한다. 코끼리들이 예의를 갖춰 인사하거나 새끼를 구하기 위해 힘을 모으는 장면을 지켜보면서 동물 사회가 인간 사회와 얼마나 비슷한지 새삼 다시 생각한다. 이가 모두 빠진 늙은 코끼리를 위해 젊은 코끼리가 음식을 대신 씹어서 먹여주는 다정함에 감동하지 않을 사람이 있을까? 인간이 노인을 돌보는 모습과 비슷하다고 생각되지 않는가?

이상하게 들릴지 모르지만 인간의 범주를 확대해 이처럼 높은 감성 지능을 지닌 동물들을 우리 구성원으로 받아들인다면 인간은 필연적으로 동물 사회에 더 공감할 수 있다. 따지고 보면 인간과 동물의 조상은 같다. 심지어 우리 안에서도 다른 집단끼리 조금 더 넓은 마음으로 서로를 받아들일 수 있을지도 모른다. 이 책에서는 야생동물과 인간이 공통적으로 행하는 의례들을 탐구한다. 그러면서 인간과 야생동물이 비슷하다는 사실을 깨닫게 될 것이다. 마지막에는 두 동물 집단의 차이점을 알아낼 수 있는 길도 제시하고자 한다.

과거와 현재, 나와 타인을 잇는 의례

나무 틈새로 햇빛이 어른거리는 아프리카 코트디부아르의 숲속을 상상해보자. 수컷 침팬지 한 마리가 수풀을 헤치고 커다란 무화과나무를 향해 다가가고 있다. 털썩 주저앉은 침팬지는 그 나무를 빤히 쳐다본다. 잠시 눈길을 돌렸다가 팔을 긁고는 다시 한번 나무에게로 골똘한 시선을 던진다.

그러더니 갑자기 벌떡 일어나 멜론 크기의 돌멩이를 집어 든다. 어깨를 들썩이기 시작하고 입술을 오므려 부드러운 신음을 낸다. 짧고 날카로운 신음 소리가 점점 거세지다가 크게 벌어진 입으로 비명이 새어 나온다. 침팬지는 이렇게 독특한 방식으로 목소리를 낸다. 침팬지의 강렬한 외침은 다음 행동으로 이어진다. 그는 나무의 튀어나온 부분을 겨냥해 힘껏 돌멩이를 던진다. 그다음 그곳으로 기어올라가 잠시 북을 치듯 나무를 발로 두드린다. '드러밍(가슴치기)'이라고 알려져 있는 행동이다. 가슴을 친 다음에는 비명을 지르며 숲속으로 달아난다.

아프리카 서부에 살고 있는 네 개의 침팬지 집단만이 돌을 던져 쌓는 이 이상한 의례를 행한다. 연구자들은 의례가 치러지는 장소에 도착할 때마다 특정한 나무 앞에 쌓인 돌무더기를 찾아냈다. 나무 한 그루마다 방금 돌에 맞아 생긴 패인 자국이 눈에 띄었다. 자국이 난 나무들에는 하나같이 튀어나오거나 움푹 꺼진 부분이 있었다. 일부러 북을 칠 때 큰 소리를 낼 수 있는 나무를 선택한 것 같았다. 각각의 장소에 설치된 카메라는 4년이 넘는 기간 동안 돌 던지기 의례를 63차례 녹화했다. 한 침팬지가 되풀이해 돌을 던지는 경우가 많았다.

성년이 된 수컷 침팬지가 대부분 이런 행동을 하는데, 언제나 세 가지 행동을 꼭 포함한다. 돌멩이를 집어 들고 특정 나무에 던지면서 점점 소리를 높여 비명을 지른다. 전문가들은 침팬지가 가슴을 칠 때 더 큰 소리를 내기 위해 돌을 던지기 시작했을 가능성이 높다고 한다. 그렇게 함으로써 더 멀리까지 영역을 표시할 수 있기 때문이다.

가슴치기 자체는 어느 침팬지 집단에서나 쉽게 볼 수 있다. 침팬지는 그 주변이 자기네 땅이라고 밝히거나 자신의 짝을 얻기 위해 가슴치기 의례를 활용한다. 가슴을 칠 때 나는 시끄러운 저주파 소리는 800미터 이상의 거리에 울려 퍼진다. 몇 가지 흥미로운 연구에서 침팬지들은 제각기 다른 방식으로 가슴을 쳐서 개성을 드러냈다. 어떤 연구들은 이 의례가 음악 리듬의 초기 형태로 자리 잡았을 가능성까지 설명한다.

침팬지의 의례는 인간의 의례와 관련이 있다고 여겨진다. 침팬지와 인간은 같은 조상에서 진화했기 때문이다. 그래서 연구자들은 침팬지의 사례가 인류의 조상이 의례를 만들었던 과정을 보여준다고 믿고 있다. 침팬지의 의례는 인류가 탄생한 초창기에 인간이 어떻게 사냥을 하고, 영역을 표시하고, 의례 장소를 정했는지를 보여준다. 비가 오기 시작하거나 우연히 폭포를 발견하면 침팬지는 어떤 의식처럼 보이는 춤을 춘다. 영장류 동물학자 제인 구달은 자연을 중심으로 구성된 이들의 의례를 본떠 인간의 종교의식이 생겨났을 수도 있다고 말한다.

돌을 던져 모으는 침팬지의 의례와 인간의 의례에는 몇 가지 중요한 공통점이 있다. 첫째, 나무 앞면과 같이 정해진 장소에서 일어난다. 둘째, 돌무더기가 한곳에 모이듯 시간이 지나면 흔적이 쌓인다. 마지막으로 일정한 순서를 지켜 행동한다. 가령, 돌을 집어 든 다음 나무를 향해 던진 뒤에 특정한 소리를 내는 식으로 행동이 차례차례 이루어지는 것이다.

돌을 던진 곳은 영역을 표시하는 기준점이나 길을 알려주는 이정표로 쓰였다. 인간의 여러 문명사회에서도 돌무더기는 이정표 역할을 톡톡히 수행했다(요즘도 도보로 여행하는 사람들은 돌무더기를 보고 길을 찾기도 한다). 서부 아프리카 원주민들은 신성한 나무 앞에 돌을 쌓아 제단을 만들었다. 이는 종교의 토대가 되었다.

인간은 수만 년 동안 의식을 치렀다. 고고학자들은 최근 아프리카 보츠와나 지역의 초딜로힐즈에서 가장 오래된 제사 장소를 발견했다. 산San 부족은 7만 년 전에 비단뱀에게 제사를 지냈다. 비단뱀은 산족에게 가장 중요한 동물로 여겨진다. 산족의 창조 신화에서 비단뱀은 인간의 조상이다. 비단뱀은 물을 찾아 헤맨 끝에 초딜로힐즈를 휘감고 도는 마른 강바닥을 창조했다고 전해 내려온다. 고고학자들은 초딜로힐즈의 작은 동굴에서 제사 장소를 발견했다. 커다란 바위는 비단뱀 모양으로 조각되어 있었고 비단뱀 문양의 벽화와 유물들이 남아 있었다. 그곳에서 발견된 화살촉은 수백 킬로미터 떨어진 곳에서 가져온 귀한 돌로 만든 것이었다. 고고학자들은 동굴의 숨겨진 공간에 종교 지도자가 머물렀을 것이라고 추정한다. 종교 지도자는 비단뱀 역할을 하는 샤먼이었다. 동굴은 순전히 제사 의식을 위한 장소였기에 사람들이 거기서 생활했다는 증거는 없다.

아프리카는 인류가 처음 등장한 곳 그 이상의 의미를 지닌다. 호모사피엔스는 일찍이 아프리카에서 의례에 관한 추상적인 사고를 시작했다. 추딜로힐즈의 제사 장소가 그 증거다. 유럽에서 근대적인 문화 의식이 나타나기 훨씬 전이었다.

의례를 종교적인 의식으로만 여길 때가 많다. 하지만 의례는 넓은 의미로 종교, 숭배, 영적인 관습의 경계를 훌쩍 뛰어넘는다. 정확한 절차에 따라 자주 되풀이하는 구체적인 행동은 모두 의례다. 차례대로 이어지는 행동들도 의례라고 할 수 있다. 의례는 요가의 태양 예배 자세를 반복하며 매일 연습하는 일처럼 간단할 수도 있고, 금요일 저녁마다 뉴욕 필하모닉 오케스트라에서 바이올린으로 베토벤 교향곡 5번을 연주하는 일처럼 복잡할 수도 있다. 침팬지의 돌 던지기처럼 평범한 행동에 의미가 깃들면 의례가 된다. 각각의 행동이 그 자체로 의미를 갖지는 않지만, 전체가 되면 의미를 얻는다.

영장류 동물학자 테니와 반 샤이크는 아주 좁은 의미로 의례를 정의한다. 그들은 집단행동 가운데 유전되는 것을 제외하고, 학습을 통해 행해지는 것만 의례라고 본다. 그들에 따르면 집단마다 서로 다르게 행동해야만 진정한 의례라고 할 수 있다. 다른 전문가들은 영장류 동물이 돌을 던져 쌓거나 애도하는 것을 의례로 인정한 바 있는데, 좁은 정의는 이러한 의례를 모두 제외한다. 심지어 종교가 종의 구분을 뛰어넘는 문화적 원형이라는 주장까지 거부한다. 나는 이 책에서 유전이든 학습된 행동이든 의례적으로 행해지는 사회적 행동들을 포함해 의례를 훨씬 폭넓게 정의하려고 한다. 이미 각 분야의 전문가들이 정의 내린 대로 말이다.

의례를 구성하는 각각의 행동은 보기보다 강력한 힘이 있고 다층적이다. 이 사실을 이해하면 의례가 얼마나 중요한지 알 수 있다. 모든 단계를 순서에 맞게 제대로 해내려면 온전히 집중해야 한다. 과학은 의례가 스트레스와 불안을 줄이고, 현재에 더욱 집중하게 하며, 인지 능력까지 높여준다는 것을 증명했다.

의례를 행할 때 우리는 익숙한 행동을 새삼 낯설게 바라보고 과장한다. 이 과정에서 우리 마음은 독특한 자극을 받아 감정과 반응을 담당하는 편도체 같은 뇌 부위의 활동이 활발해진다. 의례 절차를 한 단계 한 단계 반복할수록 감정을 표현하고 학습 능력과 장기 기억력을 높이는 데 도움이 된다. 게다가 집중력도 높아지고, 문제 해결 속도도 더 빨라지고, 생각도 더 깊어진다.

인간과 동물은 모두 이런저런 방식으로 의례를 행한다. 우리는 가장 간단하게 의사소통의 도구로써 의례를 활용한다. 또한 관계를 맺기 위한 공동의 언어를 의례를 통해서 만들기도 한다. 어쩌면 스포츠 팬이 팀의 이름이나 응원 구호를 외치는 것과 다르지 않다. 구호를 외치는 소리는 상대 팀을 기선 제압하고 팬들과 선수들을 하나로 만들어준다. 인류학자들은 사회가 막 구성되었을 무렵, 인간의 의례가 '위험 예방 시스템'을 자주 다루었다고 믿는다. 씻기, 청소하기, 정리정돈하기 같은 행동들은 음식, 안전, 치유를 다루는 의례들에 어떻게든 포함되었다. '무엇을 하라'는 요소(보도에서 열 걸음을 깡충깡충 뛰어라)와 '무엇을 하지 말라'는 요소(어떤 금도 밟지 마라)가 결합된 의례였다. 이런 의례를 행할 때면 뇌의 기억과 운동신경이 일상의 규칙을 벗어난 다른 방식으로 작동한다.

연구에 따르면, 의례를 행할 때는 일시적으로 마음이 편안해지면서 불안이 줄어든다. 야영지의 경계를 표시하거나 모래 바닥 위에 커다란 동그라미를 그리는 단순한 행동만으로도 마음이 가라앉는다. 우리 구역의 경계를 표시하면서 안전함을 느끼는 것이다.

개개인의 두려움과 공포는 집단 의례를 치르는 동안 사라져 마음을 가라앉힌다. 의례에 참여하는 모든 이들의 신체 기능과 면역력, 행동은 변화한다. 의례가 참여자의 호르몬에 엄청난 영향을 주기 때문이다. 우리는 의례에 참여함으로써 복잡한 사회 속에서 협력 관계를 맺는다. 의례가 간단하든 복잡하든 참여자는 몸과 마음에 변화를 느낄 수 있다. 우리는 서로 연결하고, 두터운 유대를 느끼고, 새로운 질서에 몸을 맡긴 채 공동체에 뿌리내린다. 모든 사회적 동물 집단은 접착제를 바른 듯 하나로 묶인다. 인간과 동물에게 사회적 고립이란 죽음까지 이르게 하는 주된 위험 요인이기에, 우리는 의례를 통해 하나의 공동체 속에서 건강을 유지한다.

예를 들어 서로 코와 입을 맞대는 코끼리의 인사는 단순한 의사소통 이상의 의미를 지닌다. 이들의 인사를 처음 보더라도 코끼리의 코끝이 다른 코끼리의 입에 닿는 일이 얼마나 어려운 일인지 금방 알 수 있다. 코끼리의 코끝은 매우 민감하고 물리면 상처 입기 쉽기 때문이다. 이 행동은 위험한 만큼 크나큰 믿음을 드러낸다.

코끼리의 인사는 인간의 악수와 비슷해서 상대를 존중한다는 뜻을 담고 있다. 또한 화해의 제스처일 수도 있다. 서로 친밀했던 코끼리 두 마리가 다투고 난 뒤, 점차 충돌을 줄이고 무리 안에서 평화로운 분위기를 만든다. 이전에는 우리 인간의 간단한 인사가 얼마나 중요한지 별로 생각해본 적 없을지도 모른다. 하지만 코끼리와 마찬가지로 우리도 인사나 악수를 함으로써 친밀감을 높이고, 서로를 향한 존경심을 드러내거나 갈등을 해소한다.

현대사회는 너무 바쁘게 돌아간다. 엄청난 기술 발달로 자연에서 비롯된 원초적인 생활 방식과 너무나도 멀어졌다. 어느 쪽이든 간에 우리는 복합적인 이유로 의례를 지나치게 가벼이 여기게 되었다. 게다가 소셜 미디어, 비디오게임, 텔레비전과 같은 다른 오락거리 때문에 인간과 인간이 직접 만나 소통하는 장이 점점 사라지고 있다.

사회적 동물을 독방에 가두는 것은 커다란 박탈감을 불러일으킨다. 우리는 관계를 중요하게 여기도록 진화했기 때문이다. 몸과 마음의 건강을 유지하기 위해 마주 보며 이야기를 나누는 일은 꼭 필요하다. 소통하고 접촉하고 친밀감을 느끼는 것이 중요하다. 사회 속에서 관계를 맺지 못하면 사회적 동물은 시들어 죽는다. 인간도 예외가 아니다.

몸을 맞닿는 육체적인 접촉을 통해 얻는 친밀감은 인간에게 가장 자연스러운 사회적 상호작용이다. 삶에서 이것이 빠진다면 우리는 우리 존재를 밑바닥부터 구성하는 무언가를 놓치게 된다. 또한 건강한 몸을 만들어나갈 기회를 스스로 포기하게 된다. 공동체 속에서 관계를 잘 맺지 못하면 자기 파괴적인 행동에 빠지는데, 이때 우리는 우울하고 외로워진다. 그래서인지 오늘날에는 스트레스와 관련된 병의 발병률이 어느 때보다 높다. 직접적으로 사람과 소통하는 일이나 서로 만나 의례를 행하는 일마저 줄어들었다. 개인이나 사회 전체의 관점에서 변화가 절실하다.

소셜 미디어와 기술의 발달은 양날의 검과 같다. 색다른 발견과 기회의 장이 되어 새로운 인간관계를 맺을 수 있는 가능성을 열어주기도 하지만, 한편으로는 고립에 빠지게 하고 자기 비하를 낳으며 사람을 소외시킨다. 이 모든 것은 정신 건강을 위태롭게 한다. 2020년에 코로나바이러스가 전 세계로 퍼지며 상황은 악화되었다. 전 세계 사람들이 고립된 채 온라인으로만 소통할 수밖에 없기 때문이다.

몇 달씩 집에 갇혀 지내다 보면 사람들을 직접 만나지 못하는 일이 마음에 얼마나 큰 영향을 미치는지 저절로 알게 된다. 심리학자들은 물리적 고립으로 인한 정신적 외상이 다음 세대로 전해질 수 있다고 예측한다. 격리 생활을 통해 우리는 사람들과 직접 만나는 일이 삶에 얼마나 중요한지 배웠다.

의례가 일상생활에서 어떤 역할을 했는지도 깨닫게 되었다. 비극의 소용돌이 한가운데서 우리를 붙들어주고, 대양을 넘어 우리를 서로 연결해주었다. 정신없이 미쳐 날뛰는 세상 속에서 이제는 갈 수 있는 곳과 만날 수 있는 사람이 줄어들고 있다. 이렇게 끊임없이 방해를 받는 와중에도 우리 모두는 이 재난이 끝나기를 인내심과 희망을 가지고 기다리고자 의례에 참여했다. 계획을 세우지 않아도 가능한 일이었다. 우리는 발코니에서 함께 노래를 불렀고, 사회적 거리 두기를 하면서도 울타리 너머를 기웃거리며 이웃과 이야기를 나누었다. 뜰을 가꾸고 온라인 모임에 참여해 천연 발효 빵을 만들었다. 매일 저녁 다 함께 합창하며 의료진에게 감사 인사를 전하기도 했다.

위기 속에서 의례는 우리의 생명줄이 되어주었다. 하지만 위기를 겪지 않더라도 단절된 기분이나 외로움을 느낄 때면 우리 마음의 빈 곳을 채워주는 의례가 언제나 도움이 된다. 첨단 기술이 발달한 오늘날에도 우리는 여전히 사회적 동물이다. 우리는 가족, 연인, 동료, 이웃, 심지어 낯선 사람과도 진정한 관계를 맺으려고 노력한다. 우리 마음이 따뜻함으로 충만하다는 증거다. 뿌리까지 거슬러 올라가보면 이 마음은 결국 야생동물의 마음이다. 야생동물의 의례를 탐구하는 과정은 우리를 행복한 길로 안내한다.

우리를 올바른 방향으로 이끄는 첫걸음은 다시 관계를 맺는 일이다. 인간은 자기 자신이나 다른 사람들과 의례를 통해 관계를 맺을 수 있다. 어떤 의례들은 아직까지도 살아 있다. 이들은 진화 과정을 거치고 멸종 위기를 극복하면서 지구의 변동기를 견디고 살아남았다. 인간 사회와 마찬가지로 야생동물 세계에서도 강력한 힘을 지닌 의례가 행해진다. 이런 의례를 이해하고 나면 자신을 이해하고 치유하고 공동체를 발견하는 우리 자신의 타고난 능력을 되찾을 수 있다. 궁극적으로 우리를 둘러싸고 있는 세상과 깊은 관계를 맺게 된다.

동물처럼 '의례하는 삶' 되찾기

이 책은 사람이 생활하면서 행하는 의례가 얼마나 중요한지, 왜 필요한지 보여주고 싶은 간절한 바람 끝에 탄생했다. 이를 위해 코끼리를 비롯해 침팬지, 오랑우탄, 늑대, 개, 사자, 얼룩말, 고래, 홍학, 물고기, 곤충까지 갖가지 동물의 사례를 제시한다. 사회적 동물이 치르는 의례는 다양하지만, 이 책은 인간이 행복해지기 위해 꼭 필요한 인사 의례, 집단 의례, 구애 의례, 선물 의례, 소리 의례, 무언 의례, 놀이 의례, 애도 의례, 회복 의례, 여행 의례에 초점을 맞춘다.

늑대의 주둥이 핥기나 인간의 악수와 같은 인사는 의례로 굳게 자리 잡았다. 상대방의 정보를 모으는 이러한 의례는 사회적 동물들 사이에서 유대 관계를 돈독히 하고 믿음을 쌓기 위해 인사 형식을 발전시킨 결과다. 그런가 하면, 전쟁이나 스포츠 경기를 시작하기 전에 함성을 지르는 것처럼 함께 목소리를 높이는 의례는 공동의 목표를 공유하며 하나가 되었다는 분위기를 자아낸다. 원숭이가 새벽이나 땅거미가 질 무렵에 자신의 근거지를 지키려고 짖어대거나, 사자 무리가 세력권을 주장하기 위해 으르렁거리는 것과 비슷한 의례다. 이렇듯 목소리를 높이는 의례는 공격성을 드러내면서 다른 동물들을 확실히 견지하는 수단이 된다.

의례에 참여해 목소리를 높이면 공동체를 결집시킬 수 있다. 코끼리 가족은 물웅덩이에서 나와 길을 떠나면서 한꺼번에 으르렁거리는데, 코끼리들이 단체로 한바탕 소리 높여 우는 소리는 사람의 듀엣곡이나 오케스트라 음악과 비슷하다. 듀엣곡은 굉장히 체계적이며 오케스트라 음악은 지휘자를 바라보며 동시에 연주해야 한다. 집단이 힘을 합하면 스트레스를 풀어주는 호르몬인 엔도르핀이 분비되고 공동체 의식을 함양하는 효과가 있다.

미소나 웃음과 같은 무언 의례는 500만 년이 넘는 시간 동안 이어져왔다. 미소를 짓거나 소리 내어 웃는 행동은 전염되기 쉬울 뿐만 아니라 신경전달물질인 도파민과 세로토닌을 자극해 기분이 좋아지게 한다. 침팬지를 비롯한 다양한 동물에게서 기분을 좋아지게 하는 신경전달물질을 똑같이 발견할 수 있다.

상대의 눈을 가만히 바라보는 행동은 단순하지만 동물의 세계에서나 우리의 일상생활에서 구애를 하고 유대감을 형성하는 데 강렬한 힘을 발휘한다. 연인 관계는 물론이고 부모와 자식 관계를 끈끈하게 이어준다.

놀이 의례는 생존에 결정적인 해결책을 찾아내도록 도와준다. 놀이를 하면서 주위 환경을 탐색하고 창의적인 방법을 발견할 기회를 얻을 수 있다. 새끼 사자는 한배에서 태어난 형제자매를 먹잇감으로 상상하면서 사냥 연습을 하고 걸음마를 시작한 아이는 모래 놀이 상자 안에서 모래성을 쌓는다. 사자나 인간 모두 놀이를 통해 훗날 어려움을 겪을 때 대처할 수 있는 능력을 키운다.

한편 코끼리나 돌고래, 침팬지도 장례를 치른다. 이들 또한 사랑하는 누군가가 죽었을 때 인간처럼 시신을 옮기고 묻으면서 깊이 슬퍼하고 위로하는 의례를 행한다. 봄맞이 축제나 대청소 같이 뜻밖의 일에서 시작해 새로움을 기념하는 의례가 생겨났고, 의례를 통해 예상치 못했던 이익을 얻는다. 마지막으로 여행 의례는 생각의 관점을 바꾸고 우리의 마음을 치유한다. 대부분의 사람들이 성지를 순례하거나 변화하는 풍경을 단순히 바라보는 것만으로도 긍정적인 기분을 느낀 적이 있을 것이다.

10가지 야생동물 의례는 모두 실제 우리의 삶과 관련 있고, 사회적 동물의 삶에서 강력한 영향력을 발휘한다. 몇몇 의례의 이점이 특히 두드러져 보일 수도 있지만, 다른 의례의 미묘한 효과들도 삶을 풍요롭게 하는 데 중요한 역할을 한다.

현대사회에서 우리는 삶의 무언가를 놓치고 있거나 이미 완전히 잃어버렸다. 10가지 의례에는 이런 요소들이 숨어 있다. 시대에 뒤처진 관습으로 보일지 몰라도 의례는 사실 우리의 몸과 마음을 건강하게 만든다. 의례는 더 원활한 소통을 가능하게 하고 서로를 잘 보살핌으로써 공동체를 단단하게 만들어주는 열쇠다. 우리는 의례 기술을 잃어버린 지 오래다. 그 기술을 되찾으면 타인과 우리 자신 그리고 자연을 잇는 새로운 길이 보일 것이다.

오늘날에는 인종, 계층, 나이, 소득, 종교, 성별 등 온갖 요인으로 사회가 깊이 분열되어 있다. 우리는 공동체를 튼튼하게 만들기 위해 할 수 있는 모든 일을 해야 한다. 개인과 개인 간의 관계는 물론이고 집단과 집단 간의 관계도 이해해야 한다. 원래의 본능을 되찾고 포용이 가득한 의례 문화를 다시 익히면 우리 자신의 새로운 모습을 만날 수 있다.

C. S. 루이스는 『실낙원 서문』(홍성사, 2015)에서 "의례에 완전히 빠져들 수 있다면, 우리는 의례에 대해 더는 생각하지 않는다. 대신 의례를 치르는 목적이 무엇인지에 초점을 맞춘다. 그러고는 이 기회가 아니었다면 거기에 집중하지 못했을 거라는 사실을 깨닫는다"라는 감동적인 글을 남겼다.

행위 자체가 별로 중요하지 않은 의례도 있지만, 중요한 결과를 낳는 의례도 있다. 그런 의례를 행하면 우리의 삶과 인간관계는 한층 건강해진다. 우리가 크든 작든 친절하고 너그러운 행동을 거듭 되풀이하면 우리의 일부가 되는 것처럼 의례도 우리의 일부가 될 수 있다. 그것이 바로 의례를 행하는 목적이다.

이 책의 마감에 쫓기면서 그 사실을 다시 확인했다. 나는 이 책을 쓰느라 겨울 휴가 때 가족을 보러 가려던 계획을 거의 취소할 뻔했다. 하지만 인사 의례에 관한 부분을 다시 읽은 뒤, 서로를 소중히 여기는 행동이 얼마나 중요한지 새삼스럽게 한 번 더 깨달았다. 우리는 마감을 지켰을 때보다 아무리 짧은 시간이라도 가족과 함께할 때 훨씬 더 행복해질 수 있다. 나는 가족과 함께 휴가를 보내기 위해 집으로 가는 비행기 표를 곧장 예약했고 기분이 좋아졌다. 마감 일정은 겨우 며칠 늦춰졌을 뿐이다.

우리의 삶은 의례를 행함으로써 더 깊은 의미를 지닌다. 나는 이 책에서 야생동물과 인간이 공유하는 의례를 더 단단하게 뿌리 내리는 방법을 보여주려고 한다. 우리가 어떤 관습을 지니고 그 관습들이 우리를 얼마나 행복하게 만들어주는지 아는 것이 가장 중요하다. 아무리 사소하더라도 관습을 지켰을 때 삶은 더 나은 방향으로 나아갈 수 있다. 오랜 시간에 걸쳐 우리 조상과 모든 생물은 함께 의례를 지켜왔다. 의례를 되찾는 순간 우리의 삶은 더욱 평화롭고 충만해질 것이다.

1장

인사가 중요한 이유

✦

인사 의례

Greeting Rituals

"내 안의 빛이 같은 밝기로 빛나는
당신 안의 빛에게 고개 숙여 인사합니다."

_산스크리트어 인사 '나마스테'

다시 만나서 다행이야

나미비아에서 현장 연구를 진행할 때였다. 유난히 무더웠던 어느 날 오후, 코끼리 한 무리가 물웅덩이에서 즐거운 시간을 보내고 있었다. 그 지역의 대표적인 코끼리 가족 '아프리카 여왕들'이었다. 그러던 중에 대장인 암컷 코끼리 '빅마마'가 갑자기 무리에서 멀리 떨어져 나가는 사건이 벌어졌다. 사건의 발단은 새로운 코끼리 무리가 빈터에 나타나 웅덩이에서 빅마마 가족을 서서히 몰아낸 것이다. 빅마마 무리 가운데 무시무시한 힘을 자랑하는 나이 많은 암컷 코끼리들은 처음 보는 코끼리들을 쫓아내기 위해 자신만만하게 행진했다. 이에 맞서 새로운 무리의 대장인 젊은 암컷 코끼리가 돌격했고 빅마마 가족은 뿔뿔이 흩어졌다. 그런데 뭔가 일이 크게 틀어졌다. 가장 놀랄 만한 일은 지금부터였다. 빅마마가 발정할 조짐을 보이는 바람에 한 젊은 수컷 코끼리의 관심을 끌었던 것이다. 수컷 코끼리는 아수라장 속에서 빅마마를 뒤쫓기 시작했다. 빅마마는 썩 마음에 들지 않는 구애자를 떨쳐내기 위해 덤불숲에 뛰어들었고 결국 혼자가 되었다.

가족과 이별한 시간은 30분이 채 넘지 않았지만 그들은 엄청나게 긴장하고 있었다. 빅마마가 돌아와 가족이 다시 한데 모이자 다들 안심하는 듯했다. 좀 어지러운 광경이었다. 빅마마는 먼지를 뒤집어쓰고 콧물을 흘날리면서 가족을 향해 달려갔다. 어린 코끼리들이 그녀를 향해 달려와 큰 코끼리들과 함께 기쁨에 겨워 소리를 내지르면서 다시 돌아온 것을 축하했다. 그들은 샌드위치처럼 빅마마의 주위를 겹겹이 둘러쌌다. 여러 코끼리들이 코와 입을 맞대며 인사했고 길고 낮은 소리를 내며 울었다. 다시는 헤어지지 않겠다고 다짐하면서 위로하는 몸짓이었다.

어떤 이유로든 암컷 코끼리가 혼자 무리에서 떨어지면 위험하다. 그래서 그들이 다시 만나는 일은 굉장히 기쁜 일이다. 먹이를 구하는 동안에도 소리를 주고받으며 서로의 위치를 확인할 수 있는 거리를 벗어나지 않는다. 그래야 무리를 쉽게 찾아낼 수 있기 때문이다 가족이 다시 뭉치면 함께 힘을 모아 사자 같은 포식자를 물리치거나 위험 요소를 해결한다.

나는 빅마마 가족이 재회하는 광경을 마주한 뒤 강렬한 인상을 받았다. 암컷 코끼리와 새끼 코끼리는 혼자 공격을 막아낼 힘이 없었다. 대장이 자리를 지키지 못하면 코끼리 가족은 불안해했다. 대장은 무리와 멀리 떨어진 어딘가에서 곤란한 일을 겪을지도 몰랐다. 떨어진 뒤 시간이 얼마나 흘렀든 관계없이 코끼리 가족은 만날 때마다 그것을 기념하는 의미를 담아 인사한다. 코끼리들은 인사를 건네면서 돈독한 유대 관계를 확인한다.

우리는 왜 인사를 할까?

사회적 동물들은 세 가지 목적을 위해 인사 의례를 점차 발전시켰다. 첫 번째 목적은 가까운 친구들끼리 유대감을 끈끈하게 하거나 새로운 친구를 환영하는 것이다. 두 번째 목적은 긴장을 풀고 화해를 하는 것이다. 마지막 세 번째 목적은 대장에게 복종한다는 뜻을 드러내면서 평화로운 사회를 함께 만들어나가는 것이다. 인사 의례는 위험을 감수하면서 친밀하게 행동하는 의례다. 성공한다면 더욱 특별한 관계를 맺고 싶다는 뜻을 제대로 전달할 수 있다. 인사 의례에서는 서로 간에 믿음을 시험하게 되어 있다. 이 행동을 끝마칠 때쯤 이들은 상대방과 동맹을 맺을 수 있을지 가늠한다.

예를 들어, 하이에나는 인사를 하는 동안 사실상 매우 취약한 부위인 빳빳해진 성기를 내보인다. 하이에나의 사회구조를 연구한 학자들은 이렇게 인사를 하고 나면 신뢰가 더 두터워지고 집단 안에서 동맹을 맺기가 쉬워진다고 말한다. 이들은 다른 무리와 싸우거나 사자들을 물리치는 위기 상황에서 더 견고하게 단결한다.

코끼리가 인사하는 것을 보면 우리 인간은 인사의 중요성을 잊고 살아간다는 사실이 다시금 떠오른다. 노브노즈와 도넛 그리고 빅마마와 그녀의 가족은 인간의 악수와 비슷한 인사를 주고받는다. 반면, 기술 중심으로 바쁘게 돌아가는 세상 속에 사는 우리는 너무 많은 사람들과 스치듯 지나친다. 바쁜 사회에서 인사할 필요가 없다고 착각하는 순간, 수천 년 동안 전해 내려온 인사 의례가 사라지는 일이 벌어질 수도 있다. 오늘날 우리는 거리를 걷다가 혹은 지하철을 타고 가다가 마주치는 사람과 인사를 나누지 않고, 이웃과 인사하는 일조차 어색해한다. 인사하지 않으려고 일부러 서로를 피해 다닐 지경이다. '인사 피로'를 느끼는 것이 새로운 표준이 되면서 우리 각자는 점차 공동체 안에서 고립되고 있다.

인사말을 건네고, 지나가는 사람을 향해 미소 짓고, 상대방과 눈을 맞추거나 악수하는 일이 대수롭지 않게 느껴질지도 모른다. 하지만 이런 행동은 간단할지라도 행복한 삶을 꾸려나가기 위해 꼭 필요한 전제 조건이다. 인사를 잘하면 사람들 사이에 활기가 돌고 서로 돕는 사회 분위기가 형성된다. 기존의 관계를 개선하고 새로운 관계 맺기에 도전할 수도 있다.

전자 제품은커녕 어떤 기술도 그다지 발전하지 않았던 전통 사회에서는 사람들이 직접 만나거나 인사하는 일이 잦았다. 나는 1990년대 초반 몇 년 동안 나미비아의 외딴 지역인 잠베지(공식 이름은 카프리비)에서 아주 전통적인 몇몇 공동체를 연구했다. 그리고 20년 후에 다시 그곳에서 현장 연구를 진행했다. 그들 사회에서는 인사하는 일이 가장 중요하다. 나는 그곳에서 인사하는 사람들이 어떤 관계인지 혹은 공동체에서 어떤 지위를 차지하고 있는지에 따라 의례가 단계적으로 나뉜다는 사실을 금방 알아차릴 수 있었다.

잠베지에서 수많은 사람들과 소통하면서 여러 단계의 인사를 경험했다. 나는 코끼리가 농작물을 습격하지 않도록 도우면서 여성 농부들과 상당히 가까워졌다. 그러다 그 지역의 토지 분쟁 문제와 에이즈 바이러스로 인한 위기뿐 아니라 지역 개발 문제, 여성 인권 문제에도 관여하게 되었다. 갖가지 상황에서 사람들과 함께 일하면서 친구끼리 격의 없이 인사하는 잠베지만의 방식을 배우게 되었다. 무릎을 조금 구부리고 손뼉을 치며 인사말을 덧붙이는 식이었다. 인사말은 상대방을 마주친 때가 하루 중 어떤 시간인지 그리고 인사하는 사람의 말씨가 어떤지에 따라 다르다. 가까운 사이라면 친근감을 표현하기 위해 무릎을 굽힌 채 손뼉을 두세 번 치거나 아주 친한 친구라면 세 단계 악수가 포함된 인사를 하기도 한다. 첫 번째 단계로 일반적인 악수를 한다. 두 번째 단계에서 손을 움켜잡았다가 다시 악수한다. 그다음 마지막으로 무릎을 살짝 굽히고 다시 손뼉을 치는 인사를 한다.

추장에게는 최고 수준의 예우를 갖추어 인사한다. 손뼉을 치는 동안 무릎을 최대한 구부려 완전히 쪼그려 앉은 뒤 몇 걸음 앞으로 나아가 인사를 시작한다. 여성이라면 추장 앞에 나설 때는 긴 치마를 입어야 하기 때문에 인사하는 도중에 발을 헛디딜 위험이 있다. 긴 치마를 입은 채 쪼그려 앉았다 일어나며 손뼉을 치기 위해서는 치마를 입지 않았더라면 필요가 없었을 일종의 기술을 연마해야 한다. 짐작하건대 이런 인사 의례를 행하는 데는 시간이 꽤 걸릴 것이다. 부족의 모든 사람이 추장 앞에 모일 때는 특히 더 오래 걸린다. 아주 세세하게 짜인 순서에 따라 구체적인 동작을 수행하면서 추장의 지위를 인정하는 것이다. 인사 문화는 사회의 전통을 지켜나가는 역할을 한다.

어느 늦은 밤, 강가의 농작물을 습격해 말썽을 일으키기로 유명한 수컷 코끼리들을 동료와 함께 뒤쫓고 있었다. 내가 잠베지에서 가장 명예롭다고 여겨지는 인사를 받은 날의 일이었다. 우리는 그 지역 술집에 잠시 들렀다. 농작물에 피해를 주는 코끼리들의 행방을 알 만한 경비원들을 찾기 위해서였다. 나는 트럭에서 내리자마자 아주 나이가 많은 여성 여러 명에게 둘러싸였다. 그들은 내가 나타나서 좋아하는 눈치였다. 여자들의 웃는 입술 사이로 담배에 찌든 누런 이빨이 드문드문 보였다. 다정하게 웃어주는 이들도 있었지만 반쯤 조롱하듯 웃는 이도 더러 있었다. 그런 곳에서 백인은 늘 환영받지 못했다.

몇몇 여성은 나를 만지고 싶어 했다. 그중 한 사람이 내 손을 움켜쥐었다. 그러자 동료가 그들을 몰아내려는 듯 손을 흔들어댔다. 나는 망설이면서 쉽게 걸음을 옮기지 못했지만, 동료는 술에 취해 엉망진창인 사람들이라면서 그들을 황급히 내쫓았다. 그곳에는 냉장고가 없었기 때문에 수제 맥주 한 통을 만들면 나흘 동안 모든 사람이 함께 나눠 마셨다. 지역에서 이어져 내려온 전통에 따라 곡물을 발효한 술이었다. 사람들이 그날 하루 또는 며칠 동안을 어떻게 보냈을지 알 수 있었다.

어르신들은 열성적으로 나와 가까워지기를 바라는 듯했다. 나는 어르신들의 바람을 저버리고 싶지 않았다. 그래서 누군가가 내 손바닥을 펼치도록 가만히 내버려 두었다. 그녀는 내 손을 잡고 손금이라도 보려는 듯 손바닥을 활짝 펼치고는 웃으면서 두서없이 몇 마디를 중얼거렸다. 곧이어 점점 다른 사람들이 다가오더니 우리를 둥그렇게 둘러쌌다.

그녀는 무언가 의식을 시작하려는 듯 조금 더 엄숙한 분위기에서 말을 읊조렸다. 그러더니 갑자기 내 손바닥에 침을 뱉기 시작했다. 나는 겁먹은 것을 들키지 않으려고 애썼다. 하지만 내게 벌어지고 있는 일이 어떤 의미인지 전혀 알 수 없어 걱정스러웠다. 그녀는 대단히 격식을 치르는 중이었다. 내가 손바닥을 펼치고 있자 그녀는 계속 침을 흩뿌렸고 어느새 다른 사람들이 주위에 옹기종기 모여 우리가 벌이는 일을 대놓고 구경하고 있었다. 나는 움찔대지 않으려고 노력했다. 고맙게도 다른 사람들은 침을 뱉지 않았지만, 무슨 일인지 도무지 알 수 없었다. 그러면서 이들이 계속해서 즐거워할 수 있도록 흠뻑 젖은 손바닥을 내밀었다.

때마침 나타난 경비원은 슬그머니 미소를 지었다. 그의 설명에 따르면, 이 여성은 자신의 조상까지 불러내 최고의 예우를 갖추어 내게 인사하고 있었다. 침을 뱉는 행위는 타다 남은 깜부기불에 물을 끼얹는 것과 비슷했다. 그곳 사람들은 그런 방식으로 죽은 조상을 불러올 수 있다고 믿었다. 나는 그녀에게 다정하게 웃어 보였다. 그리고 안심했다. 의미를 알 수 없는 행동에 좋은 의도가 깃들어 있었던 것이다. 잘 알지 못하는 상태에서 다른 문화의 인사 의례를 접하면 오해가 생길 수 있다. 그럼에도 사회적 동물이 일정한 형식의 인사 의례를 지키는 데는 이유가 있다. 인사는 상대를 '인정하고, 호의적으로 반기며, 환영한다'는 뜻을 드러내는 의례.

인사를 하는 다양한 방법

인사를 나누는 사람들 간의 관계에 따라 인사가 표현하는 관심의 정도는 달라진다. 유럽 사람들이 양쪽 뺨에 입맞춤하는 시늉을 한다면 그들은 특별한 관계거나 그들에게 특별한 일이 생긴 것이다. 이누이트족은 가족과 사랑하는 사람의 뺨이나 이마에 자신의 코와 윗입술을 갖다 대고 그 사람의 냄새를 들이마신다. 이누이트족의 '쿠닉'이라는 인사다(한때는 '에스키모 키스'라고 불렸다). 폴리네시아와 하와이 사람들의 인사도 아주 비슷하다. 이곳 사람들은 코를 맞대거나 이마에 코를 닿게 한 뒤 '하(생명의 호흡)'와 '마나(영적인 생명력)'를 들이킨다.

　그린란드에서 이누이트족 친구와 인사할 때, 뉴질랜드에서 마오리족 친구와 인사할 때 그리고 하와이에서 하와이 원주민의 후예와 인사할 때 그들이 코를 문지르려고 몸을 기울인다면 우리는 이 공손한 환영 인사를 아주 명예롭게 느낄 것이다. 그런데 다른 환경에서는 상황이 완전히 달라진다. 뉴욕의 거리에서 마주친 누군가가 우리의 코와 이마를 자신의 얼굴 쪽으로 끌어당긴 뒤 깊이 숨을 들이마신다면 아주 불쾌해질지도 모른다. 이렇듯 다른 문화가 공존한다는 사실을 받아들여야 전 세계가 새로운 관계를 맺을 수 있다. 각기 다른 사회에서 온 사람들끼리 소통할 때는 적절한 인사 의례를 배우는 일이 가장 중요하다. 인사는 소통을 시작하는 가장 안전한 출발점이다.

인사를 하면서 겸손을 표할 때 우리는 자신의 사회적 위치를 인정하게 된다. 그러면 갈등이 생길 가능성을 최소화하고 스트레스가 줄어든다. 모든 문화는 지위가 높은 사람에게 존경을 표하는 특별한 인사 의례가 존재한다.

영국 여왕을 만나러 버킹엄 궁전에 간다면 그 전에 여덟 단계의 인사 의례를 익혀야 했다. 첫 번째 단계에서는 여왕이 방으로 들어오면 여왕이 자리에 앉거나 앉으라는 명령을 할 때까지 일어서 있어야 한다. 두 번째 단계에서는 허리를 굽히거나 한쪽 다리를 뒤로 빼고 무릎을 약간 구부려서 절한다. 세 번째 단계에서는 "폐하"라고 부르며 인사말을 해야 한다. 식사할 때는 여왕이 먼저 먹기 시작할 때까지 기다렸다가 조용히 먹어야 한다. 영국 총리가 여왕의 반지에 입을 맞추는 예의는 수컷 코끼리들이 대장 수컷 코끼리의 입에 일부러 코를 갖다 대는 행동과 비슷하다. 종교 지도자나 마피아 두목이 반지에 입맞춤하는 모습도 마찬가지다. 서열에 따라 줄을 서서 일사불란하게 인사 의례를 지키는 것까지 닮아 있다.

인간의 문화에서 인사 의례는 이보다 더 다양하다. 동물의 인사 의례도 헤아릴 수 없이 많다. 고릴라나 침팬지는 끌어안고, 보노보(피그미 침팬지)는 입을 맞추고, 얼룩말은 가볍게 문다. 유인원들이 상대방을 끌어안는 모습은 인간의 포옹과 너무나 비슷해서 나는 그들이 껴안는 모습을 볼 때마다 기분이 좋다. 고릴라나 침팬지는 친밀한 사이일 경우 서로에게 안긴 채 휴식을 취하기도 한다. 보노보의 입맞춤은 인간의 모습과 더욱 유사하다. 얼룩말들은 인사를 할 때 생기 넘치는 장난스러운 동작으로 서로를 살짝 문다. 나는 얼룩말의 인사도 좋아한다. 하지만 젊은 수컷 얼룩말 두 마리가 만났을 때는 분위기가 경직될 수도 있다.

무샤라 물웅덩이 주변은 7월 중순이 되면 활기에 차 들뜬다. 물웅덩이 남쪽은 물이 말라서 얼룩말들이 이곳의 물을 마시기 위해 떼 지어 몰려들기 때문이다. 겨우 오후 반나절 만에 수백 마리의 얼룩말들이 빈터에 쏟아져 들어온다. 대장인 암컷 얼룩말이 이끄는 가족들은 각각 모랫길을 따라 줄지어 걷는다. 얼룩말들이 머리를 까닥이며 터벅터벅 걷던 그때, 무리에 섞여 있던 씨수말(종마)이 튀어나온다. 인사 의례에 참여하기 위해서다. 무리의 젊은 수컷들은 질서 있게 줄을 선 가족들 뒤편으로 뛰어나와 빈터에 등장한다. 다른 젊은 수컷들과 인사하고, 놀고, 재주를 겨뤄보고 싶어서 저마다 안달이다.

각 무리를 대표하는 씨수말은 다른 씨수말들을 찾아내 인사하는 시간을 갖는다. 이들이 내지르는 소리에는 각자의 개성이 두드러진다. 외양이 아주 멋진 동물들이 내는 소리라고 하기에는 예상을 뛰어넘는 고음으로 운다. 이렇게 자신의 존재를 알린 뒤에는 서로 코를 비비고, 목을 감싸고, 머리를 살짝 물고, 킁킁거리며 냄새를 맡는다. 때때로 생식기 주위까지 물고 냄새를 맡기도 한다. 그다음, 마치 웃음이라도 짓는 것처럼 양쪽 입꼬리를 위쪽으로 끌어당긴 채 이빨을 드러내고 무언가를 씹는 듯한 과장된 동작을 한다. 이때 목을 쭉 뻗으며 귀를 앞으로 내미는데, 마치 아주 재미있는 농담을 들었다는 듯이 함께 즐거워하는 것 같다. 인사를 나눈 씨수말들은 한 수말이 싼 배설물 주위로 모여든다. 그것을 살펴보고 나서 이들 모두는 함께 배변을 하는데, 이때 배설된 변은 무더기를 이룬다.

물웅덩이에 도착하면 여러 무리 곳곳에서 젊은 씨수말들이 함께 놀자며 서로 목을 물고 인사한다. 장난치듯 목을 물다가 머리를 까딱거리며 아주 높은 소리로 울기도 한다. 그다음에는 상대를 위협하는 역동적인 발길질이 뒤따른다. 발길질은 뒤쫓거나 넘어뜨리려는 것 같은 여러 동작으로 이어질 수 있다. 그러다 뒷다리를 들어 올리거나 앞다리로 상대방을 차면서 목을 물려고 하는 것처럼 더 공격적인 놀이로 발전할 수 있다. 이 모든 것이 가볍게 목덜미를 무는 행동에서부터 시작된다.

수컷 얼룩말들은 긴장을 풀고 신뢰를 쌓기 위해 인사 의례를 행한다. 동물의 세계에서 수컷들의 인사는 종종 놀이와 구분되지 않는다. 같이 놀자는 뜻을 전달하는 동시에 인사를 건넨다. 놀이와 닮은 인사에서 수컷 얼룩말들은 상처를 내지 않을 만큼만 살짝 무는 장난을 통해 상대를 해할 의도가 없음을 보여준다.

수컷 검은코뿔소는 가끔 뿔을 맞대면서 인사한다. 처음 뿔을 접촉시키고 나면 앞뒤로 몸을 움직이며 천천히 뿔의 양쪽 면 각각을 한쪽씩 엇갈려 맞닿게 한다. 두 검객이 앞뒤로 오가며 칼을 부딪치는 모습과 비슷하다. 이런 행동을 할 때는 보통 귀를 씰룩대거나 납작하게

수컷 검은코뿔소 두 마리가 뿔을 맞대면서 인사한다. 창 시합에서 창을 부딪치는 모습과
비슷하다.

위   얼룩말이 상대방을 입으로 살짝 문 다음 털을 다듬어주면서 인사한다.

아래   어른 수컷 아프리카코끼리가 자기보다 서열이 높은 수컷의 입에 코를 갖다 대며
      인사한다. 특별히 서열이 높은 수컷 코끼리에게는 코끼리들이 줄지어 인사할 때도
      있다. 사람이 종교 지도자나 마피아 두목의 반지에 입맞춤하는 모습과 비슷하다.

눕힌다. 검은코뿔소의 귀가 눕혀졌다면 호기심을 나타내거나 복종하겠다는 표시다.

이 과정을 거치고 나면 처음 만났을 때의 긴장된 분위기는 사라진다. 대신 둘은 안전한 거리를 유지한 채 서로를 주의 깊게 살펴보면서 물을 마시기 시작한다. 가끔 이들은 이유가 무엇이든 간에 상대가 인사를 망쳤다고 생각하거나 곧 공격할 거라고 짐작한다. 그때는 험악한 분위기가 조성되기도 한다.

이런 경우에는 긴 밤을 새우며 확실하게 서로의 경계를 구분 짓기 위해 대치한다. 상대를 향해 으르렁거리고 거친 숨을 내뱉으면서 모래바람을 일으키다가 물웅덩이 한가운데에서 피비린내 나는 싸움을 벌이는 지경에 이른다. 드물기는 하지만 치명적인 상처를 입을 때도 있다. 사실 검은코뿔소는 혼자 생활하는 동물로 잘 알려져 있다. 이들은 겨우 뿔을 맞대는 접촉까지만 허용한다. 대부분의 경우 단지 긴장을 누그러뜨리기 위해서 단 한 번 뿔을 맞댈 뿐이다.

무샤라에 사는 '스크래치'는 서열이 낮은 수컷 검은코뿔소다. 그에게는 사자에게 깊이 할퀴어진 자국이 있어서, 우리는 그를 향한 애정을 담아 스크래치라는 별명을 붙여주었다. 그는 다른 코뿔소와 충돌을 피하려고 낮 시간대에 물웅덩이를 방문한다. 대부분의 검은코뿔소는 밤에 찾아오기 때문이다. 서열이 낮은 스크래치는 인사 의례의 위험을 감수하지 않으려고 안전한 전략을 선택한 듯하다.

인사의 본능은 거부할 수 없다

스크래치는 다른 코뿔소와 옥신각신하지 않으려고 일정을 바꾼다. 우리는 종종 인사를 귀찮아하지만, 스크래치와 같은 경우를 제외하면 동물들은 인사에 대한 피로를 드러내지 않는다. 개들이 인사하는 모습을 보면 확실히 알 수 있다. 우리 집 개 '프로도'는 내가 일을 마치고 귀가하면 항상 인사를 하며 반겨준다. 하루도 빠짐없이 인사할 기회를 놓치지 않는다. 깡충깡충 뛰어와 머리를 숙인다. 귀를 쫑긋 세우고 동그랗게 눈을 뜬 채 뱅뱅 돌면서 활기차게 꼬리를 흔든다. 넘치는 기쁨을 솔직하고 분명하게 표현하는 것이다. 그는 뛰어올라 나를 핥아대며 사타구니 냄새를 맡고 싶어 하지만 내가 못하게 말릴 것을 알고 있기에 최대한 참는다. 특별히 열렬한 인사를 할 때는 선물까지 준다. 그 선물이란 누르면 소리가 나는 장난감이나 벼룩시장의 공짜 물건 더미에서 건져 온 커다란 개 인형이다. 늑대에서 진화해 인간에게 길들여진 개들은 함께 사는 사람에게 맞춰 인사 의례를 바꿔왔다. 개와 늑대의 인사 의례는 대부분 비슷하다. 특히 닮은 부분은 얼굴과 주둥이 핥기, 낑낑거리기, 사타구니 냄새 맡기다. 프로도의 인사 의례를 볼 때면 우리 인간이 인사를 심드렁하게 여긴 탓에 소중한 것을 놓치고 있다는 생각이 든다.

나는 2000년대 초반에 인간의 인사 의례가 줄어드는 현상에 관심을 가지기 시작했다. 첨단 기술의 중심지인 실리콘밸리에 살던 때였다. 남편과 나는 닷컴 열풍(1995년부터 2000년 초반 사이에 인터넷 관련 분야 산

업이 급속하게 성장하면서 주식 시장을 중심으로 광적인 투기가 일어난 거품경제 현상—편집자 주)이 절정에 다다를 무렵 스탠퍼드 대학 캠퍼스의 대학원생 주택에서 생활했다. 작은 대학 공동체 안에서도 사람들은 자신만의 고립된 세상에서 살아갔다. 엘리베이터에서 눈을 바라보거나 인사를 건네는 이는 아무도 없었다.

뉴욕에 위치한 초고층 빌딩의 붐비는 엘리베이터에서 이름도 모르는 낯선 사람들과 함께 있을 때는 인사를 하지 않을 수 있었다. 그런데 여기 사는 대학원생들과 의대생들은 작은 도시에서 같은 대학에 다니고 있었다. 고작 12층짜리 아파트에서 일부러 인사를 피하는 모습은 아무래도 이상했다. 어느 날, 나는 마음을 굳게 먹고 한 이웃에게 인사를 했고 우리는 금방 친해질 수 있었다. 함께 지내는 동안 우리는 줄곧 친밀한 관계를 유지했다. 그러자 비좁은 생활도 견딜 만해졌다. 그저 간단한 인사를 나누기만 해도 공동체 분위기가 나아지고 정서적으로 건강해질 수 있다는 사실을 몇 년 후에나 깨달았다. 최소한 시선을 맞추며 고개를 끄덕이기만 해도 공동체 의식을 키울 수 있었다.

인간이나 동물이나 처음으로 관계를 맺을 땐 인사부터 한다. 인사를 하는 주체는 유대 관계를 든든히 하고 신뢰를 쌓을 뿐만 아니라, 다른 개체의 호르몬이나 심리 상태에 관한 정보를 실시간으로 모은다. 예를 들어, 코와 입을 맞대는 코끼리의 인사는 정보를 수집하던 방식에서 진화했다. 코끼리는 서로의 입에 코를 갖다 대어 다른 코끼리가 무엇을 먹었는지 알아낸다. 먹어도 되는 식물과 먹으면 안 되는 식물을 스스로 가려낼 수 없기 때문이다. 단순한 몸짓이지만 의례로 자리 잡을 만한 중요한 일이었다. 주둥이를 핥는 늑대의 인사도 마찬가지다. 처음에는 다른 개체가 먹은 것에 관한 정보를 캐내는 행동이었지만, 점차 인사 의례로 발전했다. 이런 과정을 통해 호르몬 상태에 관한 정보를 얻으면 상대방의 신체 건강과 정신 건강 상태를 알 수 있다.

인간은 악수를 하면서 서로의 호르몬 상태를 알게 된다. 악수의 역사는 수천 년이 넘었다. 우리는 살갗을 닿게 하는 다른 인사법처럼 악수를 통해 몸 냄새를 맡고 호르몬 상태를 가늠했다. 그래서 오랫동안 악수하는 의례가 지속될 수 있었는지도 모른다. 최근 연구에 따르면, 실험 참가자들은 악수를 마치자마자 손 냄새를 맡거나 얼굴을 만지는 경향이 있었다. 이성보다 동성 간 이런 행동을 더 많이 했다. 그러니 악수는 짝 찾기보다 우월한 개체를 가리려는 의도에 더 적합할수도 있다.

악수가 발달한 이유는 다른 곳에서도 찾을 수 있다. 기원전 5세기 그리스에서 처음 등장한 악수는 펼친 손을 보여주는 행동으로부터 시작되었다. 무기를 가지고 있지 않다는 뜻을 지니는 이 행동은 그야말로 평화의 상징이었다. 로마 시대의 악수는 팔뚝을 움켜잡는 몸짓으로 변했다. 소매 위에 칼을 감추지 않았는지 확인하기 위해서였다. 중세 유럽의 기사들은 맞잡은 손을 위아래로 흔들었는데, 아마 숨겨둔 무기를 떨어뜨리려는 의도였을 것이다. 한편 18세기 미국에서 퀘이커 교도들은 모든 인사를 악수로 대신했다. 고개를 숙이거나 허리와 무릎을 구부리는 등 계층, 권위, 지위를 암묵적으로 드러내는 방식은 허용되지 않았다. 모든 사람이 평등하다는 사실을 강조하기 위한 노력이었다. 현대 프랑스식 볼키스의 역사도 아주 흥미롭다. 원래는 초기 기독교에서 종교의식으로 활용했지만 중세에는 계약을 체결할 때 신뢰를 다짐하는 상징이 되었다. 전염병이 돌면서 그런 관행은 중단되었고 400년 뒤 프랑스혁명이 일어날 때쯤에 되살아났다. 오늘날에도 2009년 신종 인플루엔자나 2020년 코로나바이러스와 같은 전염병이 세계적으로 유행하면서 볼키스 인사를 일시적으로 중단했다.

시간이 지나면서 인사 의례는 모습을 바꾼다. 이런저런 이유로 전통이 사라지거나 버림받기도 하지만 인사 의례 자체의 중요성은 절대 녹슬지 않는다. 간단한 인사라도 사람들에게 강력한 영향력을 행사할 수 있다. 비록 상대가 낯선 사람일지라도 우리는 눈을 맞추면서 미소를 띠며 인사말을 내뱉을 때 보람을 느낀다. 과학자들은 인사를 받은 사람이 웃어주면 우리 마음이 긍정적인 기분으로 가득 차오른다는 사실을 밝혔다. 우리는 다른 사람과 소통을 많이 한 날에 더욱 행복하다고 느낀다. 그런데 신기하게도 아는 사람보다 낯선 사람과 대화할 때 그와 더 단단히 연결되어 있다고 생각한다.

우리는 낯선 사람과 대화할 때 더 자세하게 설명하고 깊은 이야기를 해야 한다. 우리 생각을 낯선 사람에게 전달하기 위해서는 익숙한 사람이 앞에 있을 때보다 자신의 감정에 관한 생각을 더 많이 하게 된다. 이는 정신 건강에도 좋고 자기 자신과 경험을 더 깊이 이해하게 해준다. 마치 심리 치료사에게 상담을 받을 때 이야기하는 과정과 같다. 게다가 낯선 사람과 긍정적인 대화를 나누면 자신의 이야기를 얼마만큼 할지 스스로 결정할 수 있다. 그래서 자신에 대한 통제가 더 쉽다고 느낄 수도 있다. 사실 완전히 낯선 사람에게 마음을 여는 것은 생각보다 쉽다. 방금 처음 본 누군가의 공감을 얻으면 사람들은 자신의 감정을 인정받았다는 이유만으로 유대감과 삶의 의미가 충만해졌음을 느낀다. 낯선 사람과의 대화는 인류가 탄생한 이후부터 진화한 적응 행동이다. 비슷한 유전자를 가진 무리를 벗어나 낯선 곳에서 짝을 찾는 편이 생존에 유리하기 때문이다. 우리의 사교 기술로는 아주 가까운 집단 밖에 있는 사람과도 소통할 수 있는데, 이것은 알고 보면 생존을 위한 기술이다.

물론 낯선 사람과 소통할 때만 이런 효과를 경험할 수 있는 것은 아니다. 연구에 따르면, 공동체 모임에 참석하거나 사람들을 만날 수 있는 단체에 몸담으면 그렇지 않은 이들보다 육체적으로나 정서적으로 더 건강해지고 더 오래 살 수 있다. 이 모든 것은 사교의 윤활유인 간단한 인사로부터 시작된다. 인사 의례가 없으면 우리는 친밀해질 기회를 영영 놓치고 만다.

나는 모녀 관계인 코끼리 노브노즈와 도넛이 인사하는 것을 지켜보았고, 빅마마와 그의 가족이 강렬한 인사 의례를 치르면서 재회하는 장면을 목격했다. 그러고 나서 나는 재회에 대해 다시 한번 생각해보았다. 다시 만났을 때 인사하는 일은 친구, 가족, 이웃과 유대감을 높였다. 단순하고 뻔해 보이는 결론이겠지만, 인사말을 건네는 행동은 생명을 살리는 소통 행위다. 인사 의례를 제대로 행하면 건강을 지킬 수 있고 우리 마음을 열 수 있다. 어쨌든 우리는 사회적 동물이기에 사람들과 교류하는 일을 소홀히 하면 결과적으로 자신에게 해롭다.

인사는 간단할 때도 있고 복잡할 때도 있다. 재빨리 끝내버리기도 하고 시간이 걸리기도 한다. 하지만 어떤 방식이든 진심을 담아 인사해야 한다. 누군가의 눈을 똑바로 바라보고, 미소를 짓고, 악수하고, 포옹하자. 팔꿈치나 주먹끼리 맞부딪치고, 머리를 숙이고, 양쪽 뺨에 뽀뽀하자. (문화적으로 적절하다면) 이마를 만지거나 손바닥에 침을 듬뿍 뱉으면서 인사하자. 인사는 하면 할수록 더 잘하게 된다.

2장
집단이 발휘하는 힘

✦

집단 의례

Group Rituals

"혼자서 할 수 있는 일은 별로 없다.
함께라면 정말 많은 일을 해낼 수 있다."

_헬렌 켈러

물고기 떼의 사냥 전략

몸을 길게 뻗은 채 누워서 6미터 위에서 넘실거리는 수면을 올려다보
았다. 부력 조절 장치에서 공기를 한바탕 내보낸 뒤였다. 잠수복을 가
로질러 흘러든 빛은 산호초 아래에서 일렁이는 하얀 모래를 밟고 춤을
추었다.

　바로 내 옆에서 모랫바닥이 아래로 푹 꺼지면서 30미터 정도의
벽이 만들어졌다. 나는 공기 방울이 올라오지 않도록 숨을 한껏 들이
마셨다가 참았다. 조절 장치에서 나오는 공기 방울이 눈앞을 가려 바
다의 풍경을 제대로 볼 수 없었기 때문이다. 나는 편안한 백사장에서
벗어나 자석에 이끌리듯 깊고 짙푸른 바다로 뛰어든 참이었다. 그곳
은 영령버진제도 중 개인 소유 구역인 구아나섬이었다.

나는 물속에서 머리 뒤로 양손을 깍지 낀 채 물결 너머로 흐릿하게 번져가는 태양을 올려다보았다. 머리 위를 미끄러지듯 헤엄쳐 가는 커다란 점박이매가오리의 어두운 형체가 내 눈을 사로잡았다. 날개 같은 지느러미를 몇 번 퍼덕이자 긴 꼬리가 뒤따라 움직였고, 그것은 이윽고 저 멀리 깊은 곳으로 사라졌다.

그때 물 위로 올라가는 닻줄에 눈이 갔다. 남편은 배 위에서 엘크혼 산호 조각들을 바닷속에 떨어뜨리고 있었다. 산호 조각이 떨어지는 속도는 꽤나 더뎠던 터라 그 이유가 궁금했다. 우리는 구아나섬 주위에서 지난 허리케인이 왔을 때 부러진 산호 조각들을 모았다. 부러진 산호의 큰 가지들은 모랫바닥에서 뒹굴다가 그대로 죽어갈 가능성이 높았다. 그래서 우리는 화이트만*의 손가락 모양 산호초에서 떨어져 나온 산호 조각들을 붙이기로 계획하고 몇몇 동료들과 함께 산호초 복원 프로젝트를 시작하게 되었다. 우리는 몇 시간 동안 물속에 있었고, 나는 추위에 떨기 시작했다.

멀리서 검은 형체가 먹구름처럼 뭉쳐 몰려오고 있었다. 주변은 금세 어두컴컴해졌다. 은빛으로 반짝이는 수천 마리의 멸치 떼였다. 멸치가 바다를 가득 메워 갇히 수면 위를 올려다볼 수 없었다. 갑자기 시야가 깜깜해진 데다 물고기 떼가 코앞으로 다가오자 폐소공포증에 사로잡혔다. 물고기 떼 장벽을 뚫고 나가 대낮의 햇빛을 보고 싶은 마음이 굴뚝같았지만, 나는 빈틈없이 모여든 물고기 떼가 조용히 지나가는 동안 가만히 있었다. 이제 펠리컨들이 물속으로 뛰어들기 시작했다. 엉켜 있는 물고기 떼를 뚫고 뛰어든 새들 덕분에 바다가 활기를

띠었다. 펠리컨이 다이빙을 하는 바람에 물고기 떼 사이사이에 물거
품이 일면서 작은 틈이 만들어졌다. 그곳으로 햇살이 새어 들었다. 멸
치 떼는 더욱더 빽빽하게 붙어 한 덩어리가 되었고, 이쪽저쪽으로 몰
려다니는 통에 바닷물이 소용돌이쳤다. 겁에 질린 멸치 떼는 몇 분 동
안 몰려다니다가 다시 흩어지기 시작했다.

멸치 떼 바로 너머에 소동이 벌어진 원인이 있었다. 거대한 물고
기인 타폰 무리가 빼곡히 줄을 맞춰 유유히 헤엄쳐 오고 있었던 것이
다. 위협적인 어뢰 모양 물고기는 거의 내 키와 맞먹는 크기였다. 머리
위에서 멸치 떼가 타폰 무리에 쫓겨 한쪽으로 몰려가면 햇살이 비쳐들
었고, 타폰의 은칭색 몸체가 햇살을 받아 반짝였다. 타폰들은 입을 크
게 벌려 살아 있는 멸치 무리를 한꺼번에 삼켰다. 타폰 무리의 사냥이
마침내 잠잠해졌을 때 반짝이는 수면이 다시 눈에 들어왔다. 나는 숨
을 조금 크게 들이마셨다. 햇살을 받아 은빛으로 변한 공기 방울은 다
른 방울과 합쳐져서 가느다란 선을 남기며 위로 올라갔다. 나는 크게
한 번 심호흡한 후 긴 숨을 거세게 내쉬었다. 이번에는 버섯 모양의 거
대한 공기 방울이 수면까지 떠올랐다.

나는 숨을 내쉬자마자 부풀어 오르는 공기 방울을 바라보았다.
공기 방울은 알래스카에 사는 혹등고래의 사냥 기술의 일부다. 혹등
고래는 사냥할 때 '공기 방울 그물'이라는 기술을 활용한다. 사냥에 참
여하는 무리의 규모는 10마리 이하에서 60마리까지 다양하다. 혹등
고래들은 둥그렇게 모여 함께 숨을 불어넣어 공기 방울을 만든다. 연
어나 청어, 크릴새우 무리를 그 속에 가두어 쉽게 잡아먹기 위해서다.

공기 방울은 커튼 같은 막을 형성한다. 30미터가 넘는 길이의 공기 방울 그물이 완성되면 한 마리가 신호를 보낸다. 울음소리를 내면서 사냥을 시작하자고 말하는 것이다. 고래들은 소리를 듣고 모두 공기 방울 그물이 쳐진 곳으로 튀어 오른다. 이들은 입을 크게 벌려 물고기를 최대한 많이 잡아먹는다.

돌고래들도 비슷한 방식으로 사냥한다. 먼저 얕은 바다에 돌고래 한 마리가 원을 그리며 헤엄친다. 그러다가 꼬리로 바닥을 내리쳐서 일으킨 뿌연 진흙 먼지 소용돌이 속에 물고기를 가둔다. 돌고래가 그리는 원은 점점 더 작아지고, 원 안에 갇힌 물고기는 물 밖으로 튀어 올라 도망치려고 한다. 이때 나머지 돌고래들은 물 밖으로 올라오는 물고기를 먹기 위해 입을 벌린 채 기다린다.

어느 날, 나는 스노클링 광고에 이끌려 친구들과 함께 멕시코 앞바다에 갔다. 멸치 떼를 사냥할 때의 장관으로 유명한 야생 돛새치 무리를 보고 싶었기 때문이다. 우리는 모두 〈블루 플래닛〉(*The Blue Planet*) 같은 다큐멘터리를 본 적이 있었다. 화면 속에서 정어리가 이동하면 고래, 상어, 돌고래, 참치, 바다사자 같은 포식자들이 그 뒤를 따랐다. 포식자들은 놀라운 사냥 장면을 연출했다. 다큐멘터리를 본 한 친구가 이런 말도 안 되는 모험을 떠나자고 우리를 설득했다. 그는 이러한 극단적인 자연 체험을 꼭 해보고 싶었다.

우리는 광고의 관광 상품을 잘 알지 못했다. 낡은 나무배를 타야 했고, 그 배의 선장과 선원은 엉터리 영어를 구사했다. 심지어 그들은 멸치 떼를 어떻게 관찰하는지 자세한 내용을 미리 알려주지도 않았다. 해안에서 1.6킬로미터 거리를 이동하고 나서 우리는 뱃멀미에 지친 러시아 사람들과 함께 대서양에서 가장 끝내주는 바다에 뛰어들었다. 파도가 거세게 몰아쳤던 전날에 비해 날씨가 괜찮았다. 그날은 배를 운항하기도 어려울 지경이라 선장은 도착하자마자 계획을 취소했다. 다음 날 우리는 전날과 같이 거칠지도 모를 바다에 겁을 내면서 배에 올랐다. 다행히도 그날은 조금 나았다.

선장은 파도가 너울지는 지점을 찾았다. 갈매기들이 그 위를 맴돌았다. 참치나 돛새치 떼가 먹잇감을 뒤쫓을 수도 있었다. 선장은 배를 움직여 물고기들에게 가까이 다가갔다. 참치는 사냥할 때 평소보다 더 빨리 움직이면서 다른 물고기를 잡아먹는다. 바다 상태를 보아하니 돛새치 떼가 사냥하는 중이었다. 선원 하나가 바닷속 상황을 점검해보기 위해 먼저 물에 뛰어들었다. 모두들 흥분을 가라앉히려고 안간힘을 쓰며 차분한 상태를 유지했다. 물에 들어간 선원조차 어떤 물고기가 먹잇감을 뒤쫓고 있을지 확신하지 못했다. 선원이 신비한 바닷속으로 헤엄쳐 들어가는 모습을 지켜보면서 나는 큰 물고기가 먹잇감을 쫓는 광경이 궁금해 견딜 수가 없었다. 드디어 물 밖에 몸을 내민 선원이 엄지손가락을 치켜들었다. 우리는 마스크를 쓰고 오리발을 신고 배 가장자리에서 뛰어내려 끝없이 펼쳐진 푸르른 바닷속으로 들어갔다. 바다에는 선장과 선원들과 포식자들이 뒤엉켜 있었다. 거대한 포식성 물고기들은 무서운 이빨을 자랑했고, 우리는 물속에 온 몸을 완전히 맡겼다.

물에 뛰어든 지 몇 초 만에 배에서 상당히 멀어졌다는 사실을 깨달았다. 그럼에도 바닷속이라는 별세계를 충분히 즐길 수 있었다. 여럿이서 함께 있으니 안전하게 느껴졌고, 멀어지기는 했지만 돌아갈 나무배가 있다는 사실에 마음을 놓았다. 나무배는 투박하고 낡았지만 심리적으로 위안이 되었던지라 신경이 누그러졌다. 너무나 아름다운 돛새치 떼가 등지느러미를 돛처럼 꼿꼿하게 세우고 있었다. 이들은 나선을 그리며 헤엄치면서 공처럼 뭉쳐 있는 멸치 떼를 몰았다.

수천만 년 전에 정어리에서 분리되어 진화한 멸치는 보통 엄청나게 떼를 지은 채 멀리 이동하지 않는다. 큰 물고기에게 잡아먹히지 않기 위해서다. 멸치들의 전략에 맞서 돛새치 같은 포식자는 이들을 무리에서 떼어놓으려고 한다.

돛새치의 생김새는 몸체가 푸른 청새치와 아주 많이 닮았다. 단지 돛새치의 두드러지는 등지느러미가 청새치보다 눈에 띌 뿐이다. 돛새치가 원을 그리며 헤엄치면 지느러미를 포함한 몸체가 푸른색으로 눈부시게 반짝거린다. 그 모습을 본 멸치 떼는 혼란스러운 상태에 빠진다. 돛새치 집단은 가슴지느러미를 이용해 속도를 높여 작은 소용돌이를 만들고, 소용돌이에 휩쓸린 멸치 떼는 돛새치들에게 에워싸인다. 그때 돛새치 한 마리가 소용돌이 한가운데로 뛰어들어 빽빽하게 밀집해 있는 멸치 떼를 향해 달려든다. 그러자 몇 분 전까지만 해도 멸치 떼가 헤엄치던 곳에는 비늘만 떠다니고 금세 멸치 무리의 크기는 작아진다. 무리에서 떨어져 나온 멸치들이 더 깊은 바다로 도망치려고 하면 몇몇 돛새치가 따라 내려간다. 돛새치들은 주둥이를 이용해 멸치들이 궤도 안으로 다시 들어오도록 얕은 바다 쪽으로 몰아낸다.

그러면 멸치 떼는 얕은 바다의 해수면과 돛새치 무리 사이에 끼어 샌드위치 신세가 된다.

돛새치가 협동 작전을 펼치면서 사냥하는 광경을 목격한 것은 절대 잊지 못할 경험이었다. 돛새치 무리가 멀어진 다음에도 넓은 바다에서 포식자를 피해 떼 지어 다니는 작은 물고기들을 많이 볼 수 있었다. 우리는 야생의 바다에서 모험을 즐긴 뒤 기쁘게 육지로 돌아왔다.

집단의 이름으로 삶을 겪어내다

나는 수십 년 동안 에토샤 국립공원에서 연구 활동을 하면서 하나의 동물 무리가 협력하는 장면을 여러 차례 보았다. 사자 무리와 하이에나 무리, 치타 가족은 힘을 합쳐 사냥을 했다. 영양 무리 또한 힘을 모아 나무 아래에서 쉬고 있던 기진맥진한 치타를 내쫓았다. 영양들은 모두 육식동물을 쫓아내야 할 존재로 여기고 집단이 협력하면 위험이 훨씬 줄어든다는 사실을 잘 안다.

동물 무리가 협력해 작전을 수행하는 경우는 다양하다. 한밤중에 남편과 나는 어떤 동물이 빠른 속도로 무언가를 추격하는 소리를 들었다. 나미비아 잠베지 지방을 흐르는 강 기슭의 숲에서 하이에나 무리가 사냥을 하고 있었다. 사냥에 참여한 하이에나는 마치 악마가 우는 듯한 소리를 냈는데, 달리는 동안 무리에게 자신의 위치를 알리려는 의도였다. 나미비아 해안 지역에서는 사막 사자들이 합동 작전을 펼치며 사냥한다. 사막 사자들의 작전은 축구 선수들이 경기장에서 위치를 정하는 전술과 비슷하다. 육식동물을 연구하는 플립 스탠더 박사에 따르면, 사막 사자 무리의 암컷들은 사냥할 때마다 제각기 특정한 위치를 맡는다. 암사자들에게는 축구 선수처럼 자신만의 전문 분야가 있다. 미드필더가 넘겨준 공을 공격수가 차서 골대에 들어가게 하듯, 미드필더 사자가 몰아준 먹잇감은 공격수 사자에게 죽임을 당한다. 미드필더 사자는 빠른 속도로 공격수 역할을 맡은 다른 사자 쪽으로 먹잇감을 몰아준다. 미국 옐로스톤 국립공원에서는 늑대 무리가 말코손바닥사슴을 잡고, 아프리카의 적도 지역에서는 침팬지 무리가 콜로버스 원숭이를 뒤쫓는다. 심지어 아프리카의 벌꿀길잡이새와 벌꿀오소리처럼 다른 종끼리 사냥을 돕는 경우까지 있다. 벌꿀길잡이새는 벌꿀오소리를 벌통으로 안내한 뒤 꿀을 함께 나눠 먹는다. 모잠비크에서 벌꿀길잡이새는 야오족을 비롯한 아프리카 부족과 같은 방식으로 협력한다.

숲속 침팬지들의 사냥 방식을 살펴보면 인간의 사냥 방식이 어떻게 발전해왔는지 알 수 있다. 사실 영장류 동물학자들은 인간 사회의 집단 의례가 사냥을 위해 협력하는 과정에서 발전했다고 믿는다. 진화가 진행 중이던 초기 인류 사회에서는 여러 명의 사람들이 협력해서 사냥해야 했다. 매머드나 마스토돈처럼 거대한 동물은 창으로만 잡을 수 있기 때문이었다. 이런 사냥은 고도의 조직적인 노력이 필요하다. 사냥을 위해 힘을 합치는 행동은 처음에는 생존이 걸린 문제였지만, 사람들은 시간이 지나면서 사회의 다른 영역에서도 성공적으로 협력할 수 있었다.

지난 20세기에 세계 곳곳의 전통 사회는 경제적 타격을 입거나 지정학적 사건이 일어나는 바람에 무너져갔다. 하지만 작은 규모의 수렵 채집 사회의 토착민들은 아직도 생존을 위해 집단 사냥을 한다. 산족은 남부 아프리카에서, 이누이트족은 시베리아, 북아메리카, 그린란드, 북극이나 북극과 가까운 지역에서, 마야족은 멕시코 유카탄반도에서 전술을 활용해 사냥을 하며 살고 있다. 사람들은 계속해서 사냥을 하면서 젊은 세대에게 전술을 전달한다. 이들은 전통적인 사냥을 시작하기 전이나 끝마친 후에 사냥꾼과 동물을 위한 영적인 의식을 치른다. 특히 이누이트족은 예로부터 동물이 인간보다 우월하다고 믿었고, 사냥은 전부 동물이 허락해준 덕분에 가능하다고 여겼다. 그래서 이들은 동물의 영혼에 감사하기 위해 의례를 행하고 노래를 부른다.

농사를 지으며 사냥하는 마야족은 오늘날에도 사냥을 시작하기 전에 카빈 의식 Carbine Ceremony을 치른다. 집단 의례의 신성한 과정에서 사람들은 동물을 사냥할 수 있도록 허락을 구하고, 사냥할 동물에게 감사를 표한다. 사냥할 준비를 마친 뒤에는 사슴의 영혼에 수프를 바치고, 그다음에는 사슴의 턱을 깨끗이 씻어 언덕 위의 특정 장소로 옮긴다. 사냥당하는 동물에게 새 생명을 줄 수 있다고 생각해 동물의 왕을 상징하는 곳으로 데려가는 것이다. 이런 집단 의례는 영양 섭취를 위해 동물을 죽이는 일을 정당화한다. 그러면서 사냥꾼과 자연 세계가 조화를 이루도록 한다. 의례를 치르는 집단은 동물의 개체 수를 의식한다. 동물을 어느 정도 사냥해야 공동체가 양식을 확보할 수 있는지를 아는 것이다.

인간 사회와 동물 사회에서는 사냥 외에도 여러 가지 목적으로 집단 의례를 활용한다. 예를 들면 우리는 집단 의례를 통해 서로의 영역을 구분해 경계를 정하고, 전쟁을 준비하고, 먼 거리에서 소통한다. 또한 구애하고, 짝짓기하고, 대의명분을 위해 단체로 행동하고, 집단의 정체성을 확실히 하면서 신뢰를 쌓는다. 모든 일을 제대로 수행하려면 협동을 통해 의례를 행함으로써 하나가 되어야 한다.

인류는 오래전부터 집단 의례를 치러왔다. 그 증거는 동굴벽화와 고고학 유적지에 영구히 남아 있다. 이런 집단 의례는 종교의식을 행하거나 몸집이 큰 동물을 사냥하거나 제물을 바치는 일과 관련 있거나 계절의 변화를 기념하고 수확을 축하하는 의례나 성인식, 결혼식, 장례식과 연관된 집단 의례도 있다. 심리학자들은 집단 의례가 집단의 정체성을 구축하기 위해 발전했다고 설명한다. 인구가 늘면서 혈연관계가 없는 다양한 사람들이 집단을 이루었고, 그런 집단은 정체성을 가져야 했기 때문이다.

집단생활이 발달하면서 이는 영장류 동물에게 아주 유리한 기회가 되었다. 인간의 뇌가 커지고, 문화가 복잡해지고, 언어가 만들어졌다. 지난 몇백만 년 동안 인간의 뇌 크기는 세 배로 커졌다. 인간의 뇌가 급속하게 비대해진 데는 여러 가지 이유가 있었다. 집단의 규모가 커졌고, 생활에 혁신이 일어났고, 사람들은 사회적으로 학습했고, 문화가 발달했다. 문화는 정교한 의사소통 수단인 언어를 갖추어 더 풍부해지고 복잡해졌기에 처리해야 할 정보는 더 많아졌다. 이론적으로 더 많은 정보를 저장하고 처리하려면 뇌가 커져야 했다. 언어로 소통하기 시작하면서 인간의 진화는 유인원과는 다른 길로 들어섰다.

따로 떨어진 개체들은 집단 의례에 참여하면서 집단에 대한 충성심을 다질 수 있었다. 예를 들어, 입단식에서 의례의 참석자들은 집단에 몸과 마음을 다하겠다는 맹세를 한다. 이런 의례는 공동체가 공유하는 가치에 헌신하겠다는 다짐을 보여주면서 집단 안에서 일어날 수 있는 공격의 위험을 줄이기도 한다.

모든 사회적 동물은 집단생활 자체로 많은 도움을 받는다. 힘을 모아 자식을 함께 돌보고, 지식을 쌓으면서 생존 가능성을 최대한 높이고, 삶을 사는 데 중요한 교훈을 전하다. 인간 사회에서는 지식을 전달하는 일이 너무 흔하게 일어나기 때문에 우리는 종종 이를 당연하게 여긴다.

다른 사회적 동물들도 놀라운 의례 광경을 보여준다. 1993년 탄자니아 타란기르 국립공원에 심각한 가뭄이 닥쳤을 때, 나이 많은 암컷이었던 대장 코끼리가 물을 찾아 무리를 안내했다. 그 암컷 코끼리는 35년 전에 이미 가뭄을 겪었고 무리를 안내한 곳은 가족 대대로 물을 찾아낸 장소였다. 나이 많은 암컷 코끼리 무리 속 새끼 코끼리 사망률은 가뭄을 겪어본 적이 없는 젊은 암컷 코끼리 대장의 무리보다 낮았다. 침팬지는 흰개미 잡는 법을 새끼에게 가르친다. 엄마 침팬지는 특별히 흰개미 잡는 도구를 만들어 새끼 침팬지에게 건네준다. 흰개미를 최대한 모으기 위해 풀의 부드럽고 연한 가지를 붓끝의 모양으로 만든 것이다. 이누이트족의 할아버지와 할머니는 바다표범, 일각 돌고래, 북극곰을 사냥해 살아남는 기술을 손자와 손녀에게 가르치는 중요한 역할을 담당한다. 인간은 경험이 가장 많은 사람에게 지식을 배워서 얻는다. 우리는 이렇게 배운 집단 지식을 활용해 먹을 것이 부족한 시기를 견디고 살아남을 수 있었다.

윗세대에게 배운 지식과 집단 지식은 전문적인 과학자들을 통해 공유된다. 과학자들은 전 세계의 바이러스 문제와 질병 문제를 해결하기 위해 함께 모이는 자리에서 지식을 나눈다. 윤리와 평화로운 공존에 관한 지침은 북아메리카 원주민 집단을 통해 전달된다. 이들은 조화로운 집단생활이 이루어지도록 '할아버지의 일곱 가지 가르침'을 후세대에게 전한다. 이 가르침은 겸손, 용기, 정직, 지혜, 진실, 존중, 사랑을 포함한다.

집단 의례에 참여할 때 얻는 것

집단 의례에 참여할 때 우리의 뇌는 자극을 받는다. 행복과 '러너스 하이 Runner's high'라고 부르는 황홀감까지 느낄 수 있다. 한창 달릴 때 느껴지는 '러너스 하이'는 카나비노이드(대마초에도 들어 있다)와 엔도르핀 등 신경전달물질이 복잡하게 뒤섞여 분비된 상태다. 특히 엔도르핀은 육체적 고통을 덜어준다. 옥스퍼드 대학에서 조정 선수를 연구한 결과에 따르면, 혼자보다 팀이 함께 노를 저을 때 고통을 두 배 더 잘 견딜 수 있었다. 함께 웃으면 고통을 수월하게 견딜 수 있다는 연구 결과도 있다.

반면, 신입생 환영회나 신병 훈련소 입소 같은 의례는 극심한 공포심과 불안감을 불러일으킨다. 이런 의례를 함께하며 느끼는 감정은 황홀감과는 반대되는 감정인 불쾌감이다. 집단의 구성원 각각은 불쾌감으로 인해 일체감을 느낀다. 심리학자들이 일명 '정체성 융합'이라고 부르는 경험이다. 이들이 함께하는 극단적인 경험은 너무 강렬해서 기꺼이 집단을 위해 싸우다가 죽겠다는 자기희생으로까지 이어질 수 있다.

불쾌한 의례의 또 다른 사례는 성년식이다. 성년식은 주로 성인이 되는 젊은 남자들이 치른다. 바누아투의 펜테코스트섬에서는 남자들이 높은 곳에서 아래로 뛰어내린다. '나골Naghol'이라고 부르는 이 의식은 초창기 번지점프의 형태를 띤다. 건기 중에 풍년을 기원하는 의례인데, 높이가 20~30미터에 이르는 나무 탑 위에서 양쪽 발목을 나무 덩굴로 묶은 남자들이 아래로 뛰어내리는 의식이다. 10명에서 20명 정도 되는 남자들은 시속 72.4킬로미터의 속도로 머리카락이 땅에 닿을 정도까지 떨어진다. 원래 참마 수확을 잘 마치고 나서 신에게 감사드리고 다음 해에도 큰 수확을 거둘 수 있도록 기원하는 의미였다. 그러다가 나중에는 남자아이들의 용기를 보여주는 성년식의 의미도 지니게 되었다.

나골 의례를 치르려면 몇 가지 단계를 거쳐야 한다. 남자들은 미리 행사에 사용할 나무 탑을 만들고 덩굴을 준비한다. 행사하는 날 아침에는 뛰어내리는 사람들이 의례를 위해 깨끗이 씻고, 코코넛오일을 바르고, 몸을 장식하고, 멧돼지 어금니를 목에 건다. 주민들은 모두 예복을 차려입고 땅에서 위를 올려다본다. 아래에 있는 많은 사람들은 뛰어내리는 이들을 격려하기 위해 노래를 부른다. 이 의례를 안전하게 마치려면 공동체가 협력해야 한다.

인도양에 있는 섬나라 모리셔스의 힌두교 공동체에는 불 위를 걷는 사람들이 있다. 그들을 연구한 결과, 예상대로 직접 의식을 치르면서 고통을 이겨낸 사람들이 행복감을 느낀다는 결론이 도출되었다. 그런데 흥미롭게도, 의례를 지켜본 사람들이 실제로 불 위를 걸었던 사람보다 더 기진맥진했다. 집단 의례에 어느 정도 참여하느냐에 따라 신체적·심리적인 경험이 달라진다. 의례를 지켜보는 것만으로도 실제로 해내는 사람만큼이나 강렬한 영향을 받을 수 있다.

나는 나미비아 무샤라 웅덩이에서 코끼리들을 연구하면서 이와 비슷한 결론을 내릴 수밖에 없는 역동적인 장면을 수차례 지켜보았다. 발정한 암컷과 미친 듯이 날뛰는 수컷이 짝짓기를 하고 나면 코끼리 가족 전체가 흥분해서 길고 깊은 소리를 괴성과 함께 내지른다. 중요한 결합 의례에서 코끼리들은 비정상적으로 흥분한 나머지 소리를 지르고, 함께 있는 코끼리들도 생리적으로 강렬한 영향을 받는다.

초승달이 뜬 어느 날 밤이었다. 젊은 수컷 코끼리들이 내가 연구하는 코끼리 가족의 젊은 암컷 코끼리 한 마리를 뒤쫓아왔다. 암컷은 지쳐서 정신이 없어 보였고, 나머지 가족이 암컷을 뒤따르고 있었다. 젊은 수컷 코끼리들은 불량배처럼 암컷을 쫓아왔는데, 발정한 대장 수컷인 '스모키'가 도착하자 모두 자리를 피했다. 스모키는 암컷에게 신사적으로 구애했다. 이들이 물웅덩이 한가운데서 짝짓기를 시작하자 가족들은 밤이 깊도록 괴성을 지르고 으르렁거렸다. 이들 가족은 길고 낮은 소리로 한동안 떠들썩했다. 구구거리는 소리를 내며 배란을 촉진하는 산비둘기처럼 코끼리 무리의 환호성이 그런 식으로 기능할지도 모른다. (산비둘기 소리는 5장에서 다시 살펴보려고 한다.) 이런 행동을 몇 차례 지켜본 후 나는 동물원에 갇힌 아프리카 코끼리들을 생각했다. 이들이 사는 곳의 사회적 환경은 아프리카와 다를 뿐만 아니라, 정자와 난자가 결합할 때 합창을 하며 응원하는 무리도 없다. 그래서 동물원 코끼리들의 출생률이 낮을 수도 있다.

사회적 동물은 본능석으로 자신의 이익이나 무리의 이익을 위해 집단행동에 가담한다. 이를 뒷받침하는 사례가 셀 수 없이 많다. 최근 한 연구에 따르면, 갇혀 사는 늑대들도 놀라운 솜씨를 발휘하며 협력한다. 늑대들은 각각의 밧줄을 동시에 잡아당겨 맛있는 먹이를 얻을 수 있도록 훈련받았다. 이들은 소중한 먹이를 얻기 위해 이토록 복잡한 작전을 해내는 데 성공했다. 코끼리들도 비슷한 과제를 성공적으로 완수했다. 힘을 모아 목표를 달성해야 맛있는 먹이가 보상으로 주어지는 시험이었다. 한편 집에서 기르는 개는 비슷한 도전에서 형편없이 실패했다. 개는 너무 오랫동안 인간과 함께 생활했다. 이들은 진화하면서 늑대와 오랜 시간 떨어져 지냈기에, 함께 협력해서 문제를 해결하던 조상들의 기술을 잃어버리고 말았다.

나는 코끼리 여러 마리가 한 코끼리를 구하는 사례도 수차례 목격했다. 엄마 코끼리들은 새끼를 구하기 위해 협력했다. 그러나 이 웅장

위 돛새치들이 등지느러미를 세운 채 느슨한 그물처럼 진을 치고 멸치 떼를 둘러싸고 있다. 또 푸른빛이 번쩍이는 몸과 지느러미를 움직이며 먹잇감을 혼란스럽게 만든다. 이들은 멸치 떼 한가운데를 헤집고 다니면서 무리를 흐트리고 주둥이를 이용해 도망가는 먹잇감을 수면으로 끌어올린다.

아래 암컷 아프리카코끼리 빅마마와 그의 딸 난디가 힘을 합쳐 난디의 새끼를 구하려고 무릎을 꿇고 있다.

위 사냥하는 방법을 배우고 있는 어린 사자들이 몰래 숨어 있다가 검은코뿔소를 공격
하고 있다. 실제로 사자가 사냥할 때는 코뿔소를 쓰러뜨릴 만큼 힘센 어른 수컷이
최소한 한 마리 이상은 있어야 한다.

아래 암사자들이 전략을 세운 뒤 일런드(아프리카의 큰 영양) 떼 가운데 점찍어놓은 사냥
감을 향해 사냥할 자세를 취하고 있다.

한 시도는 코끼리들이 얼마나 오래 살았는지, 그리고 어떤 기술과 경험을 가지고 있는지에 따라 성공하기도 하고 실패하기도 한다. 어느 날, 대장 코끼리 빅마마와 딸 난디는 새끼 코끼리를 코로 감싸서 구덩이에서 끌어내기 위해 동시에 무릎을 꿇고 똑같은 동작을 취했다. 코끼리들이 협력한 경험이 별로 없거나 힘을 합치려는 시도조차 하지 않았다면 새끼를 그렇게 순조롭게 구출하지는 못했을 것이다. 또 다른 어느 날, 다른 코끼리 새끼 한 마리가 구덩이에 빠지는 일이 벌어졌고, 엄마 코끼리는 새끼를 어떻게 끄집어내야 하는지 알지 못하는 것 같았다. 도와달라고 울부짖는 새끼의 울음소리에 가족들은 당황해서 어쩔 줄 몰랐다. 엄마 코끼리는 새끼의 코를 잡아당겨 끌어올리려고 했지만 번번이 실패했다.

우리는 근처에 사자들이 있다는 사실을 알고 있었다. 지켜보는 입장이었지만 덩달아 불안해질 수밖에 없었다. 코끼리들과 연구자들 모두 잔뜩 겁을 집어먹은 다음에야 엄마 코끼리는 마침내 새끼를 구출했다. 긴박한 구출 장면은 빅마마와 난디의 협력을 다시금 떠올리게 했다. 나는 빅마마와 난디가 똑같이 무릎을 꿇은 행동이 얼마나 대단한 일이었는지 깨달았다. 그들은 정말 쉽게 해내는 것처럼 보였다.

소리와 움직임으로 함께하다

우리는 집단 의례를 하면서 소리를 반복해서 내거나 똑같은 몸동작을 되풀이한다. 특히 종교의식이나 지역 축제 같은 인간의 집단 의례에서는 춤을 추거나 노래를 부르거나 구호를 외친다. 또 음악을 연주하거나 기도문과 시를 읊는 데 집중한다. 모두가 같은 손동작을 하면서 격렬하게 몸을 움직일 때도 있다. 모두 의미 없이 '그냥' 행하는 건 아니다. 연구에 따르면, 똑같은 동작을 취하면서 함께 움직이거나 노래를 부르면 유대감이 샘솟고 신뢰가 쌓인다. 또한 신체 동작을 되풀이하면 사랑과 행복을 불러일으키는 호르몬인 옥시토신의 분비가 촉진된다.

동물 역시 여러 가지 집단행동에 참여한다. 야생 코끼리들은 웅덩이를 떠나는 시간을 조성할 때 동시에 울음소리를 낸다. 대장 코끼리가 물웅덩이를 떠날 때 길고 낮은 울음소리를 내면 다른 코끼리들이 그 소리에 대답하듯 차례대로 울부짖는다. 한 마리가 우는 소리를 내고 뒤이어 다른 한 마리가 따라 우는데, 울음소리의 끝과 시작이 조금씩 겹친다. 연달아 내지른 울음소리로 길게 보낸 신호는 더 멀리 퍼진다. 이 소리는 다른 코끼리들에게 곧 떠난다는 소식을 알리는 신호다. 코끼리는 반복된 울음소리를 통해 무리를 모으는 동시에 계획과 행동을 조절한다. 이런 장면을 볼 때마다 관현악단 연주회에서 다음 악기 연주자들에게 손짓하는 교향곡 지휘자가 생각난다. 이것이 바로 행동 조절이다.

군인들의 행진이나 학교 스포츠 경기, 축제의 가두 행진에서는 관현악단이 연주를 한다. 연주자들은 엄청난 호흡을 자랑한다. 2008년 베이징 하계 올림픽 개막식에서는 2,008명의 사람이 고대 중국 악기 '부'를 동시에 치면서 장엄하게 등장해 하나로 어우러졌다. 2,008명이 똑같이 움직이면서 음악을 연주했고 연주자가 악기를 두드리며 희열을 느낄 때 그 장면을 지켜보는 이들은 연주자와 한 몸으로 묶였다. 그들은 연주에 감탄하고 경외심까지 느꼈다. 모두가 스포츠를 통해 행해지는 전 세계의 집단 의례에 참여하고 있었다. 집단 의례는 우리가 함께 국제 협력을 기원하고 있음을 느끼게 해주었다.

2017년 4월 22일, 남편과 함께 워싱턴 DC에서 처음으로 열린 '과학을 위한 행진'에 참가했다. 행진하기로 한 사람들이 모이기까지 시간이 좀 걸렸고, 남편은 괜히 헛된 노력을 한 것은 아닌지 생각하기 시작했다. 게다가 춥고 비까지 내려 열정은 눈 녹듯 사그라들었다. 하지만 30분도 채 되지 않아 같은 목적을 가진 사람들이 모두 모였다. 우리는 평화롭게 서로의 팔꿈치를 부딪치며 워싱턴 DC에 있는 헌법의 길한복판을 걸었다. 국립자연사박물관 앞을 지날 때는 "증오가 아니라 '과학'이 미국을 위대하게 만든다! 증오가 아니라 '과학'이 미국을 위대하게 만든다!"라고 외쳤다.

구호를 외치면서 손뼉을 친 일은 잊지 못할 경험이 되었다. 그때나는 치어리더로 활동했던 고등학교 시절을 떠올렸다. 동료 치어리더들과 함께 농구팀이나 축구팀을 응원했는데, 우리는 퀸의 노래 〈위 윌록 유〉(We Will Rock You)의 가사를 외치면서 후렴과 후렴 사이에는 박자에 맞춰 발을 구르고 손뼉을 쳤다. 우리가 노래를 부르고 발을 구르고 손뼉을 칠 때 상대 팀을 기선 제압하는 듯한 호승심을 느꼈다. 우리 팀에 대한 연대감도 뚜렷하게 느껴졌다. 골을 넣을 때마다 연대감은 더욱 강해졌고, 결국 경기에서 승리하자 모두 열광했다. 응원단은 의기 양양하게 퀸의 또 다른 노래 〈위 아 더 챔피언스〉(We are the Champions)를 불렀다.

행진을 계속하는 동안 남편의 의구심은 서서히 사라졌다. '나'라 는 개인보다 훨씬 원대한 뭔가를 만드는 일에 동참하고 있다는 생각이 들었다. 나는 남편과 함께 "우리는 다른 행성에서 살 수 없다(There is no Planet B)"라고 적힌 피켓을 든 채 활기찬 에너지에 둘러싸여 수많은 사 람들로부터 방출되는 강력한 에너지를 느꼈다. 우리는 혼자가 아니었 다. 모두가 우리 자신에게 반드시 필요한 공동의 목적을 달성하기 위 해 모였다. 나는 그 결정적인 순간에 희망을 품게 되었다. 우리 지구를 구하기에는 아직 늦지 않았을지도 모르는 일이었다.

코로나바이러스가 한창 전 세계적으로 퍼지던 2020년 6월, 나 는 이와 비슷한 경험을 했다. 경찰의 잔인한 행동에 항의하고 인종차 별 문제를 제기하기 위해 미국 전체에서 대규모 시위가 벌어지고 있 었다. 나는 바이러스가 유행하는 동안 남편과 샌디에이고의 집에만 머물렀지만, 자동차를 탄 채 "정의가 없으면 평화도 없다(No justice, No peace)" "흑인의 생명도 중요하다(Black Lives Matter)"와 같은 구호를 내 세우는 시위에 참여할 수 있었다. 우리가 비록 한 날 한 시에 한곳에서 모이지는 못했지만, 정말 많은 사람이 한목소리를 내주었다. 덕분에 전 세계 모두가 인종 차별을 없애고 정의를 이루기 위한 싸움에 가담 했다. 경찰을 개혁하려는 정치적인 노력이 늘어나고, 이러한 상황을 지켜보면서 나는 집단의 힘을 확실히 믿게 되었다.

어려운 시기에는 집단 의례를 통한 치유력이 폭넓게 퍼질 수 있어야 한다. 오늘날에는 지구의 취약한 생태계에 영향을 미치는 기후 변화에 대한 걱정이 나날이 늘어나고 있다. 그래서인지 지구를 살리고 지구에 사는 소중한 생물들을 구하기 위한 집단행동에 곧잘 참여하게 된다. 다시 산소마스크를 쓰고 멸치 떼를 찾아 물속으로 뛰어들어 눈앞에 펼쳐지는 역동적인 자연을 다시 지켜보고 싶어진다. 우리에게 하나의 집단으로 뭉치는 일은 중요하고 꽤나 시급한 문제다. 인간과 동물 그리고 자연을 보호하기 위해 끊임없이 되새겨야 할 사실이다. 오늘날의 기술은 많은 문제를 일으켰지만 우리는 그 기술을 활용해 자연과 인간의 관계를 회복할 수 있다. 이를 위해 한 집단의 이름으로 함께 행동하고 협력할 수 있을지는 순전히 우리의 몫이다.

3장
색다른 매력 뽐내기

✦

구애 의례
Courtship Rituals

"마음 한편에 상상도 못 할 일을
받아들이는 공간을 남겨두자."

_매리 올리버

짝을 찾아 헤매는 홍학 무리

바다와 하늘 사이 수평선은 희미했다. 눈으로 볼 수 있는 거리 끝까지, 내 주위를 휘감은 푸른 바다와 하늘의 경계는 뚜렷하지 않았다. 뭉게 뭉게 피어오른 구름이 바다에 비치고 있었다. 나는 거대한 소금 호수 한가운데에 서서 넓디넓은 대양을 바라보고 있었다. 그곳은 영령버진 제도에 있는 아네가다섬이었다. 나는 어마어마한 바다의 규모에 압도 당했다. 외딴 해안이 많고 바닷물의 깊이도 얕은 이 산호섬은 지구에 서 가장 아름다운 곳으로 꼽힌다.

아네가다섬은 지구에서 가장 평평한 땅덩어리다. 이곳의 청록빛 열대 바다에는 낮은 암초들이 물속에 얕게 잠긴 채 펼쳐져 있다. 이 광 경은 비현실적으로 아름다워서 섬의 존재는 무해하게 느껴지기만 한다. 바라보고 있으면 최면에 빠질 것 같은 푸른빛의 파도가 밀려오고, 바닷가에는 새하얀 모래가 깔려 있다. 게다가 수정처럼 맑은 물은 매혹적이기까지 하다. 이 섬은 영령버진제도의 섬들 가운데 두 번째로 크지만 주민은 300명도 되지 않기에 한적한 분위기를 유지한다.

그런데 이 섬의 존재는 역설적이다. 오아시스처럼 보이는 섬에는 불길한 예감이 드리워져 있다. 섬에는 위험이 빤히 고개를 내밀고 있다. 어떤 관점에서 이 위험은 숨어 있다고 볼 수 있지만 위험에 대비하지 않으면 아무도 모르게 소금 호수 속으로 사라질 수 있다. 입술 사이로 마지막 한탄을 내뱉으며 자취를 감출지도 모른다. 그 한마디는 콜리지의 시 〈늙은 뱃사람의 노래〉(The Rime of the Ancient Mariner) 중 유명한 대목인 "물, 동서남북 어디든 온통 물이다 / 그런데도 마실 물은 한 방울도 없네"라는 구절일 것이다. 산호섬 주위 여기저기에는 자연의 무자비함을 일깨우는 수많은 난파선이 가라앉아 있다. 이글이글 타오르는 햇볕이 내리쬐어 얼굴과 팔을 달구었다. 나는 소금 호수 한가운데에 서 있었다. 썩은 달걀 냄새가 뜨겁고 질퍽질퍽한 땅에서 올라오고 있었고, 한 발자국 내디딜 때마다 발이 바닥에 더 깊이 빠져 들어갔다. 모래파리 떼는 땀으로 범벅이 된 몸에서 공기와 노출된 부분을 골라 사정없이 공격했다. 몸 곳곳 파리 떼에 가차 없이 물린 자국이 물결을 이뤘다.

나는 맹그로브 나무를 연구하는 친구를 돕고 있었다. 목이 말라서 어지러울 지경이었다. 이제 악취 나는 진흙은 정강이까지 올라왔다. 사람이나 동물을 빨아들여 삼키는 늪과 같은 곳에 빠졌다는 느낌이 들었다. 나는 주변 상황을 파악하려고 애썼다. 이런 중에도 일을 빨리 끝내기 위해 정신을 집중해야 했다. 이미 예정된 시간이 훌쩍 지나 있었다. 머릿속에는 차가운 물로 샤워하고 얼음물을 벌컥벌컥 들이마시고 싶다는 생각밖에 없었다. 무엇보다도 이런 끔찍한 곳에 다시는 오고 싶지 않았다.

그때 멀리서 분홍색 형체들이 나란히 줄지어 모이는 광경이 보였다. 나는 깜짝 놀라 악몽 같은 생각에서 벗어났다. 워낙 먼 거리였던 터라 다른 소리는 들리지 않았다. 하지만 이 알쏭달쏭한 분홍빛 무리 쪽에서 계속해서 첨벙거리는 이상한 소리가 들렸다. 놀라운 속도로 한곳에 모여 들고 있는 무리는 정신없이 규모가 커지고 있었다.

나는 가만히 선 채로 열심히 그 광경을 바라보았다. 그러면서 해초로 가득한 소금 호수의 진흙탕 속에 빠지지 않으려고 애썼다. 친구는 너무 멀리 있던 터라 그곳이 보이지도 않았기 때문에 무슨 일인지 물어보는 것도 소용없었다. 벽을 이룬 듯 가지런히 서 있는 분홍색 물체의 정체가 무엇인지는 몰랐지만, 이들은 갑자기 한쪽으로 아주 재빠르게 움직였다. 그다음 호수 한가운데 어느 지점에 이르자 방향을 바꾸어 반대 방향으로 행진하기 시작했다.

그 순간, 발이 가벼워졌다. 늪에 빠진 듯한 상태에서 잠시 벗어난 것이다. 나는 이때를 틈타 활기차게 움직이는 정체 모를 형체를 향해 가까이 다가갔다. 새들이 줄지어 서 있었다. 새들은 머리와 부리를 높이 쳐들고 붉은 목을 꼿꼿이 세우고 있었다. 이제야 이들을 알아본 나는 책에서만 보았던 무언가를 마주하고 있다는 사실을 깨달았다.

3월은 쿠바홍학의 짝짓기 철이 시작되는 시기였다. 홍학의 이상한 의례는 짝짓기 철의 시작을 알린다. 이맘때에는 홍학 떼 전체가 동시에 움직이면서 단체로 행진하는 모습을 볼 수 있다. 나는 홍학 여섯 마리를 관찰하면서 이들의 구애 행동을 연구했다. 이와 같은 행진을 직접 보는 것은 오랜 꿈이었다. 이런 놀라운 광경을 연출하려면 홍학이 10마리 정도는 더 있어야 했다.

내 눈앞에서 쿠바홍학 60마리가 똑바로 선 채 갈고리처럼 생긴 검은색 부리를 하늘을 향해 처들고 있었다. 이들은 머리를 좌우로 휙휙 움직이면서 행진했고 거위가 우는 듯한 울음소리를 냈다.

보통 허리케인이 자주 닥치는 계절의 끝 무렵에 홍학의 집단 행진이 시작된다. 이 행진은 여러 단계에 걸친 구애 행동으로 이어진다. 구애 의례는 번식할 짝을 찾을 때까지 한 달 정도 계속된다. 그 기간이 지나면 둥지 만들기가 시작된다. 그다음에는 알을 낳는다. 모든 과정이 순조롭게 진행될 경우 4월 중순에 새끼가 태어난다. 홍학은 1년에 한 번씩 짝을 바꾸기 때문에 3월이 오면 새로운 짝을 찾기 위한 의례가 처음부터 다시 시작된다.

홍학은 불그스름한 분홍빛을 띠는데, 독특한 색깔은 구애의 성패를 결정하는 중요한 요인이다. 이 기막힌 색깔은 이들이 갑각류 동물을 많이 먹는 데서 비롯되었다. 갑각류 동물에는 주홍색 색소를 함유한 유기화학 물질인 베타카로틴이 들어 있다. 이 물질은 당근과 사탕무의 화려한 색깔을 이루기도 한다. 만약 홍학이 브라인슈림프나 요각류, 다른 갑각류를 먹지 않는다면 분홍색보다는 흰색 옷을 입었을 것이다. 홍학의 먹이가 되는 동물들은 베타카로틴을 함유한 미세조류를 먹고 살기 때문이다.

홍학은 꼬리 부근의 프리닝샘에서 분홍색을 내는 물질을 분비한다. 홍학의 분홍색 '화장'에는 많은 노력이 필요하다. 이 치장은 며칠밖에 유지되지 않아서 선명한 색깔을 유지하려면 지속적으로 노력해야 한다. 암컷 홍학이 색깔을 유지하려고 노력하는 시간은 수컷보다 더 긴 경향이 있다. 분홍빛이 도는 예쁜 깃털을 가지고 있다는 것은 양질의 먹이를 확보할 수 있다는 뜻이다. 홍학의 세계에서는 이것이 짝으로서 매력적인 조건으로 통한다.

집단 행진을 하고 상밋빛 매력을 한껏 보여준 다음, 수컷 홍학은 짝을 얻기 위해 정해진 동작을 정확하게 해낸다. 우선 머리를 흔들면서 구애 의례를 시작한다. 그는 목을 쭉 펴고 부리를 쳐든 후 머리를 좌우로 휙휙 움직이면서 독특한 울음소리를 낸다. 그다음 목을 펴고 머리를 쳐든 상태로 날개를 펴고 크게 울음소리를 낸다. '날개 인사'라고 부르는 인사다. 목을 날개 밑에 밀어 넣는 '비틀어 단장하기' 자세가 이어지고, 한쪽 날개를 옆으로 내리고 다리를 그 뒤쪽으로 뻗는 '날개와 다리 뻗기' 자세를 취한다. 마지막으로 목을 늘려서 골반 높이까지 내리고, 날개를 양옆으로 뻗는 '새로운 날개 인사'를 한다. 이 단계적인 구애 의례는 다른 수컷들이 따라할 때까지 되풀이된다. 점점 많은 수컷들이 동작을 따라하면 암컷들도 의례에 참여한다.

상대방의 오감을 만족시키는 의례

이렇게 복잡한 홍학의 구애 의례를 보고 있자면 이런 의례들은 어떻게 탄생했는지 궁금해진다. 수많은 새들의 구애 의례는 몸을 쭉 펴거나 둥지를 트는 행동에서 진화했다. 이 사실을 알게 되면 홍학의 의례를 잘 이해할 수 있다. 홍학은 의례를 행하는 동안 긴 다리를 뒤로 뻗고, 날개를 양옆으로 넓게 펼치거나 휘감으며 몸치장을 하는 듯한 동작을 취한다. 어떤 동물은 일상적인 행동과는 완전히 다른, 아주 독특한 동작으로 구애한다. 무리가 함께 행해왔던 동작은 하지 않는다. 이들이 특별한 동작을 선보이는 의도는 방금 만난 미래의 짝에게 자신의 힘이나 건강을 자랑하기 위해서다. 수컷은 어찌됐든 암컷에게 가장 매력적이거나 독특한 동작을 보여주어야 했다. 바로 그런 수컷이 짝을 얻어 자신의 유전자를 다음 세대에 온전히 전할 수 있었다. 구애 의례는 여러 세대를 거쳐 집단에 뿌리내리면서 많은 동물의 유전자에 새겨졌다.

홍학처럼 집단생활을 하는 새들의 구애 의례는 인간이 스윙이나 살사 같은 사교춤을 추는 것과 비슷하다. 남녀 네 쌍이 사각형 대형을 이루어 함께 추는 스퀘어 댄스와 기깅 유사하다고 할 수 있다. 운이 좋으면 이때 지어진 짝은 춤이 끝나고 나서도 오래 교류를 이어간다.

청두루미와 흰머리수리 같은 새들은 한번 짝짓기를 한 상대와 평생 함께 산다. 그래서 암컷의 선택은 정말 중요하다. 암컷은 짝이 될 수컷이 얼마나 우수한지 가늠하는 수단으로 구애 의례를 활용한다. 조금 즉흥적인 수컷들은 함께 모여 구애 행동을 하면서 암컷들의 관심을 끌기 위해 경쟁한다. 경쟁이 너무 치열해 평범한 수컷에게는 자신의 재주를 충분히 보여줄 시간이 주어지지 않는다. 그러니 수컷은 눈에 최대한 잘 띄도록 화려한 색상으로 자신을 꾸며야 한다.

나뭇가지 위가 아니라 어수선한 정글의 바닥이 무대라면 더 복잡한 구애 동작을 준비해야 한다. 수컷의 구애 동작이 복잡할수록 암컷의 관심을 더 빨리 얻고 길게 유지할 수 있다. 수컷이 화려한 발놀림과 색색의 깃털을 이용해 짝을 얻는 데 성공하면 다음 세대는 유전자를 통해 이런 특성을 전달받는다. 암컷이 새끼를 키울 시기라면 새끼를 양육하는 데 도움을 받기 위해 수컷의 양육 기술도 평가 대상이 된다. 그래서 이런 시기에는 수컷의 구애 동작도 달라진다.

수컷은 구애 의례 때문에 아주 커다란 대가를 치를 수 있다. 밝은 색 깃털과 화려한 동작은 포식자의 눈을 쉽게 끈다. 그래서 구애 의례를 행하는 수컷은 포식자에게 잡아먹히기도 쉽다. 이런 위험을 감수하면서 구애 행동은 어떻게 진화했을까? 구애 의례는 어째서 지금도 계속되는 것일까?

다윈의 주장에 따르면, 볼품없는 모양새로 포식자를 피하는 일보다 화려하게 치장해서 짝짓기에 성공하는 일이 더 중요하다. 따라서 수컷 공작의 꼬리는 화려하게 진화했다. 다윈은 이런 식으로 성선택 개념을 생각해냈다. 다윈의 자연 선택 이론과는 반대로, 암컷이 특별한 특징을 보이는 수컷을 선택하는 행동이 진화를 주도한다는 이론이다. 이 행동은 음식을 얻을 가능성이나 날씨 같은 외적 요인만큼이나 중요하며, 심지어 그보다 더 중요할 수도 있다. 암컷이 선택한 수컷의 특징은 다음 세대로 전해지기 때문이다.

새의 구애 의례는 시각과 청각, 후각을 자극하기도 하지만 개체의 건강 수준이 어떤지 드러내기도 한다. 때에 따라서 구애 의례는 촉각까지 자극한다. 수컷들은 노래하거나 춤추거나 깃털을 뽐내며 자신이 얼마나 철두철미한지 보여준다. 바우어새의 경우 독창성과 예술적인 솜씨까지 자랑하면서 짝짓기 시험을 통과한다.

붉은색은 수컷 새의 테스토스테론 수치가 높다는 신호다. 수탉의 머리 위의 볏은 붉은색이고, 수컷 타조의 부리와 정강이는 짝짓기 철에 분홍색으로 변한다. 높은 테스토스테론 수치는 뛰어난 정력을 의미하므로 수컷은 구애 도중 암컷에게 붉어진 몸을 보여주면서 건강을 증명한다. 발정한 수컷 코끼리도 이와 같은 방식을 활용한다. 붉은색을 보이지는 않지만 건강하다는 사실을 알리기 위해 냄새를 풍기고 엄청나게 거드럭거린다. 발정한 호르몬 상태를 유지하려면 남성호르몬이 많이 필요하기 때문이다.

수컷 새들은 암컷의 마음을 사로잡기 위해 같은 동작을 수없이 되풀이하기도 하고, 색다른 춤동작을 보여주며 화려한 깃털을 자랑한다. 때로는 세레나데까지 부른다. 중앙아메리카와 남아메리카에 서식하는 빨간모자마나킨은 숲속의 나뭇가지 위에서 문워크 춤처럼 보이는 현란한 발놀림을 선보인다. 뿔논병아리는 헤비메탈 공연을 관람하는 관객이라도 된 듯 헤드뱅잉을 한다. 더욱 놀라운 사실은, 서부논병아리는 짝짓기 춤을 추는 도중에 말 그대로 물 위를 걷는다는 점이다. 1초에 열네 걸음에서 스무 걸음쯤 전속력으로 발을 옮기면서 물

위를 달린다.

수컷 타조의 짝짓기 춤도 특이한 광경을 연출한다. 수컷 타조는 검은색과 흰색이 섞인 깃털을 물결치듯 위아래로 흔든다. 그러면서 분홍색 부리를 벌린 채 기다란 목을 아래로 떨어뜨린다. 떨어뜨렸던 목은 뱀처럼 비틀어 몸을 휘감는다. 구애 의례는 앉아 있는 암컷의 등에 올라타 짝짓기하기 직전이 되어서야 끝난다. 그때가 되면 수컷 타조는 날개를 휘둘러 모랫바닥을 앞뒤로 치는 동작으로 의례를 마무리한다. 마지막 동작 덕분에 타조의 복잡한 짝짓기 춤은 구애 의례라기보다 둥지를 만드는 행동에 가까워 보인다. 흥미롭게도 구애의 마지막 단계인 모랫바닥을 치는 행동은 둥지를 트는 것에서 진화했다고 여겨진다.

뉴기니에 사는 여러 종류의 극락조의 구애 의례는 수많은 수컷 새의 의례 중에서도 가장 복잡하다. 극락조는 놀랄 만큼 아름다운 깃털의 배열과 색깔이 돋보인다. 이런 멋진 모습을 보고 있자면 정말이지 자연의 신비가 느껴진다. 극락조의 조상이 2,400만 년 전에 살았던 담갈색 까마귀라는 사실이 믿기지 않을 정도다.

재미있는 사실은 화려한 수컷 구혼자들이 복잡한 의례를 행하는 동안 암컷 극락조들은 무심한 척하면서 세심하게 수컷들을 살핀다는 것이다. 암컷 극락조가 수컷을 세심하게 관찰하는 것을 통해, 자연에서 가장 독특한 구애 행동은 성선택을 원동력 삼아 진화했다는 사실을 알 수 있다.

어떤 극락조들은 구애할 때 단순히 깃털과 춤에만 의존하지 않고

수컷과 암컷 기린이
서로의 목을 감싸며
구애하고 있다.

수컷 타조의 테스토스테론은 짝짓기 철에 수치가 높아져 부리와 정강이를 밝은 분홍색으로 물들인다. 이들은 자랑스럽게 부리와 정강이를 내보이면서 검은색과 흰색이 섞인 깃털을 우아하게 흔들며 춤을 춘다. 짝이 될 암컷에게 깊은 인상을 주기 위해 무릎을 구부리고 긴 목을 물결치듯 좌우로 흔들면서 구애한다.

다른 방법을 찾았다. 예를 들어, 수컷 육선 극락조는 짝짓기에 성공하려면 특별히 빠르고 완벽하게 완수해야 할 임무가 있다. 수컷은 우선 숲속을 돌아다니며 암컷이 나뭇가지 위에서 자신의 공연을 내려다볼 수 있도록 적당한 땅을 찾는다. 그다음 그곳에 지저분하게 쌓인 나뭇잎과 쓰레기를 치워 공연 무대를 청소한다. 깨끗한 공연장이 마련된 뒤 관객이 도착하면 수컷은 암컷을 위한 춤을 추기 시작한다. 머리를 좌우로 흔들고 칠흑같이 새까만 깃털을 발레를 할 때 입는 치마인 튀튀처럼 부풀린다.

암컷은 나뭇가지에 앉아 수컷의 가슴 중앙에서 무지갯빛으로 빛나는 푸른 깃털과 뒤통수를 내려다본다. 어느 부족의 전통 가면처럼 보이는 수컷의 타원형 발레 치마와 뒤통수가 앞뒤로 움직이며 눈앞에 어른거린다. 어떤 암컷이라도 매료되지 않고는 못 배길 화려한 모습이다. 그 모습이 너무나 멋진 나머지 암컷이 도대체 어떤 기준으로 수컷의 공연을 평가하는지 궁금해질 지경이다.

콜롬비아와 파나마에 사는 황금색 깃 마나킨의 구애 행동을 잘 정리해놓은 연구 결과물이 있다. 그래서 우리는 암컷이 수컷의 의례를 보면서 어떻게 평가를 내리는지 정확하게 알 수 있다. 새들은 구애 행동을 할 때 복잡한 동작을 취하고 호르몬을 많이 분비한다. 동작은 빠르고 정확하고 강렬하다. 연구자들은 암컷이 어떤 구애 행동을 선호하는지 철저하게 조사했다. 그러고는 암컷이 수컷의 운동 능력을 기준으로 짝을 선택한다고 결론을 내렸다. 신경과 근육을 능숙하게 이용해 구애 동작을 하려면 정력이 많이 필요하다. 암컷은 수컷의 구애 의례를 관찰하고 수컷이 얼마나 정력이 넘치는지 냉정하게 평가해 짝을 선택한다.

최근에는 구애 의례를 감상하는 암컷 방울깃작은느시의 뇌에 많은 변화가 일어난다는 연구 결과가 발표되었다. 의례를 지켜보는 것만으로도 번식력이 강해지고 더 건강한 새끼를 낳을 수 있게 된다. 어미 새가 품고 있는 알 속으로 새끼의 성장률을 높이는 성분이 분비되기 때문에 새끼 새는 더 건강해진다. 관음증을 새로운 관점으로 해석하게 되는 연구 결과다. 신부 들러리 파티를 할 때 라스베이거스에서 성인 쇼를 보는 일을 완전히 새로운 차원에서 이해할 수도 있겠다.

홍학은 다른 방식으로 구애 의례를 지켜본다. 암컷은 수컷을 지켜보는 동안 자극을 받아 자신도 의례에 동참한다. 갈라파고스제도에 서식하는 푸른발부비새도 같은 방식으로 구애 의례를 행한다. 먼저 수컷 푸른발부비새가 과장된 걸음걸이로 암컷 주위를 활보하면서 매력적인 푸른 발을 보여준다. 그러면 암컷이 구애에 참여하고, 암컷과 수컷은 서로를 향해 머리를 숙이며 날개를 쭉 펼친다. 수컷은 때를 기다렸다가 결혼 선물로 작은 나뭇가지를 암컷에게 선사한다. 수컷뿐만 아니라 암컷도 푸른 발을 상대에게 보여준다. 수컷과 암컷 모두 구애 의례 도중 상대의 건강 상태를 가늠하기 위해 짝의 발을 평가한다. 함께 새끼들을 돌봐야 하기 때문이다.

오스트레일리아 북부에 사는 바우어새의 전략은 전혀 다르다. 이들은 화려한 색깔이나 공연으로 유혹하는 대신 오두막을 짓는다. 이 오두막은 미래의 짝에게 선물할 예술 작품이다. 수컷은 암컷이 예술 작품에 이끌려 자신과 짝짓기하도록 공을 들인다. 다른 수컷 경쟁자를 피해 자신의 오두막이 무사하기만 하면 암컷에게 노래도 불러준다. 암컷이 구애를 받아들인 뒤에는 함께 춤을 추고 짝짓기를 한다. 짝짓기가 끝나고 암컷이 사라지면 수컷은 모든 과정을 처음부터 되풀이한다.

바우어새처럼 인간도 성공적인 짝짓기를 목적으로 자신의 소유물을 야단스럽게 과시한다. 이런 소유물은 짝을 유혹하는 데 활용되므로 이차적인 성적 특징으로 여겨진다. 연구에 따르면, 남성과 여성모두 데이트 중에 성별 특징이 뚜렷한 제품을 사용하는 경향이 있었다. 여성들이 극락조의 전략을 활용해 외모를 아름답게 꾸밀 수 있는제품을 많이 사용하거나, 남성들이 바우어새의 전략을 활용해 스포츠카 같은 물건을 많이 드러내 보이는 것처럼 말이다.

최근 이런 물건들을 활용한 전략이 호르몬 수치에 영향을 준다는사실이 밝혀졌다. 예를 들어, 일반적인 세단보다 포르쉐 스포츠카를운전할 때 남성의 테스토스테론 수치가 더 높았다. 또 다른 연구에서사람들은 스포츠카 소유 여부에 따라 남성의 신체적 특징을 다르게 인식했다. 이 결과는 남성과 여성 모두에게 해당되었다. 온라인 데이트사이트에 한 사진이 실렸다. 빨간색 포르쉐 앞에 서 있는 남성의 사진이었다. 이 사진을 여성들에게 보여주자 무의식적으로 고급 자동차를소유한 남성은 키가 클 것이라고 추측했다. 반면, 똑같은 사진을 본 남성들은 그 남성의 키가 작을 것이라고 추측했다. 남성들 사이에 숨겨져 있는 경쟁의식을 증명한 실험이었다. 한편 배란기 여성을 연구한 결과, 여성은 배란 기간 동안 외모를 치장하는 데 더 많은 시간을 들였다. 우리는 무의식적으로 우리 몸의 호르몬 상태를 생각보다 훨씬 더 잘 파악한다.

코끼리의 구애는 시각적으로 화려한 모습을 자랑하지는 않지만 후각과 청각을 자극하는 데 온갖 노력을 기울인다. 멀리 떨어져 있는 암컷과 수컷이 한자리에서 만날 수 있도록 평소와 다른 울음소리와 냄새로 서로를 찾는다. 코끼리의 임신 기간은 거의 22개월이고, 출산 후 2년 동안 새끼에게 젖을 먹인다. 어른 암컷 코끼리의 발정기는 4~6년에 한 번씩 돌아온다. 따라서 암컷의 발정은 워낙 희귀한 일이다. 수컷은 암컷이 발정한 단 며칠 동안 그 기회를 잡아야 한다.

발정기에 암컷은 낮은 울음소리를 자주 그리고 길게 반복한다. 울음소리가 얼마나 길게 지속되느냐에 따라 암컷 코끼리가 서열상 어떤 위치에 있는지, 암컷 코끼리의 오줌 속에 호르몬이 얼마나 분비된 상태인지 알 수 있다. 발정한 수컷 코끼리의 울음소리를 통해서도 알 수 있다. 발정한 수컷 코끼리는 근처에 발정한 암컷 코끼리가 있다는 사실을 알아차리거나 다른 수컷 경쟁자의 존재를 의식했을 때 구애 행동을 시작한다. 수컷 코끼리는 양쪽 귀를 번갈아가며 앞뒤로 흔들어 자신의 냄새를 멀리까지 퍼뜨린다. 측두샘에서 흘러나온 분비물도 코로 문질러서 공기에 퍼뜨린다. 그러는 내내 오줌을 질질 흘리는데, 오줌에서는 냄새가 심하게 난다. 수컷 코끼리는 냄새를 퍼뜨릴 수 있는 모든 행동을 취해 다른 수컷에게 겁을 준다.

코끼리와 비슷하게 인간도 구애 의례를 행할 때 냄새를 이용한다. 많은 인간들이 향수를 뿌려 이성에게 자신의 존재를 알린다.

오스트리아의 구애 의례에서는 젊은 여성이 겨드랑이 사이에 사과 조각을 끼운 채 춤을 춘다. 춤이 끝나면 여성은 자신이 선택한 남성에게 사과 조각을 건네고 남성은 그것을 먹는다. 이상하게 보일 수도 있지만, 이런 의례는 냄새를 이용해 짝을 선택하는 한 가지 방법일 뿐이다. 곤충이 페로몬을 분비하고, 코끼리가 분비물을 내뿜고, 인간이 향수를 사용하는 것과 다를 바 없다.

짝을 고를 때 여성은 무의식적으로 남성의 냄새를 기준으로 삼는다. 한 연구에서 여성들에게 남성들이 잠을 자는 동안 입었던 티셔츠들 중 하나를 고르라고 요청했다. 남성들은 익숙한 냄새부터 낯선 냄새까지 다양한 체취를 지니고 있었다. 여성들은 전혀 낯설지 않은 냄새가 나는 티셔츠를 선택했다. 실험 결과에는 진화론에 바탕을 둔 근거가 자리한다. 인간에게는 냄새를 판별해 혈연관계를 구별하는 능력이 있다고 한다. 덕분에 근친 상간을 피할 수 있는데, 어른이 된 후에 가족과 함께 살지 않아 혈연관계에 대해 아무것도 알지 못하는 다른 동물들도 마찬가지의 능력을 활용한다.

구애 의례의 메커니즘

사자 왕국에서는 수사자들이 자신들끼리 경쟁하지만, 정작 구애 의례를 이용하는 것은 암사자다. 필요한 만큼 연인 관계를 유지하기 위해

서다. 암사자의 구애는 조용한 의식이 아니다. 길거리의 암컷 고양이가 구애하는 소리에 밤잠을 설친 적이 있다면 잘 알 것이다. 대형 고양 잇과인 암사자는 그와 비슷한 소리를 내며 구애한다.

집고양이와 마찬가지로 사자의 난자는 교미를 해야 비로소 난소에서 배출된다. 그래서 사자는 보통 여러 번 짝짓기를 하는데, (한 보고서에 따르면) 그 횟수가 1,000번 정도에 달할 때도 있다. 그러니 사자들은 사랑에 게으르지 않은 편이다. 연구자들의 야영지 바로 옆에서 암사자와 수사자가 밤새 짝짓기를 하면 실제로 밤새 잠을 이루지 못할수 있다.

여러 번 교미해야 하기 때문에 암사자는 특별히 의욕적으로 자신의 매력을 총동원한다. 암사자는 그르렁거리면서 수사자 곁을 어슬렁거린다. 암사자는 걸어가면서 꼬리 끝으로 수사자의 얼굴을 슬쩍 건드리는데, 이때 수사자의 얼굴에 암사자의 꼬리털이 잔뜩 닿는다. 수사자가 아무리 죽도록 피곤해도 이런 유혹에는 넘어갈 수밖에 없다.

인간을 제외한 수많은 영장류 동물의 사회에서 구애 의례의 여부는 짝을 선택하는 과정이 모두에게 보여지는지, 상대가 짝을 선택할수 있는지에 따라 결정된다. 구애자가 집단 안에서 어떤 위치에 있는지에 따라 짝짓기 기회가 다르게 주어지기도 한다. 예를 들어 영장류동물 암컷은 권력을 가진 수컷을 선호한다. 낮은 지위의 수컷에게는그가 권력자 수컷과 겨룰 만큼 건강해지기 전까지 짝짓기 기회가 주어지지 않을 수도 있다. 버빗원숭이의 경우 낮은 지위의 수컷이 접근할때 지위가 높은 암컷만이 거부할 권리를 갖는다. 높은 지위의 암컷에게만 선택권이 있는 것이다.

수컷 개코원숭이의 몸집 크기는 암컷 개코원숭이의 두 배다. 그래서 암컷이 어떤 선택을 하든 짝을 짓는 데 그리 큰 영향을 미치지 않는다. 구애 의례에서 암컷 개코원숭이의 선택이 어떤 의미를 갖는지 짐작하기조차 어렵다. 암컷 침팬지는 굉장히 현실적인 이유로 권력을 가진 수컷에게 먼저 구애한다. 암컷은 힘이 센 수컷에게 선홍색 엉덩이를 보여주면서 자신이 발정기라는 사실을 알린다. 수컷은 하루에 한 번밖에 교미하지 않기 때문에 많은 암컷의 구애를 거절한다. 그래서 지위가 낮은 수컷들이 나설 기회가 많아진다. 낮은 지위의 수컷들은 새끼 낳는 일을 돕겠다는 그럴싸한 이유를 내세우며 암컷에게 구애한다. 이들은 지위가 낮고 힘이 모자라지만, 친절하고 너그럽다는 점을 내세운다.

일부일처제인 영장류 동물들은 서로 가만히 바라보며 털을 다듬어주는 구애 의례를 행한다. 털을 고르는 행동은 인간이 연인의 머리를 빗질해주거나 만지작거리는 것과 비슷하다. 이때 유대감을 느끼게 하는 호르몬인 옥시토신이 분비된다.

인간과 티티원숭이 같은 영장류 동물은 상대와 친밀한 관계를 장기간 유지했을 때 유익한 화학물질을 분비한다. 이 물질들은 도파민처럼 기분을 좋아지게 하고 스트레스를 줄이며 집단에 대한 유대감을 높여준다.

특별한 관계를 맺고자 하는 인간의 구애

새들만 엄청나게 다양한 구애 의례를 만들어낸 것은 아니다. 새의 구애 의례는 새가 서식하는 곳의 지리적 위치와 환경, 구애하는 새의 지위에 따라 다른데, 인간의 구애 의례도 이에 못지않게 다양하다. 사막이나 정글, 초원 지대에 사는 사람들은 그 지역사회에 걸맞은 구애 의례를 행한다. 예를 들어 파푸아뉴기니에서는 전통을 공유하기 위해 여러 군데의 마을 사람들이 일 년에 한 번씩 모여 싱싱 축제를 연다. 각 마을에는 숲에 사는 새들의 구애 의례를 본뜬 독특한 춤과 노래가 전해 내려온다 남성들은 정교한 의상을 차려입고 미래의 짝을 유혹하는 구애의 춤을 춘다. 의상을 만들 때는 특정 새의 깃털을 이용하고 그가 부르는 노래 또한 그 새의 울음소리를 활용한 것이다. 새의 의례뿐 아니라 탱고나 스페인의 플라멩코 같은 화려한 춤동작을 활용하는 마을도 있다.

인간의 구애 의례 목적은 다른 동물들과 다르지 않다. 구애 의례를 통해 여성이 남성의 특성을 판단할 기회를 갖는 것이다. 인간은 춤을 추거나 시를 낭송하거나 악기 연주를 곁들이기도 하면서 세레나데를 부르고 이중창을 한다. 혼자나 함께 또는 다른 어떤 방식으로든 노래를 하면서 관심을 표현하고 헌신하겠다는 맹세를 할 수 있다.

얼마 전 남편과 함께 샌디에이고의 솔크 연구소에서 열린 피아노 연주회에 갔다. 유명한 부부 피아니스트 알레시오 백스와 루실 정이 한 대의 피아노로 함께 연주하는 공연을 선보였다. '네 개의 손, 하나의 가슴'이라는 특별히 잘 어울리는 제목의 공연이었다. 어찌나 열정적으로 연주했는지 남편은 예술적인 성교를 보고 있는 느낌이었다고 표현했다. 그들의 연주는 무척이나 강렬해서 나를 무장해제시켰고 눈에서는 눈물이 쏟아졌다.

눈물을 닦으며 관람석을 빠져나오면서 이런 생각이 들었다. '저 두 사람처럼 그렇게 힘이 넘치는 악기를 함께 연주하지 못하는 우리도 고상한 구애 경험을 할 수 있을까?' 하지만 다음 순간, 그저 지켜보기만 했을지언정 '아름다움을 함께 경험하는 일' 역시 구애의 한 방식이라는 사실을 깨달았다. 만난 지 얼마 되지 않았든 오래된 사이든 상관없이 데이트는 유대감과 친밀감을 형성하는 데 중요한 역할을 한다. 데이트를 통해 같은 경험을 공유할 기회가 생기기 때문이다.

예나 지금이나 인간은 구애 의례를 어떻게 시작할까? 인간은 관심을 비추면서 구애를 시작한다. 미국에서는 밸런타인데이에 초콜릿, 꽃, 장신구를 선물한다. "내 밸런타인이 되어줄래요?"라며 비밀스럽게, 하지만 딱히 비밀은 아닌 형식적인 요청을 하면서 관심을 표현한다. 이 의례는 496년 2월 중순 어느 날, 봄의 시작을 공표하던 고대 로마의 축제에서 발전했다.

'옷 입은 채 함께 자기'라는 특이한 구애 의례의 기원은 고대 로마보다 오래전으로 거슬러 올라간다. 이 의례는 한때 네덜란드에서 성행했고 오늘날에도 펜실베이니아주의 아미쉬 마을에서 치러진다. 10대 소년과 소녀는 소녀의 집에서 하룻밤을 지내면서 의례를 행한다. 이들은 각자의 담요로 몸을 감싼 채 같은 침대에서 잔다. 두 사람을 확실히 분리하기 위해 칸막이까지 사이에 세워둔다. 이들은 따로 따로 담요에 몸을 감싸고 있지만 성적인 접촉을 하지 않고도 친밀감을 나눌 수 있다. 부모는 두 사람이 말소리와 숨소리를 제외하고는 그 어떤 것도 주고받지 못하도록 이들을 감시한다.

중국 남부의 다이족은 해마다 '소녀 방문'이라고 불리는 구애 의례를 행한다. 젊은 여성들이 물레를 돌리며 모닥불 주위에 둘러앉는다. 그때 빨간 담요를 덮어쓴 남성들이 찾아와 악기를 연주하고 각자 여성 한 명씩을 선택해 세레나데를 부른다. 남성이 마음에 들면 여성은 작은 의자에 그를 앉혀 자신의 치마 앞으로 끌어당긴다. 그러면 그는 여성과 함께 담요를 뒤집어쓰고, 두 사람은 담요 안에서 속삭인다.

구애 의례에서는 함께한 시간도 중요한 역할을 한다. 오랫동안 사귀면 구애 기간을 나타내는 상징이 하나둘 생겨난다. 정식으로 사귄다는 사실을 드러내거나 결혼을 약속한다는 표시를 하기 위해 반지를 낄 수도 있다. 얼마나 깊은 관계인지는 성적 친밀감을 기준으로 판단한다. 하지만 오늘날의 연인들은 격식을 덜 차려서, 반드시 상징적인 행위를 통해 헌신의 태도를 보여줄 필요는 없다고 말한다.

구애 의례는 새롭게 무언가를 시작하는 일만을 의미하지 않는다. 옛 불꽃을 다시 활활 타오르게 하거나 현재의 불꽃을 다시 거세게 일게 하는 흥미진진한 방법을 제시하기도 한다. 이 책을 쓰면서 나는 남편과 가만히 바라보기나 스킨십 같이 간단하지만 중요한 구애 의례를 소홀히 했다는 사실을 깨달았다. 다른 사람들처럼 우리는 넷플릭스를 몰아보는 것을 즐긴다. 깊은 대화를 나누고, 손잡고 산책을 다녀오고,

저녁을 먹다가 마주 보며 눈을 맞추고 미소 짓는 일도 좋아한다. 그러나 때때로 가장 간단한 표현을 하는 일마저 깜빡 잊는다. 사실 아주 작은 몸짓 하나라도 유대감을 높이는 데 커다란 도움이 된다. 앞서 언급했듯이, 미소를 짓거나 크게 웃는 간단한 표현은 전염성이 강해서 관계를 더 탄탄하게 만들어준다. 게다가 스트레스를 줄여주기 때문에 건강에도 좋다. 사랑하는 사람을 향해 긍정적인 에너지를 보낼 때는 특히 더 도움이 된다.

한편 어떤 방법으로 구애를 하든 무엇인가가 새롭게 시작된다. 해마다 혹은 날마다 같은 일을 하더라도 똑같은 경험을 두 번 할 수는 없다. 진심어린 구애 행동은 처음 사랑이 시작되었던 순간처럼 짜릿한 감정을 느끼게 한다. 이런 짜릿한 감정을 다시 느끼고 싶은 부부는 결혼 서약을 갱신한다. 부부는 마음만 먹으면 아주 작은 일이라도 서로의 사랑과 헌신을 확인하는 의례로 탈바꿈시킬 수 있다.

지금의 관계를 개선하기 위해서 혹은 새로운 사람의 관심을 끌기 위해서 우리가 삶에서 무엇을 할 수 있는지 생각해보자. 바우어새와 홍학은 의례를 시작할 때 미래의 짝이 그저 지켜보기를 기다리지 않는다. 이들은 일단 무슨 행동이든 실행해서 상대의 관심을 끈 다음 상대가 자신에 대한 관심을 계속 유지하도록 노력한다. 그 행동은 상대 또는 집단과 같이 하는 일일 수도 있고 혼자 하는 일일 수도 있다. 그러니 무슨 일이라도 시작해보고 사람들을 우리 의례에 끌어들이자.

저녁 모임이나 독서 모임, 취미 모임을 시작할 수 있다. 야외에서 하는 활동도 괜찮다. 아니면 실내에서 느긋한 활동을 즐기거나 부부가 함께 참여해 새로운 활동을 배워나갈 수도 있다. 다른 사람이 함께 하자고 제안할 때까지 기다리지 말고 주도적으로 움직여보자.

새로운 것을 시작하는 태도는 쉽게 전염된다. 이 태도는 생기를 되찾아야 할 삶의 다른 영역을 돌아보게 한다. 의례를 행하면서 사랑을 구할 수 있을 뿐만 아니라 친구를 얻을 수도 있다. 짝을 얻는 과정은 상대방의 친구나 가족과의 인연을 수반하기 때문에 생각지도 않았던 방식을 통해 관계가 폭넓어진다.

인간은 침팬지와 달리 붉게 충혈된 엉덩이를 내보이면서 자신의 배란기를 광고하지 않아도 된다. 하지만 구혼할 사람에게 겨드랑이 밑에 끼워두었던 사과 조각을 먹이는 인간의 의례 역시 그다지 점잖아 보이지는 않는다. 그래도 각자 담요로 몸을 감싼 채 같은 침대에서 자는 것보다는 확실히 나아 보인다. 인간의 의례는 홍학의 집단 행진이나 춤만큼 정교하지는 않지만 꽤 재미있다. 모든 사회적 동물은 어떤 방식으로든 구애 의례를 행한다. 동물들은 살아남아 자신의 종을 유지하기 위해 대를 이어야 하기 때문이다. 이를 위해 미래의 짝을 유혹해서 특별한 관계를 맺는 일은 필수적이다.

4장

보석, 꽃, 죽은 새 선물

✦

선물 의례

Gifting Rituals

"선물은 주는 사람의 영혼을 자유롭게 한다.
나는 이것이 선물을 하면 얻게 되는
유익이라는 사실을 깨달았다."

_마야 엔젤로

동물이 관심을 표현하는 법

갈라파고스제도 에스파뇰라섬에는 멸종 위기종 코끼리거북이 살고
있다. 이들의 절반 정도는 110세 코끼리거북 '디에고'의 자손이다.
1977년 디에고는 갈라파고스 국립공원에서 후손을 남기기 시작했다.
디에고는 2020년 1월에 은퇴해 에스파뇰라섬으로 돌아가기 전까지
최소 900마리 새끼 거북의 아버지가 되었다. 그의 번식 활동은 지구상
의 모든 동물 중 가장 길었다.

　디에고는 구애할 때 상대에게 야생 토마토라는 아주 중요한 선물
을 주었다. 야생 토마토는 코끼리거북이 좋아하는 음식이다. 디에고
는 아주 믿을 만한 선물 배달원이었다. 매일 부지런하게 느린 속도로
짝짓기를 원하는 짝에게 다가간 뒤 작은 노란색 토마토를 발밑에 떨어

뜨렸다. 그러다가 어느 날부터 그는 선물 주기를 그만두었다.

디에고가 어째서 오랫동안 해오던 구애 행동을 멈추었는지, 또 왜 토마토를 선물하는 일을 그만두었는지는 아무도 모른다. 디에고만 선물을 이용해 의사소통을 하는 것은 아니다. 수컷이 암컷에게 결혼 선물을 주는 의례는 오래되었고, 곤충, 새, 오징어, 돌고래, 원숭이, 유인원 등 동물의 왕국 어디에서나 흔하게 볼 수 있다. 많은 동물이 다른 구혼자들을 제치고 자신이 원하는 짝에게 선택받기 위해 선물을 준다. 이른바 뇌물로 유혹하는 것이다. 음식을 선물할 경우, 영양분이 많이 들어 있는 음식을 골라서 짝이 가능한 한 가장 건강한 새끼를 낳도록 한다.

'검비'라는 아주 잘생긴 남부땅코뿔새가 나에게 결혼 선물을 준 적이 있다. 나는 그를 애틀랜타 동물원에서 만났다. 검비의 눈과 긴 속눈썹은 무서울 정도로 인간과 닮아 있었다. 나와 친구가 된 검비는 썩어가는 죽은 새를 내게 선물하려고 했다. 이상해 보이겠지만, 본래 목적에서 벗어나 다른 종에게 결혼 선물을 주는 일이 가끔 벌어진다. 검비의 행동을 지켜보면서 종종 동물들은 선물을 주기 위해 이토록 절박하게 군다는 사실을 깨달았다.

우리가 처음 만난 것은 동물원 사육사가 나를 검비가 지내는 곳으로 데리고 들어갔을 때였다. 남부땅코뿔새는 몸체의 검은색과 붉은색의 대비가 뚜렷하고 육식을 한다. 검비는 크고 구부러진 부리로 새의 시체를 세게 물고 있었다. 그가 소중하게 여기는 물건인 듯했다. 그는 몇 초 만에 가까이 다가오더니 나를 향해 머리를 내밀었다. 나는 그의 구애 습관을 관찰하려고 찾아온 연구자일 뿐이었는데, 그는 나를 보자마자 한눈에 반했다. 그는 내가 그 이상한 선물을 받아들여야만 자기가 살 수 있다는 듯이 끈질기게 구애했다. 그의 옆에 있던 매력적인 진짜 짝은 완전히 무시당했다. 검비의 짝인 '자주'는 어리둥절해하면서 그의 옆에 조용히 서 있었다. 끊임없는 구애에서 해방되어 상당히 기뻐하는 것 같기도 했다.

내가 그곳에서 나온 다음에도 계속해서 주변을 서성거리던 검비는 유리창을 톡톡 두드렸다. 여전히 길고 검은 부리에 매달린 선물을 내게 주려고 안달 난 상태였다. 우리 주위에 동물원을 찾은 손님들이 잔뜩 있었지만, 검비는 나의 관심을 최대한 자신에게로 돌리려고 소란을 피웠다. 그의 목은 주머니처럼 늘어져 선홍빛을 띠었고 붉은 얼굴은 꽤 잘생긴 편이었다. 하지만 누구도 필사적으로 매달리는 구혼자에게 매력을 느끼지는 못한다. 솔직하게 말하자면, 나는 그가 너무 끈질기게 구애하는 바람에 진저리가 났다. 자주는 검비 바로 옆 나뭇가지에 태연하게 앉아 검비의 미친 듯한 행동에도 당황한 기색을 보이지 않았다. 그녀는 마치 이 모든 상황이 늘상 벌어지는 평범한 일이라는 듯이 행동했다.

결혼 선물을 주는 일과 그 선물이 받아들여지는 일은 중요하다. 진화의 관점에서 생각하면 동물들에게 이 일이 얼마나 절박할지 이해할 수 있다. 암컷이 수컷의 결혼 선물을 거절하면 수컷의 짝짓기 제안도 거부당할 가능성이 높다. 다른 암컷들마저 받아주지 않으면 수컷은 자신의 유전자를 물려주지 못하거나 다음 짝짓기 철까지 기다려야 한다. 그마저도 수컷이 그때까지 살아남을 경우에만 가능하다.

일생에 단 한 번 짝짓기를 하는 곤충도 많다. 성체로 사는 기간이 너무 짧기 때문이다. 이처럼 생명체에게는 대를 이을 기회가 딱 한 번밖에 남아 있지 않을 수도 있다. 이 단 한 번의 기회를 활용해 다음 세대에 자신의 유전자를 물려주어야 한다.

갈라파고스의 야생 토마토든 죽은 새든 간에 결혼 선물에는 많은 의미가 담겨 있다. 극성맞은 남부땅코뿔새 검비를 떠올려보자. 수컷은 선물을 주면서 자신이 선물을 마련할 만큼 건강하다고 암컷을 유혹한다. 새끼에게 건강한 유전자를 물려줄 수 있다는 뜻이다. 암컷은 둥지를 지어 알이나 새끼를 낳고 새끼에게 젖이나 먹이를 먹이면서 고생하는데, 결혼 선물은 이 과정에서 암컷에게 직접적인 도움을 줄 수도 있다.

이와 달리 상징적인 역할만 하는 결혼 선물도 많다. 푸른발부비새가 구애 의례를 행할 때 암컷에게 건네는 작은 나뭇가지나 돌은 그저 소품일 뿐이다. 푸른발부비새는 둥지를 짓지 않고 맨땅에 알을 낳기 때문이다. 둥지를 만드는 데 필요한 나뭇가지를 선물하는 의례는 조상의 흔적이 아직까지 남아 있는 것이다. 푸른발부비새의 먼 조상은 나뭇가지와 돌을 이용해 둥지를 지었다. 진화하는 동안 환경 변화를 겪었기 때문에 더는 둥지를 짓지 않는다. 대신 그와 같은 행동이 구애 의례에 흔적으로 남아 있다.

4
장

보석,
꽃,
죽은
새
선물
。
선물
의
례

선물을 주는 행위에 담긴 속사정

인간 사회나 동물 사회나 선물을 주고받는 행위는 하나의 의사소통 방식이 되었다. 선물 하나가 관계를 개선하거나 완전히 바꾸어놓을 수도 있다. 또한 선물을 주고받음으로써 기존 관계를 끈끈하게 만들거나 새로운 관계를 시작하기도 한다. 물건으로 사랑을 살 수 있다는 뜻이 결코 아니다. 하지만 선물이 관계에 큰 영향을 미치는 건 사실이다. 보호받는 느낌을 받고 혜택을 얻는가 하면 새로운 사람을 사귀는 수단이 되기도 한다. 우리는 새로 이사 온 이웃에게 환영의 의미로 사과 파이를 건넬 수 있다.

선물은 지금 이 순간의 관계를 확실하게 정의하는 가장 간단한 방식이다. 선물이 너무 과하거나 모자라는 경우 또는 선물을 주는 시점이 지나치게 늦은 경우 부정적인 결과를 빚는다. 그렇기 때문에 선물 의례를 할 때는 충분한 예의를 갖추고 이루어져야 한다.

인류 초기의 조상들은 선물을 이용해 능력을 과시했다. 능력을 자랑하면 할수록 짝을 찾아서 가정을 이룰 기회가 늘어났다. 침팬지는 진화론적으로 인간과 가장 가까운 동물인데, 이들도 선물을 주고받는다. 수컷 침팬지는 상대와의 짝짓기를 기대하고 자신이 소중하게 여기는 고기 같은 먹이를 선물하거나 친절을 베풀어 털을 다듬어준다. 오늘날의 인간 역시 레드 와인을 곁들인 낭만적인 저녁 식사에 상대를 초대하는 방식으로 근사한 시간을 선물한다.

손님에게 마실 것을 내오는 예절은 현대인의 일상 속에서 흔히 볼

어미 고릴라가 새끼를 껴안고 있다. 껴안고 몸을 맞대면 유대감을 느끼게 하는 호르몬인 옥시토신이 분비되어 따뜻하고 포근한 느낌을 받는다. 아기가 원하는 만큼 같이 있어주지 못하는 부모들을 위해 소아과 병동은 이들을 대신해 아기들을 안아줄 사람을 고용한다. 포옹은 안거나 안기는 사람 모두에게 선물과 같다.

수 있는 행동이지만 이 또한 아주 오래전부터 지속된 선물 관습이다. 고대 마야문명에서는 손님이 방문하면 물 한 잔이라도 대접해야 했다. 마야의 도시 티칼에서는 1,500년 이상 물 관리 기술을 이용해왔는데, 이런 사정을 알게 되면 손님 앞에 귀한 물을 내놓는 이유를 이해할 수 있다. 물 관리 시스템은 오래도록 사용할 수 있었고, 수만 명의 생활을 거뜬히 책임졌다.

오늘날의 선물 의례는 꽃다발을 내밀거나 작은 검은색 상자에 반지를 담아 건네는 식으로 이루어진다. 이런 상징적인 선물은 정식으로 사귀고 싶은 마음을 전달하거나 더욱 친밀한 관계로 발전하고 싶다는 기대를 표현한다. 바우어새가 짝짓기를 기대하고 얼기설기 엮은 구조물을 예술 작품인 양 암컷에게 바치는 행동과 별반 다르지 않다.

심지어 공간을 선물할 수도 있다. 내가 소중히 여기는 사람에게 벽장 같은 집 안의 부분적인 공간을 사용하도록 허락한다면, 우리의 관계는 새로운 단계에 접어든 것이다. 같이 살 수 있다는 가능성을 내포할지도 모른다.

인간에게는 새로 결혼한 부부에게 돈을 주어서 살림살이에 보태도록 돕는 관습이 있다. 이 관습은 오랫동안 이어져 내려온 전통이다. 어떤 지역에서는 아직도 결혼할 때 지참금을 내는데, 신부의 가족이 신랑의 가족에게 돈을 선물하거나 소 몇 마리를 양도하는 식이다.

인간의 선물 의례가 진화 과정 내내 다양한 방식으로 변화해온 데는 그럴 만한 이유가 있다. 문화적인 관습은 뚜렷하게 바뀌었지만, 선물 의례의 근본적인 동기와 원리는 변함이 없다. 우리는 선물을 주고

받으면서 감사와 사랑, 우정을 표시하고 좋은 관계를 유지하기 위해 노력한다. 또한 선물은 권력을 상징하거나 권력을 공유한다는 뜻을 지니고, 종종 보답을 받고자 하는 기대를 포함한다.

선물은 '거래를 위한 선물'과 '주고받기 위한 선물'로 나뉜다. 거래를 위한 선물을 줄 때는 보답을 전혀 기대하지 않는다. 사랑을 표현하기 위해 애인에게 꽃을 선물했다면, 상대방이 보답으로 다른 선물을 준비하리라는 기대는 하지 않는다. 하지만 의도가 어떻든, 이런 선물에는 모두 거래의 의미가 숨겨져 있다. 선물을 주는 사람은 지금 당장 또는 미래의 어떤 시점에라도 이득이나 보답을 되돌려 받기를 기대하기 때문이다. 예를 들어, 연인 관계에서 누군가가 상대에게 보석을 선물했다면 더한 헌신을 요구한 것이나 다름없다.

동물도 마찬가지다. 동물들은 구애할 때 선물을 주면서 그 선물이 짝짓기로 이어지기를 기대한다. 음식을 나눠 먹는 일도 부모가 새끼에게 투자하는 하나의 방식으로서 거래를 위한 선물이라고 할 수 있다. 나눠준 음식을 먹고 건강이 좋아진 새끼 동물은 생존 가능성이 높아진다. 예컨대, 암사자는 자신이 사냥한 먹이를 다 큰 딸이 훔쳐가도록 내버려 둔다. 빼앗아 간 음식을 먹고 딸이 튼튼해지면 언제가 어미 암사자를 도와 먹이를 지키고 사냥을 하게 될 것이기 때문이다.

현대사회에서 사람들은 개인적인 인간관계 범주를 넘어서 의례를 활용하기도 한다. 자선 기부의 경우 기부금의 액수에 따라 사례로 받는 기념품의 종류가 달라진다. 비영리 공공 라디오 방송국에서는 약간의 돈을 기부한 사람에게는 손가방을 주지만, 큰돈을 기부한 사람에게는 한 라운드를 칠 수 있는 고급 골프장 이용권을 준다. 진정한 자선의 뜻으로 기부를 할 때는 별다른 조건을 달지 않는다. 하지만 사회심리학자들은 "공짜 선물 같은 것은 없다"라고 주장한다. 선물을 받으면서 상대방이 아무런 보답을 바라지 않는 듯한 뉘앙스를 풍기더라도 사실 그 본질은 역시 상호 간에 주고받는 선물이다. 어쨌든 산타클로스조차 선물을 받을 어린이들이 '착해야' 한다는 조건을 건다.

사랑을 표현하기 위해 어떤 보답도 바라지 않고 역사에 길이 남을 거대한 건축물을 지은 사람들도 있다. 이 건축물은 바로 고대의 7대 불가사의로 꼽히는 바빌론의 공중 정원이다. 공중 정원이 정말 실재했는지에 관한 사실은 의견이 분분하지만 신바빌로니아왕국의 제2대 왕 네부카드네자르 2세가 공중 정원을 지었다는 기록이 아직 전해진다. 기원전 6세기에 그는 아내가 페르시아(지금의 이란)의 고향 집을 그리워하자, 그녀를 위해 이 비현실적인 건축물을 지었다고 한다.

16세기 중반에는 무굴제국의 제5대 황제 샤 자한이 인도 아그라에 죽은 아내 뭄타즈 마할에 대한 그리움으로 궁전 같은 규모를 자랑하는 묘지 타지마할을 지었다. 1885년 러시아 황제 알렉산드르 3세는 황후 마리아 페오도로브나에게 금을 세공해 만든 부활절 파베르제 달걀을 선물했다. 아마 부활절 선물을 빙자한 결혼 선물이었을 것이다.

한 나라가 다른 나라에 선물을 주기도 한다. 국가 간에 주고받는 선물은 평화로운 관계를 유지하고 상호 이해하는 분위기를 조성하기 위해 시작되었다. 그 기원은 고대 이집트까지 거슬러 올라간다. 이집트에는 돌 항아리에 황실의 상징을 새겨 이웃 나라에 선물하는 관습이

있었다. 19세기에 프랑스가 미국에 '자유의여신상'을 선물한 사례와
비슷하다. 자유의여신상은 미국독립혁명 기간 동안 두 국가가 동맹
관계를 지키고 자유와 민주주의의 가치를 굳건히 보전하자는 약속을
기념한다.

가는 선물이 있으면 오는 보상이 있다

우리는 상대를 얼마나 아는지에 관계없이 각자 이익을 얻고자 하는 목
적으로 선물을 주고받는다. 이런 경우 보답을 기다리는 태도는 노골
적이기도 하고 은근하기도 하다. 예를 들어, 암사자는 종종 사냥한 먹
이를 혈연관계가 아닌 같은 무리의 암컷과 나눠 먹는다. 먹이를 두고
다투고 싶지 않아서다. 먹이를 제공하는 암사자는 영리하므로 선물을
활용해 사자들을 포섭하고, 이로써 싸우다 상처를 입을 위험을 피하
고 먹이를 모조리 뺏길 가능성을 최소화한다. 또한 먹이를 얻어먹은
암컷이 계속 살아남아 주변에 남게 되면 무리의 규모가 커질 수 있고,
새끼를 보호하는 암컷들에게 힘을 보탤 수 있다. 암컷들은 수컷들이
새끼를 죽이지 못하도록 힘을 합하는데, 아군이 하나라도 더 늘어난
다면 도움이 된다. 먹이를 나눠 먹는 행동은 이익에 비하면 그리 크지
않은 희생이다.

　이런 선물은 생존을 위한 의례로, 동물의 세계에서 흔하게 관찰
된다. 영장류 동물, 코끼리, 사자, 늑대, 쥐, 새, 박쥐 같은 다양한 동물

이 먹이를 나눠 먹으면서 신뢰를 쌓고 협력하는 분위기를 형성한다.

"오는 정이 있어야 가는 정이 있다"라는 명제는 자연 세계에서 보편적이다. 새들이 음식을 나누며 서로 돕는 행동을 탐구한 흥미로운 연구도 있다. 연구자들은 회색앵무와 푸른머리마코앵무새가 금속 링을 내밀면 호두를 받도록 훈련시켰다. 호두는 쉽게 구할 수 없어 새들이 소중하게 여기는 먹이였다. 그다음 새들을 두 집단으로 나누었다. 한 집단은 각각 금속 링 10개를 받았고, 다른 집단은 아무것도 받지 못했다. 금속 링을 받은 집단의 앵무새들은 아무런 보답도 바라지 않고 다른 집단의 앵무새와 금속 링을 나누어 가졌다. 상대에게 자신이 가진 링 10개를 모두 준 경우도 있었다.

얼마 후 선물을 받은 앵무새에게 금속 링을 주면서 은혜를 갚는지 살펴보았다. 회색앵무는 연구자들을 실망시키지 않았다. 자신에게 선물을 주었던 새에게 어김없이 금속 링을 되돌려주었다. 그뿐 아니라 호두를 받을 때까지 세심하게 지켜보았다. 새들 사이의 친밀함의 정도가 나누고자 하는 마음에 영향을 미쳤다. 서로 주고받는 관계가 이미 형성되어 있는 경우도 있었다. 반면 푸른머리마코앵무새에게 똑같은 실험을 했더니, 앵무새들은 어떤 상황이 와도 호두와 바꿀 수 있는 링을 포기하지 않았다.

세 살배기 어린이들을 대상으로 비슷한 연구를 진행했을 때, 이전에 무언가를 나눠본 적이 있는 상대와 짝이 되면 더 너그러워지는 성향을 보였다. 연구자들은 주고받는 행동이 감사한 마음을 표현하는 한 방법이라고 말한다. 인간에게는 서로 도우며 살아가려는 본능이 있다. 겨우 돌이 지난 아이들도 다른 사람을 돕고 싶어 한다.

　선물을 주고 나서 한참 뒤에 돌아올 때도 있지만, 대부분 곧바로 보상을 받는다. 동물의 세계에서는 '불러 모으기'를 통해 먹이를 나누어 빠르게 보상을 전달한다. 먹이의 위치를 공유하는 습성을 가진 새들에게는 아주 흔한 일이다. 육식동물인 하이에나도 먹이를 나눠 먹을 때 무리를 불러 모으려고 소리를 지른다. 이들은 모여드는 하이에나의 수가 많으면 많을수록 사자에게 먹이를 뺏기지 않기 위해 효과적으로 방어할 수 있을 거라고 기대한다. 삼색제비는 곤충 떼를 먹이로 삼는데, 날카로운 울음소리로 먹이가 몰려 있는 장소를 다른 개체에게 알린다. '불러 모으기' 행동을 하면 무리가 먹이를 찾아내 확보할 기회가 늘어난다. 그러나 무리 지어 다니는 규모가 커질수록 포식자의 관심을 끌 가능성도 높아지므로 나눠 먹는 행동은 위험을 부를 수도 있다. 한편, 참새는 포식자의 관심을 피하는 방법을 알고 있다. 참새들은 먹이의 양을 가늠하면서 동료를 불러 모은다. 먹이가 넉넉할 때만 다른 참새에게 소식을 전하고, 무리가 커지면 점점 다른 새를 부르지 않는다.

　남을 돕는 이유가 이타적이든 자신을 위한 것이든 실제로 도움을 '주는' 쪽이 더 많은 이익을 얻는다. 예를 들어, 범고래가 죽은 바다표범을 나눠 먹는 데는 특별한 이유가 있다. 혼자 독차지할 때보다 여러 마리가 바다표범을 뜯어먹어야 시체가 물에 더 오래 떠 있기 때문이다. 수컷 사마귀는 교미하는 동안 잡아먹히는 불상사를 피하기 위해 암컷에게 먹이를 선물한다. 선물한 먹이로 암컷의 관심을 돌리는 것이다. 자신이 채집하거나 사냥한 먹이를 같이 먹기 위해 식사에 다른 동물을 초대하는 동물들도 많다. 주변을 살피는 눈이 많아져 먹는 데 정신이 팔린 동안 포식자에게 잡아먹힐까 봐 걱정하지 않아도 되기 때문이다.

많은 동물은 괴롭힘을 당하지 않기 위해 동료와 먹이를 나눈다. 먹이를 가진 동물은 그렇지 못한 다른 동료들에게 괴롭힘을 당해 스트레스를 받을 수 있다. 먹이를 나누기만 하면 곤란한 상황을 피할 수 있고 부상을 입는 일도 더는 없다. 침팬지는 혈연관계도 아니고 친구도 아닌, 자신을 괴롭히는 침팬지와 더 자주 음식을 나눠 먹는다. 다른 침팬지와 음식을 나누는 횟수보다 무려 네 배 이상 많다.

선물 의례는 사회적 위계질서 속에서 발생하는 스트레스를 줄여준다. 꼬리치레와 큰까마귀, 침팬지 사회에서는 윗자리를 차지하는 동물이 서열이 낮은 이들에게 선물을 한다. 꼬리치레 사회는 위계질서 체계가 엄격하기로 유명하다. 오직 우두머리 수컷만 두 번째로 서열이 높은 수컷에게 먹이를 선물할 수 있다. 그 대가로 선물을 받은 새의 지위는 낮아진다. 개코원숭이 사회에서 우두머리 수컷은 지위가 낮은 수컷보다 스트레스를 많이 받는데, 선물을 주는 행위로 스트레스를 조절한다.

초창기 인류가 수렵 채집을 하던 사회에서는 음식을 나누는 일이 특별한 의미를 가졌다. 식량 확보가 불안정한 상황을 대비하는 보험이 되었던 셈이다. 예를 들어, 커다란 수확을 거두어서 식량이 넉넉할 때 음식을 나누면, 수확이 시원찮거나 가족이 먹고 살 식량을 충분히 구할 수 없을 때 다른 사람에게 도움을 받을 수 있었다. 흡혈박쥐 사회에서도 같은 원리가 작동한다. 박쥐는 이틀 밤 연달아 피를 빨아먹지 못하면 죽는데, 이를 막기 위해 같은 보금자리에서 지내는 다른 박쥐가 피를 토해준다.

선물의 소중함을 알아보는 일

인간 사회에서 선물을 주는 의례는 지역마다 가지각색의 특성을 지닌다. 사회심리학자들은 선물을 주는 순간보다 준비 과정에 초점을 맞춰 연구했다. 이들은 진화론적인 관점에서 선물을 이해하려고 노력했다. 사람들은 선물을 주는 행위를 사회적으로 실행해야 할 의무로 여기기도 한다. 심지어 선물을 준 사람에게 비슷한 값어치를 하는 무언가로 보답해야만 한다고 느낀다. 그래서 선물은 때때로 받은 사람에게 엄청난 골칫거리가 된다. 바로 사회인류학자들이 '선물의 역설'이라고 부르는 현상이다.

　중국에서는 돈이나 담배를 선물하는 풍습이 있다. 그곳에서 선물을 주는 이와 받는 이의 관계는 선물을 통해 드러난다. 형편이 어렵더라도 옛 친구나 동료를 만나면 당연하다는 듯이 선물을 건넨다. 건강에 해로운 담배를 아직도 많은 사람들이 선물로 주고받는다는 사실이 놀랍다. 그럼에도 담배는 중국의 선물 문화에서 중요한 부분을 차지한다.

윈난성 남부에 갔을 때 전통적으로 전해 내려오는 담배 선물 의례를 직접 경험할 수 있었다. 코끼리의 대화에 관해 지역 인사들을 인터뷰하려고 윈난성의 성도省都인 쿤밍을 찾았을 때였다. 우리는 그곳 공항에서 중국어 통역사의 옛 친구를 만났다. 그는 통역사에게 윈난성에서 재배한 최고급 담배 두 상자를 준 다음 우리의 손에 윈난에서 생산한 녹차를 한 상자씩 들려주었다. 우리는 어떤 선물도 준비하지 않았기 때문에 나는 금세 걱정에 휩싸였다. 통역사에게 어떻게 해야 할지 물어보니 그는 저녁 식사비를 지불하면 된다는 사실을 귀띔해주었고, 나는 기꺼이 그렇게 했다. 선물의 역설이 그다지 불편하지 않게 다가온 순간이었다.

자기 자신에게 선물을 할 수도 있다. 요즘 이 방식은 서양에서 자존감을 높이거나 스스로 보상을 주면서 자신을 돌보는 방법으로 유행하고 있다. 예를 들면, 새 운동 장비를 구매하면서 운동을 열심히 하고 새로운 목표를 설정하겠다는 의욕을 불태운다. 동양에서 자기에게 선물하는 행위는 이상적인 자아를 찾는 데 도움이 되고 충만감을 느끼게 한다고 여겨진다.

용서를 구하기 위한 화해의 뜻이 담긴 선물도 있다. 수컷 코끼리는 실랑이를 한 뒤에 화해를 청하기 위해 다른 코끼리의 입에 자신의 코를 갖다 댄다. 침팬지는 다툼을 벌인 뒤 서로를 향해 다가가 껴안고 입맞춤한다. 보노보는 먹이를 나눠 먹을 때 높아지는 긴장감을 줄이려고 교미를 한다. 연구자들은 '잠자리를 같이한 친구'끼리는 관계가 완전히 달라진다고 생각한다.

지난 몇십 년 동안 서양 사회에서는 전반적으로 선물에 대한 피로 감이 만연했다. 겨울 휴가 기간을 전후로 상업주의가 기승을 부린다. 하지만 실용적인 목적으로 결혼이나 출산을 축하하기 위한 선물 목록을 온라인상으로 공유하기도 한다. 이런 방식은 결혼 선물로 주어진 10개나 되는 토스터 가운데 9개를 돌려줘야 하는 불상사를 막는다. 한편, 이런 불상사는 선물의 의미를 반감시키는 효과가 있다. 상업주의가 선물 의례의 본래 의미를 해칠 수도 있다는 사실을 잘 아는 어떤 예비부부는 결혼식 손님들에게 축의금을 자선단체에 기부해달라고 요청하기도 한다. 상업주의를 거부하는 일이 훌륭하기는 해도, 선물을 주는 이와 받는 이 사이에 끈끈한 유대감을 형성하는 것을 소홀히 해서는 안 된다.

상대방에 대한 이해와 사랑의 마음을 상징하는 선물은 관계를 끈끈하게 유지하도록 만든다. 선물한 사람의 관심과 애정을 계속 떠올릴 수 있기 때문이다. 결혼을 앞둔 부부에게 주는 선물은 부부의 유대 관계를 오랫동안 돈독하게 유지할 뿐만 아니라 이들과 나 사이의 관계에도 보탬이 된다. 결혼식에 증인으로 참여하는 것이나 마찬가지다. 물건이 아니더라도 악기 연주 코칭이나 요리 수업처럼 우리 기술과 연관된 경험을 선물하는 것도 한 가지 방법이다.

결혼이나 생일, 졸업을 축하하기 위한 선물이든 친구의 기분을 위로하기 위한 선물이든 그 목적은 같다. 관계가 어디쯤 놓여 있는지 상기시키고, 상대방을 생각하고 있다는 사실을 직접적으로 보여주면서 관계를 이어나가겠다는 약속을 굳게 다지는 것이다.

　　오랜 시간이 흐르면서 선물 의례가 결코 사라지지 않는 이유가 있다. 선물은 받는 사람보다 주는 사람에게 더 의미가 있기 때문이다. 이 의례에서는 기억되고 싶다는 바람이 중요하게 작용한다. 나의 부모님은 친척들이 결혼 선물로 준 많은 물건들을 소중하게 간직하고 있다. 선물한 사람은 물건에 비추어 영원히 기억된다. 사용할 때마다 그 사람이 떠오르기 때문이다. 무엇보다 선물을 받은 사람은 선물을 준 사람과의 관계를 다시 회고하는 과정을 거친다. 그래서 선물을 받은 사람이 자신의 손에 들린 물건의 가치를 알아보고 고마워하는 일 역시 의례에서 중요한 부분을 차지한다.

　　왜 선물은 받을 때가 아니라 줄 때 더 의미 있다고 여겨질까? 누군가에게 기쁨을 주는 것 또한 선물의 목적이기 때문이다. 영국에서 3주 동안 마사지 수업을 들은 부부들을 연구한 결과, 배우자에게 마사지를 해준 사람은 마사지를 받을 때만큼이나 기쁨을 느꼈다. 마사지를 받은 사람과 똑같이 스트레스가 줄어든 것이다. 단지 상대방에게 즐거운 경험을 안겨주었다는 이유만으로 육체적·정신적으로 훨씬 건강해졌다.

　　반려동물을 키우는 사람도 마찬가지다. 사람들은 개의 배를 문지르고 귀를 긁어주면서 사려 깊은 보살핌을 제공하다가 개가 즐거워하는 모습을 보이면 엄청나게 뿌듯해한다. 아기와 놀아주는 일도 그렇다. 이런 경우 관심을 주는 일이 선물로 여겨진다. 동물 보호소나 노인 시설에서 자원봉사를 하며 시간을 들여야 할 때 특히 더 그렇다.

　　우리 개조차 남편과 나에게 삑삑 소리가 나는 장난감과 살아 있는 쥐를 선물할 때 보람을 느낄 것이다. 동물들은 흔히 새끼에게 사냥 기술을 가르치기 위해 실용적인 목적으로 먹잇감을 선물한다. 예를 들어, 미어캣은 전갈을 먹고 살기에 독침에 쏘이지 않고 전갈을 먹는 법을 배운다. 처음에 새끼는 침이 제거된 전갈을 받는데, 어느 정도 시행착오를 거쳐 드디어 침을 스스로 없애는 방법을 익히면 혼자서 전갈을 잡을 수 있게 된다.

비슷한 이유로 암사자는 자주 상처 입은 먹잇감을 새끼들에게 선물한다. 새끼들더러 가지고 놀게 하면서 사냥하는 법을 가르치기 위해서다. 내가 코끼리를 연구하는 나미비아 현장에는 암사자 '밥테일'이 살고 있다. 그녀는 새끼들에게 선물하기 안성맞춤인 물건을 발견했다. 굉장히 비싼 연구용 마이크와 검은 털 뭉치 같은 바람막이 마이크 덮개였다. 어느 날 그녀는 그것을 죽은 동물로 착각하고 훔쳐 갔다. 우리는 사자 같은 침입자가 녹음 현장으로 다가오지 못하도록 마이크를 숨겨놓은 물웅덩이 근처에 가시덤불을 한 무더기 쌓아놓았다. 그런데 그날은 방전된 배터리를 새것으로 바꾼 뒤 내버려 두는 바람에 마이크가 반쯤 밖으로 드러나 있었다. 밥테일은 땅에 배를 깔고 눕더니 가시덤불 사이로 앞발을 집어넣어 마이크를 잡아채 갔다.

밥테일은 마이크 덮개를 물고 달려갔고 새끼도 그 뒤를 따랐다. 그녀는 빈터의 반대쪽 끝까지 가서 새끼들에게 선물 증정식을 했다. 새끼들은 곧바로 그것을 이리저리 던지고 받으며 놀았다. 남편이 마이크를 되찾아오려고 트럭을 타고 그곳까지 갔다.

남편이 다가오는 모습을 발견하자 밥테일은 다시 마이크 덮개를 물고 빽빽한 덤불숲 사이로 도망쳤다. 너무 마음에 든 선물이라 결코 돌려주고 싶지 않은 모양이었다. 다행히도 남편은 트럭을 몰고 덤불 속으로 뒤쫓아 들어갈 수 있었다. 새끼들을 빈터에 그대로 두고 온 밥테일은 안절부절못했다. 그녀는 드디어 물고 있던 마이크 덮개를 바닥에 떨어뜨리고는 곧장 새끼들에게 달려갔다.

사자 가족은 덤불 속으로 사라졌다. 그 모습을 보면서 우리는 밥테일이 자신의 선물을 기꺼이 포기해준 것에 무척이나 고마웠다. 그리고 밥테일이 다시는 마이크를 훔치려는 유혹에 빠져들지 않도록 가시덤불을 한층 더 높이 쌓아올렸다. 이 일화는 완벽한 선물을 얻기 위해 위험을 감수하는 동물들의 모습을 보여주는 한편, 야생에서 자랐든 사람에게 길들여졌든 상관없이 나타나는 고양이의 공통적인 습성을 떠올리게 했다. 북슬북슬한 검은색 장난감은 보고만 있기에는 안타까울 정도로 매력적이었을 것이다. 암사자는 그것을 얻어서 선물하거나 가지고 놀거나 독차지하기 위해 새끼들의 안전을 담보로 위험을 감수했던 것이다.

5장

으르렁거리며 전하고 싶은 말

✦

소리 의례

Spoken Rituals

"그곳에서만 통하는 언어, 자연의 언어가 있다.
으르렁거리고, 콧김을 내뿜고, 울부짖고,
깩깩거리고, 부엉부엉 울고, 지저귀는 소리는
수없이 많은 표현들 가운데 얻어낸 의미를 머금고 있다.
우리는 아직 자연의 언어와 음악을 유창하게 속삭일 수 없다."

_보이드 노턴

코끼리의 울음소리

대초원의 하늘 위로 분홍빛 노을이 지고 있었다. 티타임이 한창인 늦은 오후였다. 이 시간대가 되면 자주 그렇듯 잔잔한 바람이 불었다. 나는 나미비아 에토샤 국립공원에 위치한 연구 현장의 높다란 연구용 망루에 앉아 있었다. 멀지 않은 곳에서 '여신들'이라고 이름 붙인 코끼리 가족의 암컷 대장 '우르술라'가 얕은 물웅덩이에서 가족과 함께 느긋하게 진흙 목욕을 하는 중이었다.

모든 코끼리가 진흙 목욕을 좋아하지만 우르술라의 진흙 목욕 사랑은 특히 더했다. 우르술라는 진흙을 잔뜩 빨아들인 코를 몸 여기저기에 흔들어댔다. 코로 양쪽 옆구리를 세게 쳐서 진흙을 뿜어냈다. 가족의 안전에 관한 문제는 잊어버리고 골치 아픈 문제를 더는 신경 쓰지 않았다. 그녀는 혼자만의 시간을 마음껏 즐겼다. 그때, 저멀리 나무들이 늘어선 곳으로부터 희뿌연 먼지구름이 피어오르는 모습이 서서히 눈에 들어오기 시작했다. 뒤이어 폭풍이 다가오는 듯한 소리가 들릴 듯 말 듯 가까워졌다. 소리는 점점 더 커지더니 천둥소리에 버금가는 으르렁거리는 소리로 변했다. 수많은 코끼리가 숲에서 뛰쳐나와 빈터에 발을 들여놓았다. 40마리가 넘는 코끼리 떼가 물을 향해 전속력으로 질주했다. 그 중심에는 시미타 가족의 암컷 대장인 '칠로니스'가 있었다. 칠로니스는 금방이라도 공격할 태세로 귀를 팽팽하게 펼쳤고, 보는 이의 눈길을 끄는 두 개의 엄니는 싸움을 앞두고 유난히 날카로워졌다. 그녀는 거대한 연회색빛 머리를 좌우로 흔들었다. 일종의 위협이었다.

누군가가 소름 끼치는 울음소리를 냈다. 칠로니스 가족 중 한 마리가 전투 준비를 알리는 소리였다. 계속해서 앞으로 달려나가는 코끼리들은 곳곳에서 으르렁거렸다. 우르술라와 여신들 가족을 몰아내고 물웅덩이를 차지하겠다는 메시지가 분명했다. 필요하다면 전쟁도 마다하지 않을 기세였다.

해마다 연구 현장을 찾을 때, 이번에는 어떤 장면을 마주하게 될지 가슴이 두근거린다. 물웅덩이에서 코끼리들의 역학 관계는 강수확률로 인해 거의 완벽하게 뒤바뀐다. 이번에 연구 현장을 방문한 시기는 코끼리들이 90년 만에 찾아온 최악의 가뭄을 겪은 뒤였다. 물웅덩이를 확보하는 문제에 코끼리 가족의 생사가 달려 있었다. 물이 없으면 코끼리 가족은 살아남지 못한다. 게다가 물을 구할 수 있는 곳은 너무 적었기 때문에, 물웅덩이를 사용할 권리를 주장하는 일은 코끼리들에게 정말 중요했다.

최근까지 칠로니스는 임신한 상태였지만 사흘 전에 새끼를 낳았다. 갓 태어난 새끼가 엄마의 보조를 맞추려고 뒤뚱거리며 뛰어오고 있었다. 이제 일부러 느리게 걸을 이유가 없었다. 전투를 각오한 코끼리들이 으르렁거렸다. 칠로니스는 소중한 물웅덩이를 차지하기 위해 싸울 터였다.

시미타 가족이 무샤라 물웅덩이를 찾은 지는 그리 오래되지 않았다. 지난 엘니뇨 주기가 돌아왔을 때는 잦은 홍수로 인해 국립공원의 서쪽에서 북동쪽으로 이동해 온 코끼리 가족들이 다른 곳으로 갈 수 없었다. 그래서 갑자기 코끼리 가족들의 수가 불어나는 바람에 얼마 되지 않는 물웅덩이를 차지하기 위한 경쟁은 더욱 치열해졌다. 줄곧 이 지역에서 살아온 코끼리들은 새로 찾아온 코끼리들에게 특히 공격적이었다. 코끼리들은 새로운 곳에서 살아남아야 했기에 적대적인 텃세에 맞설 수밖에 없었다.

이런 이유로 칠로니스는 단연 공격적인 대장 코끼리였다. 우리는 스파르타 공주의 이름을 따서 그녀를 칠로니스라고 불렀다. 칠로니스는 가뭄이 심한 해에는 더욱 공격적으로 변했다. 보통 코끼리 가족이 물을 마시기 위해 웅덩이로 달려가는 경우 으르렁거리는 소리나 괴성을 듣기는 힘들다. 그러나 지금은 물웅덩이를 차지하는 일이 모든 코끼리 가족에게 시급해졌다. 물웅덩이는 코끼리가 생존하기 위해 반드시 필요했다. 비가 제때 내렸던 지난 2년 동안 많은 코끼리들이 임신을 했고, 올해에는 보통 때를 훌쩍 넘는 수의 새끼 코끼리가 태어났다. 칠로니스는 아마 새끼를 보호하기 위해 으르렁거리는 소리에 힘을 실었을 것이다. 그 우렁찬 소리는 가만히 관찰하던 나의 시선을 단번에 사로잡을 정도였다. 우리는 칠로니스의 새끼에게 '클레오'라는 이름을 붙였다. 칠로니스처럼 멋진 대장 코끼리의 자식은 어떻게 세상을 살아나갈지 지켜보고 싶었다.

칠로니스가 오기 20분 전에 우르술라와 여신들 가족은 물웅덩이를 차지하려고 다른 코끼리 가족을 내몰았다. 쫓겨난 코끼리들은 우리가 '길 잃은 소녀들'이라고 이름 붙인 서열이 낮은 무리였다. 우르술라가 여신들 가족의 대장이었지만, '비너스'가 온갖 궂은일을 도맡아 했다. 비너스는 진로를 방해하는 코끼리가 보이면 자살 공격을 일삼았던 가미카제 전투기 조종사처럼 그들을 향해 무작정 몸을 던졌다. 길 잃은 소녀들 무리가 쉽게 물러설 기색을 보이지 않자 비너스는 그들의 대장인 타이거릴리와 맞대결을 벌였다. 수컷 코끼리들이 짝을 삼으려는 암컷 코끼리를 두고 죽을 각오로 싸울 때와 똑같은 방식이었다. 이번 싸움은 단지 물을 차지하기 위해서 벌어졌다는 점만 달랐다.

칠로니스는 여신들 무리의 뒤쪽에서 행동을 개시하려고 준비하고 있었다. 여신들 가족은 이 사실을 전혀 몰랐다. 칠로니스의 시미타 무리는 방금 전 길 잃은 소녀들 무리를 제압한 여신들 가족을 누를 만큼 가장 서열이 높았다. 칠로니스는 선전포고했다. 여신들 가족은 이 소리를 듣자마자 머뭇거리지 않고 비켜났다. 강력한 적에 맞서 잇따라 대결하는 위험을 무릅쓰고 싶지 않은 듯했다. 이들은 현명하게 군대를 철수했다. 우르술라와 비너스 그리고 그들의 가족은 갑작스럽게 진흙 목욕을 끝내고 재빨리 웅덩이에서 빠져나왔다. 곧 남쪽 숲으로 물러난 이들은 그 지역을 떠나기 전에 한 번 더 물웅덩이에 들어가고 싶어 하는 듯했다. 방금 쫓겨난 이 무리는 그곳에서 먼지를 뒤집어쓴 채 다시 한번 기회가 생기기만을 바라고 있었다.

말하지 않아도 감정이 깃든 소리를 듣다

소리를 이용하는 의례는 수없이 많다. 그 가운데 선전포고를 위한 소리는 전면전으로 겨루자는 선언을 하거나 영역의 경계를 다투는 싸움을 신청하는 등 아주 구체적이다. 많은 동물이 적을 무찌르는 동안 그런 소리를 낸다. 싸움의 시작을 알리거나 전투 준비를 명령하는 소리는 공격을 시작하기 전에 군대의 기운을 북돋는다. 너무 강력한 나머지 그 소리를 들은 적이 단번에 물러나서 공격할 필요조차 없어지는 경우도 있다.

　전쟁 영화에서 이런 의례는 극적으로 등장한다. 장군이 군대를 단결시키기 위해 열정적으로 연설하면 귀청이 떨어질 듯한 함성과 구호가 돌아온다. 군인들이 용기를 북돋우는 방식이다. 침팬지들도 전쟁을 할 때 상대편의 수컷을 죽인 뒤 괴성과 함께 야유하듯 소리를 내지른다. 침팬지의 소리 의례는 사람의 의례와 비슷하다.

　엔도르핀은 이렇게 구호를 외치고 공격적인 소리를 낼 때 분비되

위 사막에서는 물이 귀하다. 한 무리의 아프리카코끼리 가족이 물웅덩이를 차지하고자 끝없이 치열하게 경쟁한다. 서열이 높은 코끼리 가족은 서열이 낮은 가족을 내쫓기 위해 공격적으로 달려온다. 그 순간, 두 무리 사이에 실랑이가 벌어져 모두들 소리 높여 으르렁거리고 울부짖을 때도 있다.

아래 수컷 검은색코뿔소는 자신의 영역을 지키는 데 열심이다. 물웅덩이에 제때 도착하지 않으면 다른 코뿔소를 만나 밤새 겨룰 수도 있다. 서로를 맞닥뜨리면 울음소리를 내고, 거친 숨을 몰아쉬고, 고함을 친다.

는 호르몬이다. 엔도르핀의 힘으로 무리는 더 단단하게 연대할 수 있다. 인류가 발전하는 내내 사람들은 전투를 벌이면서 소리 의례를 통해 힘과 자신감을 드러냈다. 같은 이유로 우리는 현대의 프로 스포츠 경기에서 소리치고, 구호를 외치고, 함성을 지르며 응원한다. 선수를 비롯한 스포츠팬들 또한 달라진 기분을 체감한다. 사람들은 소리를 지르면서 경험을 공유하는데, 이때 모든 관중은 신체적·정신적으로 같은 반응을 하도록 자극받는다. 응원하는 팀이 경기를 잘하면 관중도 마치 자신이 직접 경기를 뛰는 것처럼 도파민과 아드레날린을 많이 분비하기 시작한다. 관중의 심장은 빨리 뛰고 혈압이 상승한다. 실제로 캐나다에서는 의사들이 하키 팬들에게 주의를 준 사례가 있었다. 심장마비를 일으킬지도 모르니 하키 경기를 너무 심각하게 받아들이지 말라는 경고였다.

관중들의 신체 상태는 실제로 경기를 진행하는 운동선수와 생리적으로 비슷해진다. 이 현상은 우리 뇌 속에 있는 거울 신경세포 때문에 일어난다. 인간은 거울에 빛이 반사되듯 다른 사람의 모습에서 보여지는 감정을 덩달아 느낀다. 우리는 팀이 경기에서 지면 패배감과 좌절감에 휩싸여 소리를 지른다. 실망한 나머지 괴로운 마음을 담아 있는 힘껏 비명을 지른다. 며칠씩이나 우울한 감정을 견뎌야 할 수도 있다. 그렇다고 스포츠 경기를 거들떠보지도 않고 누가 이기든 상관하지 말아야 할까? 아니다. 우리의 함성이 얼마나 강력하고 주위에 얼마나 커다란 영향을 주는지를 깨달아야 한다.

우리는 싸움을 벌이거나 시합을 할 때만 소리 의례를 행하지 않는다. 어렵게 쟁취한 승리의 순간에도 소리로 강렬한 기쁨과 안도감을 표현할 수도 있다. 그리스에 사는 사람들은 접시를 깨뜨리고 나면 "오파!"라고 외치는데, 바로 적극적으로 감정을 표출하는 소리 의례다. 이를 통해 악을 물리칠 수 있다고 여기는 것으로 보아 애도 의례에서 비롯되었을 가능성이 있다. 동물의 세계에서는 어떤 행동을 다른 개체와 함께 시작할 때도 소리를 내어 표현한다. 코끼리들은 어딘가로 이동하기를 제안하면서 "가자"라며 으르렁거리고, 고릴라 집단은 다른 곳으로 떠나기 전에 점점 커다란 소리를 낸다. 동물들은 소리를 내어 경계를 정하고 영역을 주장할 수도 있다. 예를 들어, 황혼이 질 무렵 사자가 으르렁거리고, 늑대가 긴 울음소리를 내고, 짖는원숭이가 고함을 지르는 것처럼 말이다. 소리는 구애 의례의 중요한 부분이기도 하다. 구애 의례를 행하는 동안 독특한 울음소리를 내는 말코손바닥사슴과 소리로 짝을 평가하는 붉은사슴, 소리를 이용해 동료를 찾는 붉은다람쥐가 그 예다.

소리로 표현하는 의례는 우리의 감정에 영향을 준다. 소리는 연인, 친구, 동료 간 관계를 끈끈하게 연결해주기도 한다. 보통 우는 아이를 어떻게 달래는가? 아이가 잠들 때까지 부드러운 목소리로 달콤한 말을 계속 속삭이거나 자장가를 불러준다. 대부분의 포유동물이 소리를 낼 때 후두 안 근육이 리드미컬하게 수축한다. 후두는 '소리 상자'와 같은 역할을 하는 장기인데, 후두가 만들어낸 압력파는 성대 안에서 울려 퍼진다. 후두는 으르렁거리고, 포효하고, 짖고, 꿀꿀거리고, 노래하고, 지저귀고, 말하는 등 다양한 소리를 만들어낸다.

소리는 공기, 물, 땅을 통해 '들을' 수 있는 음향 진동이다. 코끼리가 땅의 진동을 감지하는 것처럼, 많은 동물이 목소리가 아니라 잎이나 풀줄기 같은 물체가 떨리는 것을 느끼며 소통한다. 인간과 동물에게는 두개골에서부터 가운데귀나 속귀에 이르는 뼈 전도 통로가 있는데, 이곳 또는 촉감을 통해 진동을 알아차린다. 코끼리와 황금두더지는 특별한 귀를 가지고 있어 소리의 전도가 쉽게 이루어진다. 그래서 코끼리의 청력은 인간보다 몇 배 더 예민하다.

다시 말해, 동물들은 언어를 사용하지 않고도 효과적으로 의사소통을 할 수 있다. 사회적 동물 중 하나인 척추동물은 4억 년 전부터 소리 의례를 진화시켰다. 인간의 언어는 FOXP2라는 유전자 덕분에 진화했다. 다른 동물들도 이 유전자를 가지고 있으므로 언어만이 이 유전자와 관련 있다고 말할 수는 없다. FOXP2는 고운 소리로 우는 새, 찍찍거리는 쥐뿐 아니라 물고기, 개구리 등 다른 동물들의 의사소통을 주관하는 유전자다. 금화조의 경우 어린 새들은 나이 많은 새들이 부르는 노래의 멜로디를 외우면서 노래 부르는 법을 익히는데, 이 과정에서 FOXP2 유전자는 점점 더 강하게 발현된다.

오래전부터 인간에게 말하기는 꼭 필요한 기능이었다. 서로 협력할 때도 중요했지만, 종 전체의 생존을 위해서라도 인간은 말을 해야 했다. 말하기는 너무나 중요한 활동인데, 진화론적으로 인간과 가장 가까운 침팬지는 왜 말을 하도록 진화하지 않았는지 궁금해진다. 하지만 침팬지와 아프리카들개 같은 다른 동물들은 굳이 말을 하지 않더라도 뛰어난 소통 기능이 가능하다. 말이 없는 동물들도 우리처럼 복잡한 작업을 해내고, 연합하고, 협력해서 사냥한다.

어떤 과학자들은 인간이 사용하는 도구가 점점 복잡해지면서 언어가 발달했다고 추측한다. 인간은 더 정교한 도구를 만들었고, 도구를 만드는 복잡한 과정을 다른 사람에게 설명할 수 있어야 했다. 이를 위해 언어는 비슷한 규칙과 배열을 따랐다. 이것은 말을 이용해 의사소통하는 공식적 의례의 토대가 되었다.

생존을 위해 소리를 활용하는 법

소리는 그것을 내는 쪽이나 듣는 쪽 모두에게 영향을 미친다. 소리를 내거나 들을 때 사회적 동물에게 생리적 반응이 나타난다. 무엇보다 소리에 숨겨진 '의도'가 생리적 반응에 깊은 영향을 준다. 남자가 사랑하는 여자에게 사랑의 세레나데를 부를 때처럼 좋은 의도가 담긴 소리가 오갈 때면 두 사람에게는 옥시토신 호르몬이 분비된다. 옥시토신은 신뢰감을 쌓고 유대를 돈독하게 하기 때문에 '관계를 맺어주는 호르몬'이라는 별명이 붙었다. 같은 맥락에서 부모가 불러주는 자장가는 아기를 재우는 데 효과적이다.

덤불때까치류Swamp boubou 같은 열대지방 새들의 이중창은 놀랍도록 조화롭다. 수컷과 암컷은 한 마리씩 이어서 노래를 부르거나 동시에 노래한다. 수컷의 음색은 종소리 같고, 암컷은 뚝뚝 끊어지는 소리로 운다. 이들의 이중창은 암수의 결합에 도움이 될 뿐만 아니라, 빽빽한 나뭇잎들 사이에서 서로의 위치를 파악해 자신들의 영역을 함께 정할 수 있게 해준다.

수컷의 세레나데는 짝과 결합하는 데 도움을 주지만 그 외에도 수컷의 노래는 꽤 폭넓게 영향을 미친다. 연구자들은 암컷이 수컷의 노래를 들으면 번식에 필요한 호르몬 분비가 왕성해진다는 사실을 발견했다. 수컷 산비둘기가 암컷에게 계속 노래를 불러주면 교미를 하지 않아도 난소낭의 크기가 평소의 두 배로 커졌다. 시간이 흐르면서 연구자들이 알아낸 바에 따르면, 암컷은 자신의 소리를 듣는 것만으로도 큰 영향을 받았다. 소리가 난포를 자극하는 것이다. 방울깃작은느시가 구애 의례에서 시각적으로 자극을 받아 번식률이 높아지는 현상과 비슷했다. 잉꼬, 카나리아, 쇠푸른펭귄 같은 다른 새들도 자신의 소리에 자극받았다. 클래식 기타를 연주하지는 못하지만, 많은 동물들은 실용적인 목적을 가지고 자신을 위해서라도 세레나데를 부른다.

어떤 동물이 내는 소리는 그것을 듣는 동물의 생리 작용에 영향을 줄 뿐만 아니라 자신의 심리 상태도 알릴 수 있다. 집돼지는 짝과 헤어지면 아드레날린 수치가 올라가고 신경질적으로 꽥꽥거린다. '맞서 싸우거나 도망가게 하는' 호르몬인 아드레날린은 스트레스를 받아 흥분하거나 위험하다고 느낄 때 분비된다. 돼지가 조금 더 편안할 때 내는 꿀꿀 소리는 짝과 억지로 떨어져 있는 동안에는 확연히 줄어든다. 동물들은 언어가 없더라도 소리를 통해 자신의 심리 상태를 알린다. 인간도 대화를 할 때 상대의 말투와 억양을 관찰해 심리 상태를 파악한다. 사람들은 자신이 어떤 감정을 느끼는지 솔직하게 말하지 않거나 스스로 느끼는 감정을 분명한 언어로 표현하지 못할 때도 있기 때문이다. 하지만 상대방이 어떤 말투와 억양으로 이야기하는지 들으면 말로 표현되지 않은 감정을 알아채기 쉽다.

소리의 높낮이도 많은 정보를 전달한다. 몸집이 큰 동물일수록 저주파 소리를 내는데, 다른 동물들은 저주파 소리를 들으면 소리의 주인공이 큰 몸집을 가졌을 거라고 여긴다. 그래서 동물들은 저주파 소리를 내면서 자신의 몸집이 크다는 사실을 알린다. 몸집이 큰 동물은 굵고 낮은 목소리를 이용해 자신을 공격하려는 동물이 겁을 먹고 용기를 잃도록 의도한다. 수컷은 저음으로 울면 짝을 더 잘 유혹할 수 있다. 많은 암컷 동물들은 짝이 될 수컷의 몸 크기를 보고 수컷의 건강 상태를 평가하기 때문이다.

대부분의 사회적 동물은 소리를 내며 메시지를 전달할 때 자신을 솔직하게 드러내 보인다. 늑대가 길게 울부짖으면서 자신의 무리와 영역을 지키겠다는 메시지를 전달하면, 다른 늑대들은 이를 진지하게 받아들인다. 수사자는 자신의 새끼를 제외한 어떤 새끼 사자라도 모두 죽이겠다는 뜻으로 으르렁거린다. 자신의 새끼만 먹여 살리면서 가족을 꾸릴 작정인 것이다. 암사자는 이 소리를 듣고 잔인한 침입자의 눈에 띄지 않도록 곧바로 새끼를 감춘다.

반면 개구리들은 사기를 친다. 수컷 개구리는 소리를 증폭시켜 저주파 울음소리를 흉내 낸다. 자신이 몸집을 부풀리고 매력적인 짝인 척하기 위해서다. 인간도 마찬가지로 낮은 소리를 이용해 사람들을 속인다. 사기를 치는 게 아니더라도 깊은 인상을 남기려고 애쓴다.

기자회견, 공식 발표회, 이사회에서 말하는 사람은 낮은 목소리로 이야기한다. 듣는 사람이 자신에게서 신뢰감과 권위를 느끼도록 함으로써 설득력을 높이는 것이다.

소리의 크기에도 중요한 정보가 담긴다. 짝짓기 철에 수컷 붉은사슴이 구애 의례를 행하는 동안 암컷 붉은사슴은 울음소리의 크기를 비교해 짝을 결정한다. 수컷이 남성 호르몬인 테스토스테론을 많이 분비할수록 후두 근육이 큰 영향을 받아 더 커다란 소리를 낼 수 있기 때문이다. 암컷은 수컷이 소리를 크게 낼수록 테스토스테론을 많이 분비한다는 사실을 알고 있다.

마찬가지로 자신의 영역을 주장하는 의례를 행하는 동안에도 소리는 중요한 역할을 한다. 예를 들어, 수컷 개코원숭이는 다른 수컷이 내는 소리를 분석한다. 다른 수컷이 내는 소리의 특징을 바탕으로 맞닥뜨릴 상대가 얼마나 위험한지 가늠한다. 검은부리아비는 요들 같은 울음소리를 길게 내면서 다른 개체의 영역을 차지하겠다는 위협적인 뜻을 드러낸다. 붉은다람쥐는 영역을 주장하는 소리를 듣고 자신의 친족을 구별한다. 친족끼리는 서로 적대적으로 대할 필요가 없으므로 긴장이 줄어든다. 암컷 흰손긴팔원숭이는 100데시벨에 이르는 아주 시끄러운 울음소리를 내어 자신의 영역을 주장하는 동시에 현재 나이와 건강 상태를 알린다. 이렇듯 쉽게 잊히지 않는 소리는 암컷의 자원에 관한 정보를 정직하게 알려 짝을 유혹하는 데도 도움이 된다.

인간은 소리를 이용해 붐비는 쇼핑몰 같은 복잡한 장소에서도 서로를 알아보고 찾아낼 수 있다. 새는 새 떼 무리 속에서, 물개는 물개

때 무리 가운데에서 소리 의례를 활용한다. 멀리 떨어져 있어 후각으로 서로를 찾아낼 수 없을 때는 소리 의례가 더욱 중요한 역할을 한다. 연구에 따르면, 아기는 엄마 배 속에 있을 때부터 엄마의 목소리를 알아차리는 법을 배운다. 엄마의 목소리는 자신을 돌봐주는 사람이 가까이 있다는 사실을 일깨워주기 때문에 아기는 엄마 목소리를 들을 때 편안함을 느낀다.

소리를 주고받는 의례는 육식동물들이 사냥하는 동안 위치를 확인하기 위해 발달했다. 하이에나, 코요테, 늑대, 침팬지 등 동물들은 어둠 속에서 멀리 떨어져 있을 때 울음소리로 각각의 위치를 감지한다. 코끼리가 저주파로 으르렁거리는 소리는 공기를 통해 몇 킬로미터 떨어진 곳까지 전파된다. 그래서 코끼리는 먹이를 찾는 동안 서로 어디에 있는지 확인할 수 있다.

멀리까지 울려 퍼지게 하다

멀리서도 들을 수 있도록 소리를 널리 퍼뜨리고 싶다면 증폭기를 사용해야 한다. 동물들도 이 사실을 알고 있다. 고래들은 바다 깊은 곳의 수중측음장치 주파수대를 이용해 아주 멀리 있는 고래까지 불러들여 의사소통을 한다. 이 주파수대는 신호의 진동 에너지를 보존하는 수평층의 위아래로 경계를 만들어 소리가 수천 킬로미터까지 전달되도록 한다.

육지는 새벽녘이나 해 질 무렵에 기온이 급변하는데, 이때 공기의 물리적인 특징이 바닷속 수중측음장치 주파수대와 비슷해진다. 그래서 이때만큼은 소리가 멀리까지 퍼진다. 밤에는 지면과 가까운 대기일수록 기온이 더 떨어진다. 곧 차가운 땅 위의 공기층 위에 조금 더 따뜻한 공기층이 자리잡는다. 따뜻한 공기층 위에 짙은 구름이 생기면 새로운 현상이 일어난다. 차가운 지면에서 튀어 올라 따뜻한 공기층으로 들어간 소리가 공기층 사이에 끼는 것이다. 이런 소리는 보통 때보다 더 빠르고 멀리 전달된다.

이런 이유로, 새벽녘과 황혼은 소리가 가장 잘 전달되는 시간대다. 많은 동물이 이 시간대에 집중적으로 의사소통한다. 하지만 공기 중의 소리는 무한정 멀리 전달되지 않아서 10킬로미터 정도의 거리가 한계다. 그러나 땅에서 진동이 퍼지는 거리는 무한히 늘어난다. 우리는 공중보다 땅에서 코끼리가 저주파로 으르렁거리는 소리를 더 먼 거리까지 탐지할 수 있다.

현대인이 전신과 전화를 발명하기 훨씬 이전에 인류는 소리와 진동, 음악 신호를 멀리까지 보내는 방법을 알아냈다. 멀리까지 소리를 퍼뜨리는 최초의 악기인 불로러는 1만 8,000년 전의 구석기시대에 처음 등장했다. 길게 꼬인 끈에 직사각형의 판판한 나뭇조각이 매달린 모양을 한 이 악기는 큰 원을 그리며 끈을 휘둘러 연주한다. 그러면 끈 끝에 매달린 나뭇조각에서 소리가 난다. 인간은 예로부터 이 악기를 연주하며 영혼을 불러오고 먼 곳과 소통하려고 했다. 이 악기는 유럽, 아시아, 아프리카, 아메리카, 오스트레일리아에서 발견되는데, 지금도 세계 곳곳에서 의식을 행할 때 사용한다.

북아메리카 원주민은 도움을 요청하거나 질병이 발생한 사실을 이웃 부족에게 알릴 때 연기로 신호를 보내면서 노래를 부르고 북을 치는 의례를 행했다. 아프리카 서부 사람들도 전통 악기인 말하는 북을 비슷한 목적으로 활용했다. 말하는 북은 두 개의 북 가죽이 이어진 모래시계 형태로, 사람이 말할 때의 어조를 흉내 내서 음의 높낮이를 다양하게 표현한다. 그래서 먼 곳까지 더 복잡한 메시지를 전달할 수 있다. 아프리카의 언어는 중국어처럼 성조가 있어서 복잡한 메시지를 높고 낮은 소리를 내는 북소리로 표현할 수 있었다. 북을 치는 행위로 전해 내려오거나 새로 학습한 이야기를 전달하는 것이다. 오늘은 어떤 달이 떴는지 혹은 적을 피하거나 기습하기 위해 어느 길로 가야 하는지 북을 쳐서 알려주었다. 낮은 소리는 남자를, 높은 소리는 여자를 나타냈다.

어떤 지역에서는 관악기를 이용하기도 했다. 약 1,000년 전, 오스트레일리아 원주민들은 저주파 소리를 내는 '디저리두'라는 악기를 발명해 줄곧 문화적인 의례에 활용했다. 악기의 길이에 따라 음의 높낮이가 달라졌고 음이 낮을수록 소리는 멀리 퍼져 나갔다.

오랜 역사를 지닌 소리 의례 가운데 요들을 빼놓을 수 없다. 요들은 지금도 스위스 민요의 중요한 특징이다. 스위스 알프스산맥의 양치기가 처음 부르기 시작한 요들은 먼 곳에서 양 떼를 불러 모으거나 다른 양치기와 의사소통하기 위한 수단이었다. 요들의 음 가운데 낮은 음에서 높은 음으로 올라갈 때 내는 소리는 멀리까지도 퍼질 수 있다. 보통 요들송 하면 스위스를 가장 먼저 떠올리지만, 다른 지역에서도 그 지역만의 요들이 전해 내려온다. 요들에 관한 기록은 397년에 처음 등장했다. 로마 황제가 멀리 떨어진 양치기들의 요들 소리에 시끄럽다고 불평한 것이다. 1만 년을 훨씬 거슬러 올라가, 처음으로 가축을 기르기 시작했을 무렵에 요들을 부르는 풍습이 시작되었다고 추측하기도 한다. 아프리카 서부의 피그미족은 의례를 치르기 위해 요들을 부른다. 이 의례로 남성성과 부족의 정체성을 드러낸다. 맹수를 사냥하기 전에는 숲의 정령과 친밀한 관계를 맺고 악령과 위험을 물리쳐서 성공적인 사냥을 기원하는 의미에서 요들을 부른다. 사냥 후에는 사냥을 무사히 마친 것을 축하하기 위한 요들송을 부른다.

체어마트 외곽의 마터호른 봉우리에 처음 올랐을 때, 나는 알프스의 아름다움과 오랜 전통에 넋을 잃었다. 나는 요들이라는 의례에 무척 감탄했고, 산봉우리 사이를 오가는 먼 거리에서 요들로 메시지를 주고받을 수 있다는 사실에 매료되었다. 클래식부터 록, 알앤비, 재즈, 컨트리음악, 오페라까지 거의 모든 음악 장르에서 요들을 활용한다. 우리가 쉽게 알아차리지 못하지만, 〈사자가 잔다〉(*The Lion Sleeps Tonight*)라는 동요와 아델의 노래에도 요들이 포함되어 있다.

요들은 스위스 사람들의 마음속에 아주 깊이 뿌리내리고 있어서, 17세기에는 스위스 용병들 앞에서 요들을 부르지 못하게 할 정도였다. 많은 용병들이 알프스 노래를 들으면 향수병에 시달리다 탈영하거나 죽을 우려가 있었기 때문이다.

소리가 내 안에서 울리는 즐거움

물론 이 산에서 저 산으로 메시지를 전달하기 위해 더는 요들을 부를 필요가 없다. 우리는 디지털 기술을 이용해 이웃은 물론이고 전 세계 사람들과 곧장 이야기를 나눌 수 있다. 그런데 인터넷으로 정보를 공유하고 문자와 인공위성을 통해 이야기하는 능력과, 누군가와 직접 얼굴을 맞대고 이야기하는 능력은 같을까? 디지털 기술이 가진 장점이 많긴 하지만, 마주 보며 대화하는 일도 여전히 중요하다. 그리고 이런 대면 대화는 우리가 당연하게 여기지 말아야 할 특별한 혜택을 선물한다.

이야기를 주고받는 것은 우리 몸에도 좋다. 하루 끝에 어떻게 지냈는지 사랑하는 사람과 대화를 나누는 것은 텔레비전을 켜놓고 저녁 식사를 하는 것보다 실제로 건강에 좋다. 어릴 때 부모님은 가족이 함께 둘러앉아 저녁을 먹는 시간에는 텔레비전을 보지 못하도록 하셨다. 우리 형제가 계속 반대했지만 소용없었다. 그렇다고 네 명의 10대 아이들이 나누는 대화의 질이 높아지지는 않았지만 그래도 텔레비전을 보지 않은 편이 나았다.

대화가 항상 힘이 되지는 않았다. 이것만은 인정해야겠다. 디저트를 먹으려면 먼저 야채를 모두 먹어야 한다는 부모님의 말씀에 형제가 반항한 적도 있었다. 어색한 침묵이 흐르고 불편한 언쟁이 벌어지기도 했다. 그러나 우리는 그때를 돌아보면서 웃음을 터뜨리고 식탁에 둘러앉았던 추억과 경험을 이야기하면서 더 가까워진다. 우리가 그 시간에 텔레비전을 보았다면 그토록 애정 어린 추억을 쌓지 못했을 것이다. 특히 이야기는 강력한 공유 경험의 수단이 된다.

결혼식에서는 결혼 서약을 하고, 의대 졸업식에서는 히포크라테스 선서를 암송하면서 똑같은 구절을 함께 말한다. 이런 의례가 우리를 더욱 헌신하도록 만든다. 우리의 감정을 말로 표현하면 감정을 다스릴 수 있다. 비애와 질투, 좌절처럼 견디기 힘든 감정을 이겨내는 데 특히 더 도움이 된다. 다른 사람에게 우리 생각을 이야기하기만 해도 스트레스가 줄어들고 마음이 나아진다. 그리고 더욱 만족스러운 관계를 쌓을 수 있다. 개인이나 집단을 대상으로 하는 심리치료는 이러한 원리를 활용한다. 실제로 무슨 말이든 누군가와 직접 이야기를 나누고 경청하는 경험은 치유의 힘이 있다.

소리로 자신을 표현하거나 소리 높여 노래를 부를 때도 마찬가지다. 샤워하면서 노래를 부르거나 콘서트에서 좋아하는 노래를 따라 부를 때 어떤 기분이었는지 떠올려보자. 음악 치료에 관한 연구에 따르면, 노래를 부르는 활동이 말을 하는 것보다 개인의 심리적 행복에 훨씬 더 큰 영향을 미쳤다. 함께 노래를 부르면 스트레스를 받을 때 분비되는 호르몬인 코르티솔의 수치는 낮아지고, 연대감과 편안함을 느끼게 하는 옥시토신의 분비가 늘어나 우울감과 외로움이 줄어든다. 차 안이나 노래방에서 혹은 합창단에서 노래를 맘껏 부르면 기분이 좋아진다. 즐거움을 느끼게 하는 엔도르핀 호르몬이 분비되기 때문이다. 참고로 엔도르핀은 노래 실력과 상관없이 분비된다.

노래 부르기는 이제 관절염, 폐질환, 만성 통증, 암 등 다양한 질병으로 인한 심리적인 문제를 해결하는 데 활용되고 있다. 음악 치료는 불안을 해소하고, 삶의 질을 높이고, 질병의 증상이나 부작용을 줄이기까지 한다.

이렇듯 노래와 음악은 건강에 도움이 되지만, 과학자들이 보기에는 진화론적인 적응 행동은 아니다. 많은 과학자가 노래에는 생존가(生存價, 독립된 생물체의 여러 특성이 그 생물체의 생존과 번식, 적응도 등에 미치는 영향을 정량적으로 나타낸 값―역자 주)가 하나도 없다고 여긴다. 그러면서 고차원의 지능을 가진 동물이 순전히 아름다움과 즐거움을 추구하기 위해 음악을 발전시켰다고 주장하는 것이다. 어떤 미학자들은 예술의 본질은 즐거움을 주는 일 이외에 어떤 실용적인 도움도 주지 않는다고 생각한다. 즐거움은 생존에 필요한 요소가 아니다.

나는 인지과학자 데이비드 휴런의 주장이 더 타당하다고 생각한다. 그는 즐거움을 찾는 행동 역시 진화론적인 적응 행동이라고 주장한다. 그리고 미식과 성관계처럼 인간이 즐거움을 좇는 행동이 생존과 연결되어 있는 근거를 든다. 게다가 인간이 구석기시대부터 음악을 만들기 시작했다는 증거까지 제시한다.

슬로베니아에서 발견된 최초의 악기는 4만 3,000년 전에서 8만 2,000년 전 사이에 만들어진 것으로 추정된다. 지금은 멸종된 유럽 곰의 대퇴골을 깎아서 만든 뼈 피리다. 휴런은 음악의 발달에 관한 여덟 가지 이론을 통해 음악이 어째서 인간의 생존에 그토록 중요한 역할을 했는지 살핀다. 음악은 짝을 유혹하는 데 도움이 되었다. 그때나 지금이나 음악은 갈등을 줄이고 사회적 결속과 집단의 공동 작업을 도왔다. 지각을 발달시키고 청각 기능과 운동 기능도 향상시켰다. 게다가 초창기 인류가 효율적으로 음식을 확보할 수 있게 되어 밤에 한가한 시간이 많아지자 음악은 남는 시간을 안전하고 즐겁게 보내기 위해 활용되었다.

음악은 생존에 도움이 될 뿐만 아니라 세대에서 세대로 정보를 전달하는 수단이다. 오스트레일리아 원주민은 노래로 길을 알려주었고, 사회 규칙이나 식물에 관한 실용적인 정보를 담은 이야기도 노래로 전승했다. 덕분에 오스트레일리아 원주민은 세계에서 가장 유구한 전통문화를 가지고 있다. 그들은 사냥에 필요한 동물의 행동에 관한 지식을 노래와 춤, 그림, 음악 등으로 전달했다.

음악과 음악가는 수 세기에 걸쳐 다양한 문화에서 생겨났다. 음악의 역사가 얼마나 유구한지, 어떻게 음악이 대대로 살아남았는지를 생각해보면 노래 부르기는 분명히 인간의 생존을 위한 적응 행동이었다. 음악을 만드는 능력은 이미 우리 유전자에 새겨져 있을지도 모른다. 우리는 노래할 때와 마찬가지로 음악을 들을 때도 정신적으로 즐거움을 느끼고, 생리적으로 건강에 유익한 도파민을 분비한다. 음악을 들으면서 실제적인 이득을 얻기도 하지만, 그 자체만으로도 굉장히 즐겁고 보람찬 활동이다.

마지막으로, 음악 치료는 음악의 유익을 측정해 수치로 값을 매긴다. 알츠하이머 환자가 음악을 들으면 멜라토닌 수치가 높아져 안정감을 느낄 수 있다. 하지만 측정하기 어려운 유익도 많다. 모든 종교는 음악, 노래, 기도문 암송 등을 이용해 더 깊은 공동체 의식을 심어주고 경외심과 순종하는 마음을 자아낸다. 찬송가를 부르거나 산스크리트어 기도문을 외우는 동안 우리는 자신을 악기로 활용하고 우리 안에서 생기는 진동이 몸과 마음을 치유한다.

불쾌한 불협화음을 피하려면

에토샤 국립공원의 코끼리 가족은 다른 일로 다툼을 벌였다. 물웅덩이에서 칠로니스의 선전포고 울음소리를 들은 지 며칠이 지난 뒤였다. 어느 늦은 오후, 여신들 가족은 물웅덩이를 떠나면서 교대로 "가자"라는 뜻이 담긴 울음소리를 냈다. 이들은 물을 마신 후 어느 방향으로 갈지를 놓고 다투고 있었다.

가족 중 서열이 높은 편인 모나리자는 우리가 '볼루스 대로'라고 부르는 길을 따라 북서쪽으로 가야 한다고 우겼다. 반면, 대장 우르술라와 딸 슬릿이어는 무리를 남쪽으로 이끌며 으르렁거렸다. 이제 모나리자의 부대와 우르술라의 부대가 빈터의 양쪽 끝에 자리를 잡고 서서 소리를 높이며 실랑이를 벌였다. 각자 자신의 판단이 옳다고 우기는 듯했다.

이들은 적어도 150여 미터 떨어져 서로 반대 방향을 바라보고 있었다. 그래서 코끼리 무리를 처음 보는 사람은 이들이 이런 모습으로 서로 소통한다고는 전혀 생각하지 못할 터였다. 두 가족이 각기 다른 목적지를 향해 따로 떠나려는 것처럼 보였다. 그러나 큰 소리를 내는 것으로 보아 의견 충돌로 다투는 것이 확실했다.

모나리자가 으르렁거린 다음 이어서 우르술라와 슬릿이어가 대구하는 식으로 소리를 주고받았다. 의견이 맞지 않는 순간에도 이야기를 주고받는 듯했다. 드디어 모나리자가 말싸움에서 다른 코끼리들을 이겼다. 우르술라와 슬릿이어는 가려던 방향을 돌려 모나리자를 따라 북서쪽으로 갔다. 우르술라가 대장이라는 점을 생각해보면 놀라운 사건이었다. 말할 필요도 없이 모든 코끼리가 우르술라를 뒤따라야 했다. 그러나 인간 세계처럼 코끼리 세계에서도 흑백 논리로 모든 결정이 내려지지는 않는다. 대장의 결정이 언제나 순순히 받아들여지지만은 않는 것이다

어디로 떠날지를 두고 소리 높여 싸우면서도 코끼리들은 서로를 존중했다. 나는 이 대목에서 깊은 인상을 받았다. 나이 많은 암컷들에게는 자신의 의견을 표현할 시간이 공정하게 주어졌다. 코끼리들은 다른 코끼리의 울음소리가 끝날 때까지 기다렸다가 소리를 냈다. 그래서 멀리 떨어진 곳에서도 쉽게 이들의 소리를 들을 수 있었다. 이들이 출발 준비를 하는 동안 다른 코끼리 집단이 엿들었다면 그들은 이제 물웅덩이가 빌 것이라는 사실을 알고 그곳을 사용할 수 있다. 소리를 통해 단서를 얻어서 물웅덩이에 접근할 때 일어날 만한 갈등을 피할 수 있었다.

반대로 인간이 말다툼을 벌일 때는 여러 사람이 동시에 목소리를 높이며 불협화음을 만들어낸다. 흥분했을 때는 차례를 지켜 교대로 이야기하는 일이 불가능하다. 암컷 코끼리들이 나누는 정중한 대화에

서 한두 가지 정도는 배워야 할 점이 있는 것 같다.

말다툼이 아닌 일반적인 대화에서도 이런 일이 벌어진다. 오랜 친구와 함께 점심을 먹은 후 헤어지고 나서 친구가 내 말을 가로막았다고 느낄 때가 얼마나 많은가? 아니면 반대로 오랜 친구가 혼자서만 말을 늘어놓아 불만스럽지는 않았는가? 대화를 잘 나누기 위해서는 여러 번 연습하고 조심해야 한다. 대화는 삶의 행복에서 중요한 요소다. 전화를 할 때나 대화를 나눌 때는 순서를 지켜 이야기할 것을 반드시 기억하자. 코끼리들도 다른 코끼리가 이야기를 마칠 때까지 기다렸다가 자기 이야기를 한다는 사실을 잊지 말자.

코끼리가 울부짖는 이유

코끼리를 연구하는 현장에서 가만히 소리를 듣고 있노라면 차분해지는 기분을 느낄 수 있다. 자칼 무리는 해질녘에 빈터 주위를 어슬렁거리며 영혼에 호소하는 듯한 울음소리로 합창한다. 그다음 곧바로 코끼리들의 소리가 밤공기를 채우기 시작한다. 으르렁거리는 소리, 우렁찬 소리, 나팔 소리, 낮고 깊은 울음소리가 공기에 스민다. 밤이 깊어지면 어느 순간 하이에나가 옥타브를 조절하며 자신의 무리를 찾아 헤맨다.

저녁 시간 울려 퍼지는 동물들의 합창 소리를 들으면 정신이 번쩍 든다. 이런 때는 함부로 말소리를 많이 내지 않는다. 가끔은 침묵 속에서 빠져나오고 싶지 않을 때도 있다. 하지만 연구 현장 책임자로서 너무 오랫동안 말을 안 하고 있을 수만은 없다.

보름달이 뜨면 물웅덩이는 동물 울음소리로 시끄러워진다. 특히 검은 코뿔소가 울음소리를 많이 낸다. 수컷들은 코끼리들처럼 영역을 지키고 물웅덩이에 대한 권리를 주장하기 위해 씩씩거리고, 콧김을 내뿜고, 우렁찬 소리를 낸다. 그러다 코끼리 가족들이 해질녘에 물웅덩이에 도착하면 으르렁거리는 소리, 깊고 낮게 우는 소리, 괴상한 소리가 밤새도록 공기를 채운다.

연구 기간이 끝나갈 때쯤에는 바람이 잦아들지 않았다. 코끼리 가족은 물을 반드시 필요로 할지언정 낮에는 물웅덩이를 잘 찾지 않았다. 보름이 지난 다음부터는 보름달이 뜰 때까지 코끼리 가족이 찾아오는 시간이 매일 저녁 점점 더 늦어졌다.

몇몇 코끼리 가족들은 빈터 너머 나무들이 늘어선 곳에서 바람이 약해지기를 기다리고 있었다. 다섯 시 정도가 되자 멀리 있던 코끼리들이 나무들 사이에서 맹렬하게 튀어나왔다. 영화 〈쥬라기 공원〉의 한 장면을 보는 듯했다. 물웅덩이의 가장 좋은 자리를 차지하기 위한 경쟁이 시작됐다. 보름달이 뜨지 않는 밤늦은 시간이 되어서야 코끼리 가족들이 물웅덩이를 찾았다.

이들은 어둠 속에서 조용히 으르렁거리는 소리만으로 자신의 존재를 드러낸다. 물웅덩이를 찾는 코끼리는 점점 줄어들었고, 자정을 훌쩍 넘긴 시간이 되자 코끼리의 발걸음은 거의 끊기다시피 했다. 이따금 수컷 코끼리가 물을 마시기 위해 터벅터벅 걸어오는 발소리가 들렸다. 이 소리는 새벽이 올 때까지 홀로 무샤라 물웅덩이의 심장 박동이 된다. 새벽이 오면 자신의 영역을 주장하는 사자의 울음소리가 정적을 깨뜨린다.

매년 연구 기간이 끝나갈 무렵 이토록 특별한 장소에서 떠나야 한다는 생각이 들 때마다 마음이 무거워진다. 이런 원초적인 오아시스에 계속 머무르고 싶은 마음과 짐을 싸야 하는 의무감 사이에서 갈팡질팡한다. 물웅덩이에 불그스름한 노을이 질 때 목마른 코끼리들이 나란히 줄지어 물웅덩이의 가장자리로 다가온다. 수직으로 뻗은 기린의 목이 수평으로 곧게 나아간 지평선과 만난다.

저 멀리 어디에선가 사자를 만난 자칼이 짖어댄다. 밤의 합창이 시작된다. 베개에 머리가 닿을 즈음 사자들이 으르렁거린다. 사자의 강력한 소리 의례가 가슴을 울리고 공포심을 일으킨다. 나 역시 이런 곳에서는 먹잇감에 불과하다는 사실을 다시금 생각하게 된다.

나는 칠로니스가 선전포고와 같은 호전적인 행동을 한 까닭을 드디어 이해했다. 며칠 동안 칠로니스를 주의 깊게 지켜보았다. 칠로니스는 떠나기 이틀 전, 가족과 함께 물웅덩이에 방문했지만 그 어디에서도 새끼 클레오를 찾을 수 없었다. 나는 클레오가 다른 코끼리의 다리 뒤에 숨어 있지는 않은지 여기저기 살펴보았다. 그러나 클레오는 어디에도 없었다.

칠로니스의 새끼가 사라졌다. 어떻게 된 일인지는 알 수 없었다. 하지만 돌이켜 보면 칠로니스는 새끼가 생존하기에 좋지 않은 환경이라는 사실을 누구보다 잘 알았다. 물을 확보하고 새로 태어난 새끼도 보호해야 했기에 평소보다 더욱 공격적이었다. 칠로니스의 가족은 그런 칠로니스에게 공감했고, 새끼 클레오가 태어난 상황이 그리 좋지 않았다는 점을 잘 알았다. 그렇기 때문에 우르술라 가족을 물웅덩이에서 몰아낼 때 강렬하게 으르렁거리는 소리를 내며 우렁차게 울었을 것이다. 어미로서 이보다 더 중요한 문제는 없었다.

6장

자세, 몸짓, 표정의 무게

✦

무언 의례

Unspoken Rituals

"아는 사람은 말하지 않는다.
말하는 사람은 알지 못한다."

_노자

늘대의 조용한 서열 정리

눈으로 뒤덮인 숲에는 사시나무와 소나무가 빽빽하게 서 있다. 그곳
에서 늘대 두 마리가 만난다. 소투스 무리에 속한 '라코타'는 형 '카모
츠'가 다가오자 곧장 어깨를 구부려 몸을 웅크리고 애원하듯 머리를
숙인다. 라코타는 무리 중 몸집이 제일 크지만, 최대한 위협적으로 보
이지 않으려고 노력한다. 이 의례는 늘대들 사이에서 중요하게 여겨
지는 항복의 표시다.

카모츠는 라코타의 몸에 올라타 이빨을 드러낸다. 자신의 지위를
눈에 보이는 행동으로 다시 확인하는 것이다. 카모츠는 겁을 주면서
으르렁거리고, 라코타는 계속해서 몸을 낮게 엎드린 채 조심스럽게
혀를 내밀어 카모츠를 핥는다.

카모츠는 위계질서의 꼭대기에 있었고, 라코타는 이 사실을 행동으로 표현함으로써 인정한다. 라코타는 몸집이 큰 늑대지만 공격성이라고는 조금도 드러내지 않는다.

형제간에 서로 깊은 유대감을 느끼는 것과는 별개로, 형에게 당하지 않으려면 동생은 애원하는 듯한 몸짓으로 의례를 보여주어야 한다. 늑대 무리에서 카모츠는 가장 높은 서열을 차지하고 있고 라코타의 서열은 가장 아래이기 때문이다.

늑대들은 몸집의 크기만으로 서열을 결정하지 않는다. 라코타는 덩치는 크지만 성격이 고분고분한 편이었다. 라코타가 청소년 시기일 때 서열이 맨 아래로 떨어지고 나서는 늑대 무리에서 걸핏하면 괴롭힘을 당했다.

짐과 제이미 더처 부부는 아이다호의 소투스산맥에 살고 있는 라코타와 카모츠 늑대 형제를 연구했다. 부부가 6년 동안 연구해야 할 과제는 그곳의 늑대 사회를 이해하는 것이었다. 그들은 1990년대에 한 무리의 소투스 늑대들을 새끼에서 성년이 될 때까지 따라다니며 연구했다.

사회적인 역학 관계가 끊임없이 바뀌는 늑대 무리의 권력은 이 늑대와 저 늑대 사이에서 오락가락한다. 그렇기 때문에 늑대들은 서열의 높고 낮음을 자주 그리고 확실히 눈에 보이게 증명한다. 다행히 소투스 늑대 무리 중 '맛시'가 라코타의 친구가 되어주었다. 맛시는 무리에서 두 번째로 서열이 높은 수컷이었다. 맛시는 함께 놀 친구가 필요할 때면 라코타를 찾았고, 라코타가 괴롭힘을 당하지 않도록 보호해주었다. 그러나 역학 관계가 늘 완벽하게 작동하는 건 아니었다.

나는 짐과 제이미와 대화를 나누고 있었다. 언젠가 라코타와 맛시는 사이가 틀어진 적이 있었다. 오랫동안 라코타는 혼자서 나무 밑에 누워 있었고 다른 늑대를 만나려고 하지 않았다. 그러다 드디어 맛시가 다가왔다. 맛시는 라코타를 옆에서 지켜보다가 라코타의 몸 위에 오줌을 누었다. 그것으로 맛시는 라코타의 잘못을 용서해주었다. 라코타는 일어나 자기 일을 할 수 있도록 허락받은 셈이었다.

라코타는 위협하는 태도를 전혀 보이지 않았다. 그럼에도 중간 서열의 늑대 '아마니'와 '모토모'는 가끔 라코타를 힘으로 내리눌렀다. 서열을 분명히 정리하려는 의도였다. 라코타도 밤늦게 늑대들이 함께 울부짖는 합창에 참여했다. 하지만 아마니와 모토모는 때때로 라코타의 소리가 너무 크다는 것을 빌미 삼아 그가 짖지 못하게 막기도 했다. 원초적인 의례에도 참여하지 못한 것이다. 다른 이유도 아니고 동료 늑대 때문이라고 생각하니 마음이 아팠다. 그래도 시간이 지나 라코타가 늙어갈 무렵에는 그보다 서열이 낮은 늑대가 생겼다는 이야기를 들을 수 있었다. 라코타는 자신보다 서열이 낮은 늑대를 괴롭히는 다른 동료들과는 달리 2002년에 죽을 때까지 한 번도 그 늑대를 괴롭히지 않았다.

동물의 세계는 때때로 무섭도록 냉엄하다. 무리에서 서열이 가장 낮으면 살아가는 데 힘이 들겠지만, 지배적인 위치에 있다면 이득을 취할 수 있다. 무언無言 의례는 소투스 늑대 무리의 질서의 핵심이다. 이들 무리는 이 의례를 토대로 엄격한 위계질서를 만들었기에, 영역을 지키거나 사냥을 할 때 협력해야 하는 순간이 오면 유리한 점이 많았다. 사실 자연에서 가장 중요한 대화는 말없이 행해진다.

서열을 나눌 때 무언 의례를 활용한다면 집단은 조직적으로 구성된다. 코끼리의 세계에서는 암컷 코끼리 대장처럼 서열이 높은 동물이 그 무리를 이끈다. 무리의 다른 동물들은 대장에게 자신의 안전을 담보로 내건다. 그러나 올리브개코원숭이 사회는 다른 동물들에 비해 조금 더 민주적이다. 가장 서열이 높은 원숭이가 반드시 무리를 이끌지는 않는다.

늑대와 같은 동물은 무언 의례로 자신의 낮은 서열을 증명하지만, 어떤 동물은 자신의 서열이 높다는 사실을 내세운다. 내가 연구하는 코끼리 무리에서 서열이 가장 높은 수컷인 '스모키'라는 코끼리는 발정 상태일 때 갑자기 보란 듯이 지평선에 모습을 드러낸다. 스모키가 나타나면 땅이 쩍 하고 갈라지는 듯하다. 그의 모습은 마치 화강암처럼 단단하고 거대한 신이 대초원으로 등장하는 것 같다. 스모키는 위풍당당하게 나무가 늘어선 곳을 지나친다. 영웅이라도 된 듯한 모습으로 빈터에 들어서는 모습은 정글의 진정한 왕이라는 그의 별명과 잘 어울린다. 스모키는 자신이 발정 상태로 호르몬을 분비하고 있다는 사실을 알린다. 그는 과장된 걸음걸이로 걷는다. 머리와 어깨를 있는 힘껏 쳐들고 코를 좌우로 흔들며 귀를 한 쪽씩 펄럭인다. 물웅덩이를 향해 행진하는 내내 코로 얼굴을 휘감기도 한다.

동물 세계처럼 인간 세계도 무언 의례가 존재한다. 사람들은 미묘한 의례를 통해 권력 관계를 드러내고 공격성과 초대 의사를 은근히 내비친다. 다른 사회적 동물들처럼 인간도 명확한 태도를 보여주면서 나름의 이득을 얻는다. 위협적이거나 겁나는 상황에서 말을 꺼내지 않고도 자신감을 한껏 드러낸다. 수컷 동물은 다른 수컷이 자신을 보고 겁먹기를 바라면서 거들먹거리며 걷는다. 이렇게 자신감을 겉으로 드러내는 행위는 영역을 차지하거나 짝을 얻거나 서열을 높이는 데 유리하다.

아놀도마뱀의 수컷은 영역 싸움에서 이기기 위해 시도 때도 없이 거드럭거리면서 걷는다. 매일 우리 집 뒷마당에서 벌어지는 일이다. 수컷 아놀도마뱀은 다른 수컷을 겁주려고 앞다리를 움직여 팔굽혀 펴기 동작을 여러 번 해 보이고, 화려한 색깔의 목 아래 살을 접었다가 펼친다. 이런 행동에는 에너지가 많이 필요하지만, 생존하는 데 반드시 필요하기 때문에 에너지가 많이 들더라도 멈추지 않았을 것이다. 아놀도마뱀 이외에도 많은 동물이 과시하기 위해 거들먹거린다. 도마뱀에서 인간과 코끼리에 이르기까지, 여러 동물이 무언 의례로 자신감 있는 태도를 뽐낸다. 우리는 이 의례를 통해 효과적으로 자신을 드러낼 수 있다.

태도는 보통 호르몬 분비와 관련 있다. 우리가 중요한 업무 회의에 참석할 때 자리에 앉아 있는 태도는 동료들과의 관계에 영향을 미친다. 몸을 뒤로 젖히고 상황에 따라서는 책상 위에 발을 올려놓기까지 한다. 연구에 따르면, 테스토스테론이 치솟는 사람은 다른 사람에게 자신의 힘을 과시하며 자신감을 보여주고 회의에서 영향력을 발휘한다. 이 사람의 스트레스 또한 줄어든다.

발정 상태의 수컷 코끼리는 으스대며 걷고 코로 얼굴을 감는다. 자신의 힘을 과시하는 것이다. 우리 중에서도 회의실에서 팔을 휘두르며 시위하듯 걷는 공격적인 사람이 있다. 성별에 관계없이 테스토스테론 수치가 높을 때 하는 행동이다. 암컷도 테스토스테론을 분비한다. 코끼리나 오랑우탄이 이렇게 행동하면 주변에 있던 동료들의 테스토스테론 분비가 줄어든다.

반대로 불안감을 드러내는 행동 역시 중요하게 작용한다. 이 행동은 등을 앞으로 구부리고, 다리를 꼬고, 고개를 숙이고, 최대한 눈을 피하는 것을 신호로 삼는다. 입사 면접을 잘 치르고 싶다면 자신감을 보여주는 자세를 연습해야 한다. 자신감은 연봉 협상 자리나 자신의 격을 높여야 하는 어려운 협상 자리에서 필요하다. 자존심 강한 사람들이 모인 회의실에서 의견을 주장해야 할 때도 마찬가지다. 미묘한 몸짓은 무언 의례 중에서도 공공연히 드러나는 몸짓만큼이나 영향력이 강하다. 그러므로 항상 몸짓으로 표현되는 언어에 관심을 기울일 필요가 있다.

몸짓은 다른 사람들과 우리 자신에게 지대한 영향을 끼친다. 우리의 건강은 신체적이든 정신적이든 몸짓과 표정에 많은 영향을 받는다. 그 몸짓이 위협적인지 우호적인지, 두려워하는지 겸손해하는지는 상관없다. 몸짓이라는 신호는 보내는 사람과 받는 사람 모두에게 영향을 미칠 수 있고, 우리의 생식 능력까지도 다른 사람의 몸짓 신호에 따라 변화한다.

아무 말 하지 않고도 주변에 영향을 미치다

무언 의례에는 힘을 과시하고 짝을 찾기 위해 냄새를 풍기는 행동도 포함된다. 발정 상태인 수컷 코끼리는 이런 전략을 활용해 냄새를 멀리 퍼지게 한다. 수컷 코끼리에게는 세 가지 목적이 있다. 첫 번째는 근처에 있는 다른 수컷들의 발정을 막고 동시에 그들을 겁주기 위한 것이다. 발정 상태인 암컷을 유혹하기 위해서도 냄새를 활용한다. 다음번에 어딘가에서 누군가 조금 심한 향수 냄새를 맡게 되면 그가 향수를 뿌린 목적이 다른 사람에게 겁을 주려는 것인지, 유혹하려는 것인지 아니면 둘 다인지 의심해보라. 그곳은 임원 회의실이나 클럽이 될 수도 있다.

스모키는 무리 근처에 예비 경쟁자 수컷 코끼리가 한 마리라도 어슬렁거리면 가까이 다가가 오줌을 더 자주 흘린다. 그렇게 냄새를 퍼뜨리는 것이다. 물웅덩이에서 다른 젊은 수컷의 흔적을 발견해도 똑같은 행동을 취한다. 발정 상태인 그 수컷이 최근에 물웅덩이에 찾아와서 냄새를 남겼을지도 모른다고 생각하기 때문이다.

우두머리 수컷인 스모키와 다른 젊은 수컷인 '오지'는 둘 다 10년 동안 발정 상태였는데, 이들은 내내 그런 식으로 행동했다. 오지는 스모키보다 늘 적어도 하루 일찍 움직였다. 웬만큼 부지런하지 않으면 어려운 일이었다. 오지는 엄청나게 많은 시간을 들여 자신의 출발지로부터 거쳐 갈 행로를 계획했다. 그는 오랫동안 코를 땅바닥에 대고 있었다. 땅을 울리는 진동을 감지해 스모키라는 강력한 상대의 걸음걸이를 탐지하고 스모키가 어디에 있는지 가늠하는 듯했다. 스모키가 어디에 있는지 알아내면 그는 반대 반향으로 향했다.

오지가 물웅덩이를 찾은 다음 날, 스모키는 보통 때보다 극도로 흥분한 상태였다. 오지는 전날 곳곳에 소변을 흘려놓았고, 그 흔적을 뒤따라가 물웅덩이에 도착한 스모키는 오지가 예로부터 내려오는 신 사협정을 어겨서 몹시 화가 난 듯했다. 수컷 코끼리는 다른 수컷들과 발정이 동시에 나지 않게 하려고 최소한 스물다섯 살이 될 때까지는 발정하지 않는다. 이것이 암묵적인 협정의 내용이었다. 대부분의 암 컷이 발정기일 때, 수컷들이 발정 상태가 될 기회를 나이 많은 수컷에 게 양보하려는 의도다. 오지는 신사적인 태도를 내팽개치고 규칙을 전혀 신경 쓰지 않았다.

스모키가 무언 의례로 자신의 뜻을 표현하면 서열이 낮은 젊은 수 컷들은 모두 뒤로 물러났다. 스모키는 다른 나이 많은 수컷이 발정 상 태일 때는 너그러운 태도를 보이기도 했지만, 오지에게만큼은 다르게 대했다. 가공할 만한 힘을 가진 다른 수컷 집단도 그가 막무가내로 활 개 치는 것을 막지 못했다. 오지는 무샤라 웅덩이에서 가장 온순하고 나이 많은 코끼리들인 '브렌던'과 '에이브'를 공격하기도 했다. 그 광 경을 지켜보고 나서는 나 역시 오지가 권력을 차지하는 모습에 고개를 끄덕일 수밖에 없었다. 오지는 자연의 법칙에 끊임없이 반기를 드는 젊은 수컷이었고, 그를 제압할 코끼리는 스모키가 유일한 듯했다.

어느 날 오후, 드디어 일이 벌어졌다. 오지는 권력을 휘두르면서 물웅덩이에 있는 모든 수컷들을 몰아내고 있었다. 잔뜩 발정이 난 스모키는 평소에 다니던 길을 따라 빈터로 걸어 들어왔다. 그는 코를 올가미처럼 머리 위로 감고, 귀를 앞뒤로 흔들고, 오줌을 흘리며 걸어오더니 곧장 물웅덩이를 향해 당당하게 걸음을 옮기기 시작했다.

그 둘은 처음으로 같은 장소에서 대면했다. 이전에는 여러 해에 걸쳐서 스모키가 오지의 테스토스테론 냄새를 뒤쫓기만 했는데, 오지가 경계심을 늦추는 바람에 스모키와 맞닥뜨리게 되었다. 스모키를 피하기 위해 그동안 세심하게 일정을 조절해온 일이 어긋난 것이었다. 나는 심각한 충돌이 벌어질 것으로 예상했다. 지난 10년 동안 동료들을 대상으로 권력을 휘둘러온 오지의 여정이 갑작스럽게 막을 내리려는 찰나였다.

오지는 스모키를 발견한 뒤에도 자신이 서 있는 곳에서 한 발자국도 물러서지 않았다. 대신 물웅덩이에 가만히 서서 가장 강력한 상대가 자신을 향해 다가오는 모습을 조심스럽게 지켜보았다. 하지만 결과적으로 오지는 고분고분하게 물러나지도 않았고, 딱히 공격성을 보이는 것 같지도 않았다. 그렇다고 해서 항복한다는 뜻을 보이지도 않았다. 스모키는 머리를 높이 쳐들고 귀를 넓게 펼쳤다. 그러고는 오지를 향해 다가갔다. 오지는 끝까지 물러나지 않았고 반항이라도 하듯 귀를 앞쪽으로 내밀었다.

스모키는 오지보다 나이가 많고 서열도 높은 데다 발정 상태여서 훨씬 더 강력하고 위협적일 수밖에 없었다. 그러나 둘의 만남은 분명 공격적이지 않았다. 전면전이 일어날 분위기는 더더욱 아니었다. 스모키가 몇 해에 걸쳐 오지의 냄새를 따라다니는 것을 지켜본 나는 조금더 큰 일이 벌어질 것이라 예상했다.

두 라이벌이 직접 만나 서로를 찬찬히 살펴보는 순간이 왔다. 그 순간은 눈 깜짝할 사이에 지나가 모르는 사람의 눈에는 아무 일도 없는 것처럼 보일 수 있었다. 하지만 연구자가 보기에 오지는 확실히 겁을 먹고 있었다. 오지는 처음에 잠시 반항하는 몸짓을 보이기는 했지만 침착하고도 단호한 걸음으로 다가오는 스모키를 막을 수는 없었다. 오지는 스모키가 다가오자 귀를 양옆에 납작하게 붙이고 몸에 힘을 뺐다. 싸움은 끝이 났다. 사실 권력 다툼은 시작하지도 않았다.

그다음 순간, 더욱 놀라운 일이 일어났다. 오지가 복종의 의미로 스모키에게 엉덩이를 들이댄 것이었다. 오지는 스모키가 자신의 음경을 자세히 살펴보도록 허락했다. 스모키는 엄니를 가지고 있었으므로 오지는 스모키의 엄니에 치명상을 입을 수 있었다. 엄청난 위험을 감수한 행동이었다. 이 행동으로 오지는 스모키에게 항복하겠다는 뜻을 확연히 드러냈다. 스모키가 자신의 발정 상태를 자세히 보여줄 필요도 없었다.

스모키가 검사를 끝내자 오지는 어깨를 내리고 슬그머니 물러났다. 스모키로부터 멀찍이 떨어진 채 가능한 한 관심을 끌지 않으려는 태도였다. 다른 나이 많은 수컷의 발정 여부와 관계없이 그들 앞에서 행동할 때는 분명 이런 고분고분한 모습을 볼 수 없었다.

이틀이 지나자 물웅덩이에서 오지의 모습을 다시 볼 수 있었다. 이번에는 발정 상태를 누그러뜨린 채였다. 예전처럼 으스대지도 않았고 지나친 공격성을 드러내지도 않았다. 그래서 나는 그를 좀처럼 알아보지 못했다. 오지는 젊은 수컷 코끼리 켈리와 함께 있었다. 그는 아무런 소동도 벌이지 않았고 조용한 기색이었다. 빈터로 미끄러지듯 슬그머니 들어오는 그의 뺨에는 짙은 색이 조금 남아 있었는데, 그것이 유일하게 알아볼 수 있는 발정의 흔적이었다.

위풍당당한 스모키는 그저 고개를 쳐들고 오지를 근엄하게 바라보기만 했는데, 오지의 테스토스테론 분비는 줄어들기 시작했다. 그는 결국 항복했다. 오지가 다른 수컷들을 겁먹게 하고 지배하기 위해서는 워낙 강한 상대인 스모키가 어디에 있는지 치밀하게 계산해야 했을 것이다. 하지만 두 코끼리가 직접 대면함으로써 상황은 한순간에 뒤바뀌었다. 연구팀의 자원봉사자는 "오지는 스모키에게 스카치위스키 한잔 받아 마실 가치조차 없다"라며 농담을 던지기도 했다.

코끼리 세계에서도 폭군을 따르는 이는 아무도 없었다. 권력자의 성격이 통치의 특징을 결정지었다. 수컷 코끼리 사회를 연구하면서 알게 된 사실이다. 스모키는 결코 거들먹거리면서 힘을 과시하지 않았다. 그렇게 할 필요가 있었는데도 그는 단 한 번도 그러지 않았다. 그래서 그런지 수컷 암컷 가리지 않고 코끼리들은 모두 그를 매우 존경했다.

가장 강한 권력을 가졌던 '그레그'라는 코끼리도 스모키와 비슷했다. 그는 어떻게 당근과 채찍을 분배할지 잘 알고 있었다. 온몸을 문지르며 관심을 나눠주거나 엄니로 찌르면서 벌을 주는 일 사이에서 멋지게 균형을 잡았다. 그는 어린 코끼리들이 그를 껴안도록 내버려 두었고 심지어 그의 엄니를 빨아도 가만히 있었다. 반면, 불량배 코끼리들은 엄하게 대했다. 서열상 중하위에 위치한 불량배 코끼리들에게는 엄격했지만, 그들을 무리에서 내쫓지는 않았다. 그들 역시 무리에 남아 있고 싶어 하는 듯했다.

우리는 그레그의 통치 방식을 6년 동안 연구했다. 그는 15마리가 함께 몰려다니는 코끼리 집단을 홀로 지탱하면서 사회적 접착제 역할을 했다. 그레그는 대부분 무언 의례를 통해 코끼리 집단을 통치했다. 그러나 결국 코에 상처를 입고 난 뒤로 거동이 불편해졌다. 코에 커다란 구멍이 뚫려 물을 마시면 절반이 흘러나올 지경이었다. 다음 해에는 건강을 회복하고 무리에서도 가장 높은 자리를 되찾았지만, 그 후로 무샤라에서 그를 다시 볼 수는 없었다.

몇 년이 지난 지금은 그레그에게 닥칠 최악의 상황을 예상할 수밖에 없다. 위대한 통치자의 부재는 도처에서 계속 느껴진다. 이제는 중하위 서열이었던 불량배 코끼리들의 서열이 높아지면서 그레그처럼 부드러운 행동을 보여준다. 그나마 웃음을 불러일으키는 지점이다.

나이 많은 수컷은 코끼리 집단에 필요한 통제력을 십분 발휘한다. 오지가 힘을 잃은 사례가 이 사실을 완벽하게 증명한다. 스모키는 서열이 낮은 코끼리가 날뛰며 말썽을 부릴 때 호르몬으로 그를 억눌렀다. 그의 능력은 호르몬이 얼마나 강한 영향력을 가지는지 보여준다. 어떤 집단에서든 호르몬은 영향력을 발휘한다.

이전에는 남아프리카의 공원에 코끼리가 살지 않았지만 그곳에 몇 차례 코끼리를 들여왔다. 나이 많은 수컷이 없는 공원에 젊은 수컷 코끼리들이 들어온 경우, 야생에 있을 때보다 이른 시기에 호르몬이 발정 상태로 분비되었다. 이들은 특히 코뿔소를 대할 때도 아무렇게나 공격적으로 행동했다. 이들의 비정상적인 행동을 억제하기 위해 나이 많은 코끼리들을 들여오자 젊은 수컷들은 발정 상태에서 벗어났다. 단지 나이 많은 수컷이 같은 공간에 있다는 사실만으로도 훨씬 순해졌다.

나는 무리를 지배하는 수컷 야생 코끼리들 사이의 공격성과 호르몬의 역할을 연구하면서 그 사실을 한 번 더 확인할 수 있었다. 젊은 수컷들은 비가 많이 내리는 해에 테스토스테론 수치가 올라가 공격적으로 변했다. 물을 마실 곳이 여러 군데로 늘어나 굳이 나이 많은 수컷들 가까이에 가지 않아도 되었기 때문이다. 그러나 비가 많이 오지 않은 해에는 물을 마실 수 있는 곳이 얼마 없기에 나이 많은 수컷들과 물리적으로 가까워질 수밖에 없었다. 그래서 젊은 수컷들의 공격성은 한층 약해졌다.

인간의 호르몬 상태도 끊임없이 주변 사람들의 영향을 받는다. 우리가 알아채지 못하는 사이에 벌어지는 일이다. 예를 들어, 같은 대학 기숙사에 사는 여성들은 순전히 가깝게 지내고 있다는 이유만으로 금세 생리 주기가 같아진다.

사회적 동물은 자주 호르몬 주기가 같아지고 같은 시기에 새끼를 낳는다. 새끼를 정성껏 돌보는 동물의 경우 특히 그렇다. 한 마리에서 수 마리에 이르는 동물들이 새끼들을 한꺼번에 돌보면 집단의 이익이 커진다. 펭귄, 홍학 등의 동물 집단에서는 부모들이 동료에게 새끼를 맡긴 뒤 먹이를 찾으러 다닌다. 영양을 비롯한 다른 포유동물들은 비숫한 시기에 새끼를 낳아 집단 전체의 보호를 받도록 한다. 그러면 부모가 각자 새끼의 먹이를 찾으러 다닐 필요가 없어진다. 사자를 포함한 육식동물들도 비슷한 시기에 새끼를 낳아 공동 양육을 한다. 유목생활을 하던 초창기 인류도 같은 시기에 출산해 집단에게 이익을 안겨주었다. 사람들이 새로 태어난 연약한 아기를 함께 돌본다면 수렵 활동이나 계절 변화로 인한 집단의 부담을 최소화할 수 있다.

다른 사람의 호르몬이 나에게 영향을 끼친다는 개념은 낯설다. 하지만 롤모델이 삶에 미치는 영향력은 쉽게 이해할 수 있다. 아이들에게는 롤모델이 필요하다. 청소년 시기에 삶의 목표를 잘 세우기 위해서는 긍정적인 영향을 줄 수 있는 부모나 멘토가 꼭 필요하기 때문에, 곁에 가까이 있는 사람의 중요성을 과소평가해서는 안 된다. 가정이나 학교, 심지어 스포츠팀에서 롤모델을 찾아가서 만나고 대화를 나누어야 한다. 청소년과 성인 사이에 다리를 놓아줄 의례는 그만큼 중요하다. 유대교의 성년식인 바르와 바트 미츠바가 이런 통과의례의 예다.

표정과 몸짓으로 마음을 전달하기

무언 의례는 그저 서열이 높은 이들의 지위를 드러내기만 하면 되는 것이 아니다. 개인은 말 한마디 없이 표정을 지음으로써 사람들과 상호작용하고, 집단을 단결시키고, 사회적 관계를 유지한다. 표정은 아주 강력한 신호다.

우리가 하얀 이를 드러내며 활짝 웃는 것조차 아주 오래된 무언
의례다. 미소의 역사가 그렇게 오래되었다고 누가 생각했겠는가? 미
소를 짓는 일은 정말 중요한 의례다. 진화 과정을 거치는 동안 미소는
대대로 후손에게 전해졌고, 많은 영장류 동물들도 비슷한 의례를 행
한다. 오랫동안 연구자들은 침팬지가 무언가를 보고 두려움을 느껴서
웃는 듯한 모습을 보인다고 생각했다. 그런데 최근 연구에 따르면, 사
실 침팬지가 웃음을 짓는 상황은 우리가 웃을 때와 똑같다. 예를 들어
간지럼을 태우면 새끼 침팬지도 사람의 아기와 똑같이 웃는다. 웃는
의례는 인류와 침팬지의 공통 선조에서 비롯되었다. 웃음은 힘을 북
돋우고 마음을 달랠 뿐만 아니라 집단을 단결시키고 유대감을 증폭시
킨다. 최근 연구는 소리를 내어 웃거나 미소를 짓는 행위가 건강에 좋
다는 사실을 밝혀냈다. 둘 다 전염되기 쉬운 행동이다.

가만히 바라보는 행동 역시 중요한 의례다. 부모와 아이가 서로
의 눈을 지그시 바라보면 이들의 뇌에서 옥시토신이 분비되어 따뜻하
고 편안한 기분에 휩싸인다. 연인끼리 혹은 사람과 반려견이 서로를
바라볼 때도 같은 반응이 나타난다.

누군가의 눈을 가만히 바라보면 그의 마음 상태를 알 수 있다. 누
군가의 마음 상태를 헤아리는 능력을 '마음 이론'이라고 부른다. 인간
은 걸음마를 배울 무렵부터 다른 사람의 마음을 살피는 능력을 계발한
다. 연구자들은 고릴라에게도 이런 능력이 있다는 사실을 입증했다.
고릴라는 상대의 몸짓과 시선을 조합해 어떤 의도인지 알아낸다. 침

위 수컷 코끼리 스모키가 발정한 상태다. 자신의 상태를 알리려는 의도로 일부러 과하게 행동한다. 눈 옆 측두샘에서 냄새 나는 체액을 분비하고 오줌을 뚝뚝 떨어뜨리기도 한다.

아래 침팬지는 '놀이 얼굴'로 알려진 우는 표정을 보일 때가 있다. 장난으로 몸싸움을 벌이고 간지럼을 태우면서 이런 표정을 짓는데, 인간의 웃음과 비슷해 보인다.

팬지, 보노보, 오랑우탄 역시 이런 능력을 가지고 있다.

가만히 바라보기와 몸짓의 중요성을 확인할 수 있는 사례가 바로 수화다. 수화에서는 두 가지 의례를 활용해 의사소통 방식을 구성한다. 수화는 청각장애인을 위해서만 존재하지 않는다. 아직 말을 배우지 못한 아기들도 수화를 사용한다. 그리고 어떤 동물 종이 다른 종과 의사소통을 할 때도 수화를 사용한다.

애틀란타 동물원에서 오랑우탄과 고릴라를 만난 것은 큰 행운이었다. 『야생의 세계로 가는 다리』(Bridge to the Wild)라는 책을 집필하는 중이었다. 동물의 지능을 연구하는 애틀랜타 여키스 국립 영장류 동물 연구소의 유인원 가운데 몇몇은 자기 생각을 표현하는 법을 배웠다. 담요를 달라고 요구하는 등 자신의 기본적인 욕구를 전달하는 능력이 있었는데, 이 장면을 목격한 나는 충격을 받았다. 게다가 동물들은 다른 종끼리(인간과 오랑우탄) 몸짓을 통해 감정을 전달하는 등 훨씬 고차원적인 의사소통을 할 수 있다는 사실도 깨달았다.

나는 아침에 수의사 한 명과 함께 동물원을 돌아보는 중에 그곳에서 맨 처음 수화를 배운 오랑우탄 '찬텍'을 만났다. 그는 보르네오 오랑우탄과 수마트라 오랑우탄 사이에서 태어난 잡종이었다. 채터누가 테네시 대학의 인류학자 린 마일스 박사가 찬텍을 기르면서 수화를 가르쳤다. 내가 찬텍을 만났을 때 그는 서른여섯 살이었다.

수줍어하는 찬텍은 수화를 이용해 사육사에게서 받은 담요로 몸을 감쌌다. 내가 수의사와 사육사에게 찬텍이 어떻게 살아왔는지 물어보는 내내 그는 나를 조심스럽게 바라보았다.

나는 찬텍이 인간처럼 자라왔다는 사실을 알게 되었다. 연구자들은 그에게 인간처럼 생각을 표현하는 법을 가르치면 그의 인지 능력을 파악하기가 수월해질 거라고 기대했다. 훈련이 9년 정도 지속되자 찬텍은 일고여덟 살 아이 정도의 언어 능력을 갖추게 되었다. 채터누가 테네시 대학 캠퍼스에서 살 때는 아이스크림 가게 데어리퀸까지 운전해서 가는 길을 가르쳐주는 것으로 유명했다. 찬텍은 언제나 햄버거를 좋아했고 아이스크림도 좋아했다. 오랜 보호자이자 수화 선생님인 린과 함께 여러 해를 보내자 찬텍의 몸집은 너무 비대해졌다. 대학 당국은 찬텍을 캠퍼스에 둘 수 없다고 판단해 그가 태어난 여키스 연구소로 돌려보냈다. 그는 아주 좁은 방에서 지내야 했다. 예전에는 상당히 자유롭게 생활하면서 인간과 친밀한 관계를 맺었기 때문에, 찬텍에게 그곳은 적응하기 어려운 환경이었다. 갇혀 지내는 삶은 그에게 무척 가혹했다.

바뀐 상황은 찬텍과 린 모두를 힘들게 했다. 훗날 린은 그 상황이 얼마나 힘들었는지 내게 이야기해주었다. 그는 인간처럼 양육된 유인원이 살 만한 시설이 없다는 사실에 마음 아파했다. 이런 영장류 동물은 성장하고 나서 어느 시점이 되면 개방적인 시설에서 지내는 것이 위험했다. 하지만 이들을 어떻게 다루어야 할지에 관한 장기적인 계획이 없었으니 끝이 좋을 수가 없었다.

린이 새로운 거처로 옮긴 찬텍을 찾아갔을 때, 찬텍은 제정신이 아닌 것처럼 무척 혼란스러워 보였다. 린이 찬텍에게 어떻게 지내냐고 물어보자 찬텍은 수화로 "아프다"라고 대답했다. 어디가 아프냐는

린의 물음이 이어졌고, 찬텍은 "마음이 아프다"라는 대답을 했다. 찬 텍은 그곳에서 탈출해 린과 함께 집으로 가고 싶다는 뜻을 전했다. 린 은 복잡한 상황이어서 그렇게 할 수 없다고 설명하려 애썼다. 그러자 찬텍은 린이 몰래 문을 열어주면 누가 자신을 탈출시켰는지 아무도 모 르지 않겠느냐고 수화로 되물었다.

찬텍은 수화를 이용해 감정을 표현하는 방법을 배웠지만 그가 있 는 곳에서는 원하는 대로 의사소통하거나 몸을 움직일 수 없었고, 그 가 애착을 느끼는 사람은 그와 함께 있지 않았다. 그는 극도로 좌절감 을 느끼며 더욱 혼란스러워했고 자신이 함정에 빠졌다고 느꼈다. 불 행히도 그는 린이 자주 방문하지 못한 11년 동안 계속 이런 환경에서 지내야만 했다. 체념한 그는 위험할 정도로 살이 많이 쪘다.

이야기를 들으면서 나는 가슴이 아팠다. 결국 애틀랜타 동물원이 그를 받아들이기로 했다는 대목에서 그나마 안심이 되었다. 그곳의 환 경은 훨씬 나았고 사람들과의 관계도 원만했다. 무엇보다 오랫동안 그 를 돌봐온 보호자들은 린과 함께 그를 보러 더 자주 찾아왔다. 동물원 직원들은 찬텍이 인간처럼 양육되었다는 점을 염두에 두며 그를 관리 했다. 이들은 그와 친밀하게 지내면서 그가 무엇을 원하는지 세심하게 살폈다. 찬텍은 그곳에서 장신구 만들기와 그림 그리기를 즐겼다.

찬텍이 어릴 때 린은 다른 오랑우탄을 볼 수 있도록 그를 동물원 에 데려간 적이 있었다. 찬텍은 자신을 오랑우탄이라고 생각하지 않 고 다른 오랑우탄들을 '주황색 개'라고 불렀다. 그는 자신이 절반은 인 간이라고 여기며 스스로를 '오랑우탄 사람'이라고 불렀다. 그가 자라온 과정이 어땠는지 생각하면 충분히 이해가 간다.

찬텍은 애틀랜타 동물원에서 다른 오랑우탄들과 친구가 되었다. 그런데 그 후 자신은 다른 오랑우탄과 달리 사육사와 의사소통할 수 있는 특별한 능력을 갖췄다는 사실을 깨달았다. 그는 사육사와 소통하는 능력을 활용해 다른 오랑우탄들에게 수의사의 치료를 받을 때 해야 할 일들을 알려주면서 안심시켰다. 오랑우탄은 진화 과정 중 1,200만~1,600만 년 전쯤 인간과 분리되었는데도, 찬텍이 능숙하게 의사소통하고 감정을 표현하는 것을 보면 인간과 거의 차이가 없는 것 같다.

많은 유인원이 수화를 통해 높은 감정 지능을 보여준다. 특별한 사례로, 야생에서 태어나 고릴라 재단에서 성장한 '마이클'이라는 고릴라는 600가지가 넘는 수화를 배웠다. 처음으로 수화를 배운 고릴라인 코코가 연구자들과 함께 마이클을 가르쳤다. 마이클은 수화로 밀렵꾼에게 죽은 어미에 대한 기억을 전달했다. 그러면서 '짓누르다', '고기', '고릴라', '입', '이빨', '울다', '날카로운 소리', '시끄럽다', '나쁜 생각', '괴로운 눈길', '얼굴', '자르다', '목', '구멍'과 같은 표현을 사용했다. 마이클이 수화로 끔찍한 이야기를 전하는 모습은 〈코코플릭스 Kokoflix〉 유튜브 채널에서 볼 수 있는데, 지켜보고 있자면 정말 숙연해진다. 나는 인간과 동물이 수화를 이용해 대화하는 모습을 보고 엄청나게 감동받았다. 우리는 수화와 몸짓을 이용해 인간과 가장 가까운 유인원의 인지 능력과 감정 지능을 이해할 기회를 얻는다. 수화와 몸짓은 코끼리 같이 다른 똑똑한 동물들과 의사소통하는 데도 확실히 도움을 준다.

몇 년 동안 동물원 코끼리들을 관찰할 때 나는 여러 가지 어휘와 몸짓언어를 이해하도록 그들을 훈련할 수 있다는 사실을 알게 되었다. 훈련사는 코끼리들과 말로 의사소통했다. 발바닥의 갈라진 부분을 살펴보게 발을 들어 올리라거나, 이빨의 고름을 확인하게 입을 벌리라는 요구 등을 전달했다. 한때 나는 오클랜드 동물원에서 '도나'라는 이름의 코끼리를 연구했다. 도나는 발바닥의 감각을 통해 얼마나 진동을 잘 알아차리는지 민감도를 알아내는 훈련을 했는데, 훈련사는 도나가 진동을 느낄 때마다 목표물을 만지게 했다. 그 과정은 코끼리가 활용할 수 있도록 만든 몸짓언어로 개념을 전달하고 이해시키는 훈련이었다. 그래서 진동을 구별하는 능력에 관한 실험이 끝나자 코끼리가 장기 기억력이 있는지, 지능은 얼마나 높은지에 대해 질문을 던지지 않을 수 없었다. 나는 인간과 코끼리가 함께 의사소통할 몸짓언어의 토대를 만들기 시작했다.

"코끼리는 절대 잊지 않는다"라는 속담이 있다. 코끼리가 어떤 사람이나 다른 코끼리와 예전에 오랫동안 가깝게 지낸 적이 있다면, 그는 반드시 이들을 기억한다. 이런 코끼리에 관한 일화는 수없이 많다. 또한 코끼리는 세대에서 세대로 전해지는 이동 경로를 기억한다. 건기가 끝날 때쯤 코끼리들은 신선한 음식과 물을 얻기 위해 비가 오는 곳을 찾아 수백 킬로미터를 이동한다. 이때 이들이 걸어가는 길은 항상 똑같다. 매번 좋아하는 과일나무 앞을 똑같이 지나간다. 코끼리 가족의 우두머리가 구체적인 이동 경로나 물과 음식을 얻을 수 있는 곳에 관한 지식을 모든 어른 암컷 코끼리들에게 전달한다. 코끼리들이 이런 것들을 기억하기 위해 어떻게 장기 기억을 활용하는지는 아직 정확하게 밝혀지지 않았다. 내가 도나를 연구할 때만 해도 코끼리가 과거의 일을 기억해내거나 미래를 계획한다는 사실을 보여주는 연구는 전혀 없었다.

　나에게는 질문의 답을 찾기 위해 확인할 사항이 있었다. 도나가 머릿속으로 어떤 물건을 상상할 수 있는지 그리고 그것을 기억할 수 있는지 알아보고 싶었다. 나는 먼저 바나나 사진을 알아보도록 도나를 가르쳤다. 그다음 도나의 훈련사인 콜린 킨즐리가 도나에게 진짜 바나나를 선물했다. 나와 다른 두 사람이 하나씩 내민 카드 중에서 한 장을 선택하게 했다. 두 장은 사진이 없는 흰색 카드였고, 세 번째 카드에는 밝은 노란색의 바나나 사진이 있었다.

　코끼리는 시각보다 청각과 후각을 먼저 사용하는 동물이었기에, 초반에는 촉각보다 시각을 이용해야 하는 과제가 더 어렵다는 사실이 금방 확실해졌다. 그러나 바나나를 많이 대접받은 후 도나는 과제의 의미를 확실히 이해했다. 실제 바나나를 선물로 받자 도나는 아무런 어려움 없이 사진을 알아보고 선택했다.

　갈 길은 멀었지만 코끼리의 장기 기억이 작동하는 과정을 이해하기 위한 황홀한 첫걸음이었다. 코끼리가 실제 물건을 마음속으로 상상할 수 있다는 사실을 확인한 것이다. 코끼리는 자신이 볼 수 없는 것에 대한 그림을 머릿속으로 그렸고, 우리는 그 사실에 한 걸음 다가갔다. 이것은 도나의 내면을 이해하고 기본적인 몸짓언어를 가르친다는 궁극적인 목표를 향한 시작이기도 했다. 인간이 코끼리의 내면을 이해할 수 있다면 아프리카의 밀렵 문제를 직접 목격하고 나서 코끼리의 삶을 더 잘 이해할 수 있을 것이다. 궁극적으로는 이들의 행복에 우리가 어떤 영향을 주는지 알 수 있다. 수화를 이용해 유인원의 감정을 조금이나마 잘 이해할 수 있었으니 코끼리처럼 똑똑한 다른 사회적 동물의 감정도 이해할 수 있지 않을까?

반려동물과 인간은 일상생활에서 몸짓언어를 주고받으며 강력한 유대감을 나눈다. 몸짓언어를 사용하면 의사소통이 더 수월하며 서로 더 깊이 이해할 수 있다. 나의 반려견인 '프로도'는 나의 몸짓과 여러 가지 말을 이해한다. '걷자', '간식', '바닷가', '저녁'이라는 단어를 들을 때마다 프로도는 흥분한다. '목욕'이라는 단어는 그닥 좋아하지 않는다.

프로도 또한 나에게 자신의 신호를 많이 가르쳐주었다. 밖으로 나가고 싶을 때는 앞발로 유리 미닫이문을 긁는다. 담요를 다시 덮고 싶으면 한밤중에 머리를 흔들어 귀로 나를 친다. 그러면 나는 잠에서 깨어나 다시 담요를 덮어준다. 화장실 물이 욕조로 역류해 더러운 물이 거실로 흘러넘칠 때와 같이 문제가 생긴 경우에는 아주 높은 소리로 빠르게 짖어서 상황을 알린다. 상황에 맞춰 시의적절한 의사소통 방식을 구사하는 것이다. 개의 몸짓언어를 개발하면 개가 엄청나게 감정 지능이 높다는 사실이 확연히 드러날 것이다.

'체이서'라는 이름을 가진 보더 콜리는 1,000가지가 넘는 단어를 배웠다. 체이서의 경우를 보면 개에게 말을 구별하는 능력이 있는 것 같다. 우리는 개가 미묘한 몸짓언어를 읽는 데 탁월하다는 사실을 이미 알고 있다. 최근에 동료가 키우고 있는 고양이와 청각 장애견 '블루'가 몸짓언어를 사용하도록 훈련받는다고 한다. 바로 우리 집에서 인간과 동물의 더 깊은 의사소통이 일어날 가능성이 높아졌다.

거짓 없이 마음을 풀어주는 의례

인간은 데이트를 하거나 배우자를 선택할 때 무의식적으로 무언 의례를 많이 활용한다. 사회과학자 샌디 펜틀랜드는 의식하지 않은 정직한 신호에 관한 책을 몇 권 썼다. 이런 책에서는 상대가 신호를 어떻게 여기는지도 다룬다. 펜틀랜드는 '사회적 신호 처리Social Signal Processing'라고 부르는 측정법으로 말과 몸짓언어를 측정해 몸짓언어를 해석하는 방법을 개발했다.

펜틀랜드는 즉석 만남 자리에 이 방법을 적용해 상호작용의 결과를 측정했다. 즉석 만남은 독신인 남성과 여성이 돌아가면서 잠깐씩 이야기를 나누는 자리였다. 그는 성공적인 것처럼 보이는 만남을 머리를 끄덕이면서 동시에 팔을 움직이는 '빈틈없이 연출된 춤'이라고 묘사했다. 반면, 분위기가 그닥 좋지 않은 실패한 만남에서는 사람들이 동시에 움직이지 않았고 어색한 침묵이 흐를 때가 많았다. 다시 만날 가능성이 적은 이들이었다.

연구에서는 사람들에게 즉석 만남을 하는 동안 사람들이 얼마나 움직이는지 감지하는 도구를 붙여 모든 행동을 포착했다. 펜틀랜드는 대화와 몸짓을 주고받는 방식, 타이밍과 에너지, 대화의 변동성 등을 고려했다. 연구 결과는 정직한 신호의 조건 네 가지를 보여주었다. 이 조건은 한 사람이 다른 사람에게 미치는 영향력이 얼마나 큰지를 포함한다.

대화는 어색하게 중단되지 않고 일관성이 있어야 하고, 두 사람이 비슷한 정도로 움직여야 하며, 서로의 행동을 따라 해야 한다. 이 조건들 역시 중요한 신호다. 이런 긍정적이고 정직한 신호가 바로 관계를 맺기 위한 의례다. 무언 의례를 관찰하는 것은 상대방과 관계를 맺는 데 도움이 된다. 이런 의례를 되풀이할수록 관계가 단단해진다. 만남을 거듭하는 동안 두 사람의 유대감은 점점 더 자라난다.

즉석 만남 실험에서는 또 다른 흥미로운 요소가 있었다. 남성들은 자신에게 관심이 있다는 몸짓을 보여주는 여성에게만 다시 만나자고 요청했다. 이들은 맞은편에 앉은 여성의 무의식적인 몸짓언어를 읽어냈고, 여성이 전달하는 정직한 신호를 파악했다. 그 결과 이들은 어떤 여성이 자신에게 관심이 있는지 알 수 있었다.

정직한 신호는 미묘하고 무의식적인 방식으로 전달되어 감지하기가 몹시 어려울 때도 있다. 얼굴과 머리를 만지거나 상대방을 냉정하게 대하지 않고 조금 더 개방적인 자세로 대하는 방식으로 신호를 보낼 때도 있기 때문이다. 다른 사람이 이야기할 때 누군가는 가만히 앉아서 아무 반응도 보이지 않지만, 누군가는 고개를 끄덕이면서 열심히 듣고 있다. 그저 가만히 바라보거나 웃기만 해도 용기를 줄 수 있고, 반대로 실망하게 할 수도 있다.

무언 의례 가운데 춤은 구애를 하거나 인간관계를 맺을 때 중요한 역할을 하지만 다른 의미도 가진다. 춤의 진동은 우리 몸에 커다란 영향을 끼친다. 많은 경우에 춤꾼들이 안무와 상관없이 내적인 신체 리듬에 몸을 맡기고 무아지경에 빠진 채 춤을 춘다. 인류의 역사가 시작된 이래로 인간은 내내 춤추는 의례를 행해왔다. 전 세계의 몇몇 종교에서 춤 의례는 중요한 요소다.

아프리카 무속 신앙에서는 영적인 의식을 치르는 동안 무아지경에 빠져 춤을 추는 것이 오랜 관행이었다. 이때 리드미컬하게 치는 북소리에 맞춰 춤을 추면서 마음 상태를 변화시킨다. 고대 그리스에서는 디오니소스 신을 따르는 사람들도 무아지경 속에서 춤을 추었다. 가브리엘 로스는 1970년대에 무아지경의 움직임을 현대무용에 접목했고, 오늘날의 클럽 문화에서도 이 춤을 볼 수 있다. 간단한 자세가 우리 몸의 호르몬 분비에 영향을 주듯이, 몸을 심하게 떨면서 불규칙하게 움직이는 행동은 우리의 심리 상태에 비슷한 영향을 준다. 놀랄일이 아닌 당연한 일이다.

털이나 머리카락을 손질하는 행동처럼 촉각을 자극하는 몸짓은 무언 의례로서 깊은 의미가 있다. 털 뭉치 속 벌레를 서로 잡아주는 영장류 동물이든, 아이의 머리를 빗겨주는 엄마든 모두 유대감을 높이는 옥시토신 호르몬 분비가 늘어나고 신뢰 관계가 두터워진다. 또한 꼭 껴안고 피부를 맞대면 내분비기관인 부신이 스트레스 호르몬인 코르티솔 생산을 중단하라고 신호를 보내고, 면역 반응이 활발하게 일어나도록 해 우리의 건강 상태를 향상시킨다. 피부끼리 접촉하면 기분이 좋아지고 우울증을 막아주는 세로토닌과 도파민이 분비된다. 서로 껴안으면 스트레스가 줄어들고 혈압이 낮아져 긴장이 풀리며 숙면에도 도움이 된다. 자주 껴안는 부부일수록 두 사람의 관계가 더 건강하고 끈끈하다. 새로 태어난 아기에게는 포옹이 너무나도 중요하기 때문에 많은 소아과 병동에서 자원봉사자가 아기를 안아주는 프로그램을 운영하기도 한다.

껴안기, 가만히 바라보기, 노래하기, 힘을 과시하는 자세 취하기, 가까이 가기, 수화와 같은 무언 의례는 모든 사회적 동물의 삶에서 굉장히 중요한 역할을 맡고 있다. 서열이 가장 낮은 늑대 라코타는 무리 안에서 충돌을 일으키지 않으려고 애원하는 태도를 보여주는데, 이 태도는 평화를 유지한다. 몸짓언어를 잘 알아차리면 공적인 자리나 사적인 자리에서 만난 사람들과 원만한 관계를 맺을 수 있다. 거리에서 어깨와 머리를 높이 쳐들고 당당하게 걸으면서 지나가는 사람들에게 웃음을 짓는다고 상상해보자. 무언 의례는 모든 사람의 삶을 풍요롭게 만든다.

7장
놀이로 배우는 생존 기술

✦

놀이 의례

Play Rituals

"우리는 늙어서 놀지 못하는 게 아니다.

놀지 못해서 늙는다."

_조지 버나드 쇼

사자 가족의 아침 놀이

나미비아 사막의 해가 발갛게 떠오르는 어느 겨울날이었다. 서늘한 새벽녘에 나는 쿵쿵거리며 모래를 부드럽게 밟는 발소리에 잠이 깼다. 멀리 빈터 끝에서 희미하게 웅얼거리는 소리가 들렸다. 나는 우리 연구팀의 탑 꼭대기 층에 쳐진 텐트 안에 누워 있었다. 물웅덩이로부터 6미터 상공에 있는 곳이었다. 내 귀에 들리는 소리의 정체를 알아내려고 신경을 곤두세웠다. 횃대같이 생긴 이 자리는 매년 여름 돌아오는 연구 기간에 그랬던 것처럼 지난 두 달 동안 내 집이 되어주었다. 물웅덩이를 중심으로 숲의 가장자리까지 모든 방향으로 180여 미터씩 뻗어나간 곳이 한눈에 내려다보였다.

소리는 이른 아침의 고요한 공기 속을 잘 파고든다. 조용한 발소리와 쿵쿵거리는 소리가 뒤섞여 들리더니 뒤이어 쿵쿵 걷는 소리와 전속력으로 뒤쫓고, 맞붙고, 으르렁거리고, 장난치는 소리가 들렸다. 부드러운 울음소리, 짧은 신음, 구구거리는 듯한 소리가 점점 가까워졌다. 나는 잠에서 완전히 깼다. 무샤라에서 이런 소리를 낼 수 있는 생명체는 딱 하나였다. 이곳에 사는 암사자 '파이디아'와 새끼 사자들이 물웅덩이로 와서 언제나처럼 한바탕 활기차고 신나게 놀고 있었다.

나는 최대한 소리를 내지 않으려고 애쓰면서 침낭에서 몸을 돌려 쌍안경을 잡아당겼다. 다행히 텐트 문을 언제나 열어놓고 있어서 조용히 머리만 들면 밤새 어느 때고 이런 순간을 지켜볼 수 있었다. 아무리 추워도 텐트의 지퍼 문을 열어둔 채 잤다. 지퍼를 올리거나 벨크로를 떼는 소리는 놀랍도록 멀리 퍼지는 데다, 은하수와 남십자성을 방해받지 않고 지켜보고 싶어서였다. 지구에서 이곳처럼 주변 빛의 방해를 받지 않을 수 있는 곳은 좀처럼 드물었다.

이제 엎드린 채 침낭 밖으로 내놓은 손과 코가 슬슬 차가운 참이었지만, 아래에서 무슨 일이 벌어지는지 훑어보았다. 어슴푸레한 이른 아침 파이디아와 다섯 마리의 새끼를 알아볼 수 있었다. 이들을 본 지 일주일이 지났던 터라 다시 볼 수 있어서 정말 기뻤다. 남편과 나는 괜찮은 사진을 얻을 수 있을 만큼 바깥이 환해졌을 때 사진을 찍고 싶었다. 파이디아는 조심스러운 어미 사자여서 새벽이 지나면 새끼들을 물웅덩이에 오래 머물게 하지 않았다. 그래서 줄곧 아주 흐릿한 사진만 간신히 얻을 수 있었다.

그런데 이날 아침에 파이디아는 고맙게도 보통 때보다 조금 더 오래 머물러주었다. 연구 기간이 끝나갈 무렵이어서 우리 존재에 익숙해진 모양이었다. 우리가 물웅덩이 근처에 자리 잡아도 그리 불편해하는 기색은 아니었다. 나는 플리스 모자를 뒤로 젖히고 새벽을 가로지르는 찰나의 순간을 사진에 담기 위해 바로 내 옆에 놓아둔 무거운 카메라를 움켜쥐었다.

새끼 중 세 마리는 우리가 근접 촬영할 때 사용하는 콘크리트 참호 바로 옆에서 즐겁게 놀고 있었다. 물웅덩이에서 20미터 정도 떨어진 곳이었다. 두 마리는 콘크리트 구조물에 기댄 채 아늑한 둥지라도 되는 듯이 코끼리의 마른 똥 더미 속에 파묻혔다. 두 마리가 따뜻한 햇살을 느긋하게 즐기고 있을 때 세 번째 새끼 사자가 커다란 앞발을 참호 위에서 아래로 늘어뜨려 그들의 머리를 찰싹찰싹 때렸다. 하늘에서 갑자기 앞발이 뚝 떨어져 깜짝 놀란 사자 두 마리는 곧바로 도망쳤다.

형제들의 반응에 신이 난 세 번째 새끼 사자는 한 술 더 뜬 계획을 세웠다. 형제들이 계속 햇볕을 쐬려고 똥으로 둘러싸인 둥지로 돌아온 지 몇 분이 흐른 뒤였다. 셋째는 최대한 몸을 납작하게 땅에 붙이고 살금살금 참호 위를 가로질러 다시 형제들에게로 몰래 다가갔다. 잡힐까 봐 꼬리 끝을 좌우로 흔들었다. 그다음 한 형제의 등에 날아가듯 올라타서 엉덩이 근처의 등뼈를 물어뜯는 척했다.

두 마리가 쫓고 쫓기면서 코끼리 똥과 모래가 이리저리 날아다녔다. 공격당한 새끼 사자는 격렬하게 몸을 흔들어 곧장 일어서고는 자신을 공격한 형제를 뒤쫓았다. 간격이 좁아지자 뒤쫓던 새끼 사자가 앞발을 뻗어 형제의 뒷다리를 낚아채 넘어뜨렸다. 그들은 함께 뒹굴고, 번갈아 가며 상대를 꼼짝 못하게 붙잡고, 서로 머리와 목을 물면서 장난쳤다.

한바탕 장난을 벌인 다음에는 몸을 뒤틀고, 찰싹 때리고, 꼬리를 잡고, 발을 걸고, 서로 부딪쳤다. 시간이 갈수록 장난은 더 심해졌다. 파이디아와 다른 형제들도 놀이에 참여했다. 파이디아는 몇 번 더 장난을 치며 놀다가 갑자기 얕은 물웅덩이로 뛰어들었다. 그러고는 얼음장같이 차가운 물에 네 다리를 담그고 섰다. 새끼들에게도 물에 들어오라고 손짓하는 듯했다. 가장 용기 있는 새끼가 다가오자마자 파이디아는 곧장 발톱을 내밀면서 이빨을 드러냈다. 새끼 사자는 엉덩이를 한 대 얻어맞고 물에서 뛰쳐나왔다. 다른 새끼 사자들은 놀란 마음과 궁금한 마음을 반반씩 안고 꼬리를 빳빳하게 세운 채 안전한 거리에서 지켜보았다.

파이디아는 다시 선 채로 기다렸다. 다른 새끼 사자가 다가갔다가 조금 전과 똑같이 혼이 났다. 이번에는 더 심하게 혼나는 바람에 새끼 사자는 온몸이 진흙투성이가 된 채 혼란스러워했다. 사자들도 필요할 때는 강을 건너기도 하지만(사자들이 먹잇감을 쫓아 얕은 물웅덩이나 강으로 뛰어드는 모습을 많이 보았다), 호랑이와 달리 수영을 잘하지는 못하기 때문에 물을 피해야 한다. 파이디아가 장난을 치면서 물에 들어가는 것이 얼마나 위험한지 새끼들에게 가르치려는 것처럼 보였다. 국립공원의 경계선이 가까이 있었기에 경계를 넘어설 때 얼마나 위험한 일이 벌어지는지 전반적으로 가르쳤을 수도 있다.

아프리카에는 자연 상태의 서식지가 줄어들고 물을 구하기 힘든 곳이 많아졌다. 어린 수사자들은 이제 막 탐험을 시작하면서 자신의 영역을 만들려는 참이었지만 그곳에서 살아남기는 더 어려워졌다. 게다가 이들은 더 크고 위험한 수컷들과 안전한 거리를 유지하려고 노력해야 한다. 우리는 나이 많은 수사자들이 어린 수사자들을 물가에서 몰아내거나 암컷 곁에 오지 못하게 하는 광경을 여러 번 지켜봤다. 나이 많은 수사자는 이들을 죽일 듯이 내몰았다. 어쩔 수 없이 몇몇 어린 수사자는 공원의 경계선을 뛰어넘어 목장에 들어갔다가 끔찍한 최후를 맞았다.

파이디아가 가르치려던 것이 무엇인지는 정확히 알 수 없지만, 그날 아침 파이디아는 분명 새끼들에게 무엇인가를 가르치겠다는 생각으로 놀이를 했다. 놀이는 먹이를 구하는 것만큼 생존에 꼭 필요한 활동이 아닌 것처럼 보일 수도 있다. 하지만 놀이에 에너지를 쏟는 일은 사실 새끼의 '육체적·사회적 발달'을 돕고 생존하는 데 아주 중요한 역할을 한다. 말의 경우에도 놀이를 하면 생존율이 높아졌다. 어미 말이 망아지와 놀아주면 망아지의 성별과 관계없이 훈련을 더 잘 할 수 있었다.

지난 15년간 나는 파이디아의 어미인 암사자 '밥테일'이 새끼를 키우는 것을 지켜보았다. 그녀는 새끼들에게 잘 놀도록 부추겼다. 이제는 파이디아가 엄마가 되어 자신의 새끼들에게 똑같이 가르치고 있었다. 그날 아침도 새끼들은 놀면서 교훈을 얻었다. 파이디아는 놀이를 이용해 새끼들이 자기방어 본능을 갈고닦도록 도왔다.

나는 이들의 놀이에서 깊은 인상을 받았다. 새끼 사자들이 놀면서 취하는 모든 행동과 자세가 어른이 되어서 필요한 기술과 일치했기 때문이다. 몸집이 큰 수사자와 마주쳐 죽을 위기에 처했을 때 이들은 어릴 적 놀이를 할 때와 마찬가지로 도망치면서 자기방어 전략을 사용할 것이다. 영양과 같은 먹이를 잡아서 죽일 때는, 형제의 발을 걸어 넘어뜨리거나 달려가서 덮치고 등뼈나 목을 물면서 장난쳤던 행동을 응용할 것이다. 새끼 사자들이 좋아하는 장난인 식도를 무는 행동은 어른이 된 사자들이 먹이를 질식시켜 죽이는 방식과 일치한다.

놀이의 중요한 목적 중 하나는 사냥 연습이다. 놀이는 본래 일상적인 행동을 과장하거나 의례처럼 만든 것으로, 사냥, 짝짓기 경쟁, 포식자 피하기처럼 성장한 후에 생존하기 위해 꼭 필요한 기술을 완벽하게 연습하는 자리다. 그러나 놀이가 이루어지는 환경은 실전과 다르게 특별히 보호받는다. 실제로는 위험하지 않지만 일부러 놀라게 하는 등 다양한 방법으로 실전처럼 훈련받는다.

같이 놀자는 말의 진정한 의미

놀이는 다양한 방법으로 분류할 수 있다. 대부분의 인간과 동물은 사회적인 놀이, 몸을 움직이는 놀이, 물건을 가지고 노는 놀이에 참여한다. 물건을 가지고 다른 사람들과 함께 역할 놀이를 하면서 몸싸움을 벌이거나 쫓고 쫓기는 시늉을 하는 등 세 가지 놀이가 모두 섞이는 경우도 많다. 규칙이 확실하게 정해진 게임은 진정한 놀이가 아니라고 주장하는 학자들도 있다. 규칙에 얽매이면 즉흥적인 행동이나 자유로 운 표현을 하는 데 제약이 있기 때문이다.

그러나 보드게임 상자 뒷면에 쓰여 있는 것 같은 복잡한 규칙은 아니더라도, 모든 놀이에는 일정한 행동 규칙과 의례적인 몸짓이 따라야 한다. 코끼리가 같이 놀자고 보내는 신호를 예로 들어보자. 젊은 수컷 코끼리가 머리 위로 코를 높이 들어 올리고 다른 코끼리에게 다가가 같이 놀자고 요청한다. 청소년기 수컷 코끼리들은 또래의 친척 수컷이나 다른 가족의 젊은 수컷과 겨루는 행동을 한다. 이들은 겨루는 놀이를 통해 성적으로 성숙했을 때 어떻게 자신의 힘을 이용해 싸울지 배우고 짝을 얻기 위해 경쟁하는 법을 습득한다.

저돌적인 수송아지는 어미 곁에서 멀리 떨어져 먼 친척과 겨루기를 시작할 수도 있다. 싸움이 너무 심각한 상태로 치달으면 재빨리 어미 소에게 달려가 보호해달라고 요청한다. 아예 울부짖으면서 어미에게 달려가기도 한다. 아주 어린 송아지들이 신호를 보내고 노는 방식은 그저 옹기종기 모이거나 진흙탕에서 씨름하는 것이다. 공식적인 초대는 필요 없다. 때때로 좀 더 성숙한 암컷 송아지가 어린 송아지들이 너무 흥분하지 않도록 감독할 뿐이다.

개들은 보통 앞발을 벌리고 머리를 아래로 깊이 숙이면서 놀자고 말한다. 큰절하는 자세는 서로 아무런 피해도 주지 말고 그저 놀기만 하자는 초대의 의미다. 개는 이런 행동으로 상대방의 신뢰를 얻는다. 그러나 나쁜 의도를 지니고 공격적으로 행동하면 신뢰는 깨지고 놀이도 끝난다. 늑대 무리에서는 보통 우두머리가 개가 큰절하듯 절을 하

파이디아가 새끼들과 놀이를 시작한다. 어미 사자는 놀이를 이용해 새끼들을 가르친다. 새끼 사자는 발을 걸고, 찰싹 때리고, 뒤쫓고, 목과 등뼈를 무는 놀이를 좋아한다. 이런 놀이는 이들이 성장해 사냥에 나설 때 필요한 운동 기술과 민첩성을 길러준다.

코끼리들은 놀면서 많은 시간을 보낸다. 아주 어릴 때부터 놀자고 초대하는 의례를 배운다. 같이 놀고 싶을 때는 친구의 머리 위로 코를 뻗는다. 개들이 절을 하듯이 몸을 낮춰 같이 놀자는 뜻을 전하는 의례와 비슷하다.

며 놀자고 요청한다. 놀이는 무리 안의 긴장감을 줄이기 때문에 절과 같은 놀이 시작 신호의 역할은 중요하다.

동물들은 놀이를 하면서 위험한 상황을 시험한다. 이들의 목표는 반드시 이기는 것이 아니라, 꼭 필요한 기술을 훈련하고 발달시키는 것이다. 놀이에서는 일부러 느긋하게 움직이면서 예상치 못한 상황을 조성하거나 자신에게 불리한 상황을 만들기도 한다. 서로 역할을 바꿔가며 주도권을 잡는 순간이 있는가 하면 스스로 불리해지는 때도 있다. 그러면 모두가 자신의 힘과 운동 능력을 시험할 수 있게 된다. 놀이를 하는 동안 동물들은 위태로운 상황에서도 주도권을 쥐고, 공격하고, 방어할 수 있다. 연구자들은 역할을 바꿔가며 탐구하는 놀이는 균형을 잃었다가도 되찾는 등 자유자재로 움직이는 데 도움이 된다고 말한다.

달리기, 걷기, 점프하기, 덮치기 등 움직이는 놀이는 평생의 운동 능력을 길러준다. 인간은 싸움 놀이를 하면서 안전한 환경에서 우리의 힘과 민첩성이 어느 정도인지 시험할 수 있다. 나는 아프리카에서 동물들이 매일 움직이면서 노는 모습을 많이 본다. 청소년 얼룩말들은 둘씩 짝을 지어 물고, 발길질하고, 울음소리를 주고받으며 겨룬다. 사실 이 놀이는 암컷들을 보호하기 위해 싸워야 할 때를 대비한 연습이다.

기린들은 '네킹Necking'이라는 행동을 통해 싸움 놀이를 한다. 네킹은 목을 서로 감싼 다음 뿔 같은 골축을 상대의 옆구리에 들이박는 행동이다. 목을 천천히 친밀하게 감싸는 것은 짝짓기 성공에 결정적 역할을 한다. 이들은 놀이를 하면서 중요한 구애 의례를 행하는 방법도 배울 수 있다.

수컷 쥐들의 놀이는 여러 가지 목적이 뒤섞여 있다. 이들은 짝짓기 경쟁을 대비하는 한편, 목을 살짝 무는 구애 의도가 섞인 방식으로 놀이를 한다. 인간도 가끔 장난스럽고 자극적인 겨루기를 하는 것처럼 구애하기도 한다.

코끼리들의 장난스러운 겨루기는 인간의 팔씨름과 비슷하다. 코끼리의 겨루기가 더 정교해지고 강력해지면 인간의 무술이나 싸움에 가까워진다. 전투에 필요한 기술을 익히는 훈련이나 말을 탄 채 창을 들고 싸우는 전쟁과 비슷하다. 싸움 놀이를 하면 신체 기능이 좋아지고 반사 반응을 잘하게 된다. 그리고 재미로 하는 행동과 위협하는 행동 사이의 경계를 시험할 수 있다. 넘지 말아야 할 경계선이 어디쯤 존재하는지, 상대의 몸짓언어를 어떻게 파악하는지를 배운다.

놀이는 적은 비용으로 위험을 감수하지 않고 새로운 것을 배울 수 있는 좋은 방법이다. 지금 당장 도움이 되고 장기적으로도 유익하다. 놀이는 특히 개인적으로 성장하고 서로 신뢰를 쌓는 데 도움이 되는 의례다. 그러나 모두가 놀이 시간이나 놀이 수단을 너너하게 확보하는 것은 아니다. 인간과 동물 모두 청소년기에 놀이를 가장 많이 즐긴다. 보통 그 시기에 놀이 수단을 가장 많이 가질 수 있고 충분히 보호받을 수 있기 때문이다. 그런데 어른이 되면 스트레스와 책임감이 우리를 짓누르기 시작한다. 생계를 유지하고 가족을 부양해야 하기 때문에 놀이를 많이 하지 못한다.

동물들도 스트레스를 받거나 먹을 것이 충분하지 않거나 환경이 안전하지 않으면 잘 놀지 않는다. 이는 궁극적으로 동물들이 살아남지 못하는 원인이 될 수도 있다. 놀이는 그저 재미있게 시간을 보내는 수단이 아니라 그 이상을 넘어 훨씬 더 큰 의미를 지니는 것이다. 놀이는 우리가 혁신을 일으키고 탐구하도록 자극한다. 때로는 위험을 무릅쓰도록 유도하고, 유연한 사고방식으로 문제를 해결하게 한다. 나이가 많든 적든 놀이를 하려는 태도를 항상 지녀야 한다. 우리는 놀이를 통해 살아가는 데 필요한 기술과 자질을 개발할 수 있기 때문이다.

놀지 않으면 살아남지 못한다

호모에렉투스 이야기를 조심스럽게 꺼내보자. 우리는 호모에렉투스가 놀기 위해 얼마나 노력했는지 알 수 없다. 하지만 더 많이 놀기를 즐겼다면 생존할 수 있었을지도 모른다. 호모에렉투스는 '최소한의 노력만 하는 전략'을 선택했다. 연구자들에 따르면, 호모에렉투스는 위험을 무릅쓰며 혁신하는 데 노력을 쏟지 않아 멸종하기 쉬웠을 것이다. 구석기시대에 호모에렉투스는 다른 도구를 만들거나 먹을거리를 모으는 일처럼 당장 해야 할 일이 있었다. 일을 맞닥뜨릴 때마다 적당한 도구들을 이용했다. 더 좋은 재료를 얻기 위해 산에 올라갔다면 더 뛰어난 도구들을 만들 수도 있었을 것이다. 그러나 그런 노력이 너무 힘들어 보여서 쉽게 구할 수 있거나 산에서 저절로 굴러 떨어진 것이라면 무엇이든 사용했다. 한편 초기 호모사피엔스와 네안데르탈인은 도구로 사용하기 좋은 돌을 찾아 직접 산으로 올라갔고, 그 돌들을 멀리 운반했다. 이들의 작업은 증거로 남아 있다. 탐색과 노력 덕분에 그들은 변화하는 환경에서 새롭게 등장하는 고난에 미리 대처할 수 있었다.

환경이 사막으로 바뀌었을 때 호모에렉투스는 적응하지 못했다. 그들이 도구를 발전시켰다는 증거는 하나도 남아 있지 않다. 연구자들은 그들이 게으르고 혁신 정신이 부족해서 멸종하게 되었다고 설명한다.

놀이는 위험을 감수하는 생존 기술을 익히게 한다. 이를 입증하는 간단한 연구 결과가 있다. 연구자들은 사막에서 생활하는 나미비아의 힘바족 사회가 위험한 상황에서 어떻게 행동하는지 서구 사회와 비교했다. 실험에 참여하는 사람들에게 간단한 규칙을 알려주고 컴퓨터 화면에 나타나는 사각형들을 찾도록 안내했다. 사각형이 나타날 때마다 클릭하면 천천히 실적이 쌓여서 결국 목표를 달성하는 방식이었다. 그런데 가끔 사각형 대신 삼각형이 나타났다. 이런 삼각형에 대해서는 아무런 설명도 하지 않았지만, 삼각형을 클릭하면 곧바로 목표를 이룰 수 있었다.

최소한의 자원으로 변화무쌍한 환경에서 살아가는 힘바족은 불확실성에 익숙했다. 이들은 사각형 대신 삼각형을 클릭하며 틀에서 벗어난 행동을 취할 확률이 높았다. 하지만 서구 사회에서 살아가는 사람은 그렇지 않았다. 아마도 혁신하면서 적응해나갈 필요가 없는 더 안락한 환경에서 살기 때문일 것이다.

놀이를 하면 두뇌 회전이 빨라지면서 전체적인 뇌 건강이 좋아진다는 사실이 확인되었다. 나이가 많든 적든, 인간이든 동물이든 누구에게나 마찬가지였다. 한 연구에서는 생쥐들이 생활하는 두 곳 중 한 곳에만 쳇바퀴를 넣어주었다. 한 달도 되지 않아 쳇바퀴가 있는 곳에서 생활하던 나이 많은 생쥐는 나가는 길을 빨리 기억해 미로를 빠져나왔다. 쳇바퀴가 없는 곳에서 생활하던 나이 많은 생쥐보다 더 빨랐다. 몸을 움직이는 놀이가 학습 능력을 발달시켰고 유연하게 생각하는 능력을 높였다. 스스로 운동과 비슷한 놀이를 하던 생쥐들의 뇌를 검사하니 새로운 환경에 적응하는 능력과 더 효과적으로 신호를 보내는 능력이 향상된 것을 확인할 수 있었다. 이외에도 달리기를 시키면 새로운 신경세포가 성장해 뇌가 건강해졌다. 다시 말해, 늙은 개나 쥐에게도 새로운 장난을 가르칠 수 있다는 사실이 밝혀졌다.

또 다른 연구에서는 새끼 쥐 두 그룹 중 한 그룹만 자유롭게 놀 수 있게 내버려 두었다. 이들이 어른이 되자 놀지 못하게 통제된 쥐들은 다른 그룹의 쥐들만큼 유연하고 순발력 있는 반응을 보이지 못했다. 잘 놀지 못하면 새로운 경험에 대처하는 능력이 부족해지고 어려움이 닥칠 때 성공적으로 헤쳐 나가기 어려워진다.

자유롭게 논다는 것

심리학자들은 인간의 놀이와 인지 발달이 직접적으로 관련 있다는 사실을 증명했다. 둘 사이의 관련성은 특히 우리가 어릴 때 두드러지게 나타난다. 놀이의 역할은 언어 발달 면에서 특히 중요하다. 놀이와 관련된 모든 행동은 언어 발달에 도움이 된다. 아이들은 또래와 함께 놀 때 이야기를 상상해 지어낸다. 소꿉놀이나 의사놀이를 하는 동안 아이들은 물건에 이름을 붙이고, 머릿속에 그린 내용을 분명하게 설명하고, 친구와 협상도 한다. 흥미롭게도 아이들은 어른과 소통할 때보다 또래 친구와 이야기할 때 더 다양하고 복잡한 언어를 사용한다. 아이들은 거리낌 없이 놀 때 비로소 자신만의 언어와 생각을 활용해 더 많은 것을 탐구하고 실험한다.

부모가 놀이에 참여하면 아이들은 부모와 같은 어른들과 돈독한 유대 관계를 맺는 법을 배운다. 어른이 노는 모습을 지켜보면 부모가 허용하는 행동의 범위가 어디까지인지 알게 된다. 아이들은 도덕을 익히고 상상력을 발전시킨다. 한편, 놀이 치료는 무언가에 중독된 사람과 그 자녀에게 중요한 치유 수단이다. 그들에게 에너지를 안전하게 발산할 수 있는 배출구를 제공해 힘과 자신감을 다시금 얻게 한다.

놀이를 절대 과소평가해서는 안 된다. 밝혀진 바에 따르면, 어린 시절에 충분히 놀지 못하면 신경세포가 비정상적으로 발달하는 반면에, 놀이를 하면 ADHD(주의력결핍과잉행동장애) 증세가 약해졌다. 어린 아이와 어른 모두 놀이 치료를 통해 안전한 공간에서 창의력과 자의식을 탐구하면서 정신 건강을 개선할 수 있다.

앨리슨 곱닉은 자신의 논문 「놀이를 위한 변명」(*In Defense of Play*)에서 우리가 인지 기능을 개선하려는 목적으로 놀이를 하지는 않는다고 말한다. 우리는 재미있어서 논다. 놀이를 통해 친구를 사귀면서 사회적 관계를 맺는다. 사회적 유대감이 강해지면 더 건강하고 행복하게 살 수 있다. 곱닉과 다른 학자들은 체계가 없는 놀이야말로 가장 유익하다고 믿는다. 놀이를 하면 창의력이 높아지고 사회적 관계를 맺을 가능성이 높아지는데, 아이들이 너무 바빠서 '자유 시간'이 부족해지면 놀이의 혜택을 누리지 못하게 된다. 비디오게임과 소셜 미디어를 통해서도 이런 혜택을 누릴 수 있다. 아이들은 비디오게임을 함께 할 때 유대감을 강하게 느낀다. 그래서 어떤 연구자들은 비디오게임이 긍정적인 놀이 방식이 될 수도 있다고 주장한다. 하지만 다른 연구자들은 비디오게임은 중독성이 강하기 때문에 사회화를 방해하고 개인을 고립시킨다고 반박한다.

본질적인 의미에서 놀이가 무엇인지, 재미있게 노는 것이 어떤 것인지 생각해볼 때마다 애틀랜타 동물원에서 만났던 '헨리'라는 네 살짜리 고릴라가 떠오른다. 헨리의 어미는 '쿠치'였는데, 사육사들은 쿠치를 새끼에게 지나치게 간섭하는 '헬리콥터 맘'이라고 불렀다. 쿠치는 지나친 애착심으로 헨리를 과보호했다. 쿠치는 헨리가 또래와 놀거나 활동하면서 유대 관계를 맺을 기회를 빼앗고 있었다.

쿠치가 '헬리콥터 맘'이라는 별명을 얻은 이유는 그들을 보자마자 알아차릴 수 있었다. 일반인의 출입이 금지된 구역으로 들어갔을 때 어른 암컷 고릴라가 몸집이 아주 큰 수컷에게 젖을 먹이고 있었다. 나는 그 모습을 보고 깜짝 놀랐다. 헨리는 아직 어른이 되지는 않았지만 젖을 먹기에는 분명 너무 컸다. 그런데도 쿠치는 헨리를 떼놓지 못했다.

쿠치는 헨리의 다리를 꼭 붙들고 아무 데도 가지 못하게 했다. 헨리는 쿠치에게 붙잡힌 채 놀지도 못하고, 탐험할 기회도 얻지 못하고, 다른 고릴라들과 소통도 하지 못했다. 쿠치의 태도는 헨리가 건강하게 성장하는 데 큰 방해가 되었다.

운 좋게도 나는 헨리가 헬리콥터 맘의 족쇄에서 어렵사리 벗어나는 장면을 목격할 수 있었다. 헨리는 우리 안을 한차례 빙 돌면서 재주넘기를 했다. 분명 누구든 자신과 함께 놀아주기를 바라는 몸짓이었지만 불행히도 아무도 그러지 않았다. 그런데도 헨리는 그저 신이 나서 계속 재주를 넘었고, 우리 안을 가로질러 달리며 사육사들이 '기타 연주 흉내 내기'라고 부르는 행동을 시작했다. 마침내 헨리는 제멋대로 행동하면서 재미있게 놀 수 있었다.

바보짓을 받아들이는 것 또한 놀이의 일부다. 바보짓은 아이들이 당장 그만두어야 할 시시한 행동이 아니다. 바보짓은 사실 적응하는 데 유리한 행동이다. 틀에서 벗어나 넓게 생각할 기회를 주고 일상을 뒤흔든다. 관습에 얽매이지 않고 상황을 있는 그대로 바라보게 한다. 우리가 어른이 되어서도 삶이 구석구석을 놀이로 채운다면 계속해서 자신을 혁신하고, 기술을 발전시키고, 관계를 확장해나갈 수 있다. 색칠 놀이 책부터 슬라임, 만지작거리는 장난감, 미니어처 정원을 만드는 모래 상자 등의 놀이는 스트레스를 해소시킨다. 그래서 많은 기업들이 단체 게임, 역할극, 수련회를 통해 직원들의 공동체 의식과 혁신 정신을 키워주려고 노력한다.

인간의 놀이, 스포츠

현대의 체계적인 스포츠는 또 다른 방식의 놀이다. 대부분의 스포츠는 전통문화에서 비롯되었는데, 그중 경쟁적인 게임에서 착안한 것이 많다. 아이스하키, 라크로스, 축구, 야구, 컬링 등은 예부터 전해 내려온 장난스럽고 격식에 얽매이지 않는 게임에서 시작되었다. 이 스포츠들은 오늘날 지역과 국가를 넘어 국제적인 경기가 되었다.

비록 오늘날의 스포츠는 엄격한 규칙을 따르지만, 스포츠의 체계는 처음에 놀이에서 시작되었다. 스포츠는 놀이와 마찬가지로 많은 장점을 지니고 있다. 스포츠를 체험하는 개인들은 유대감을 느끼면서 서로 동지애를 쌓는다. 또한 각자 익힌 신체적인 기술을 통해 자신의 기량을 드러낼 수 있는 중요한 기회다. 안전한 장소에서 싸우는 방법과 충돌을 피하는 방법을 배울 수도 있다.

1883년, 프랑스의 피에르 드 쿠베르탱 남작은 영국의 럭비 스쿨을 방문했다. 그는 영국의 힘은 체계적인 스포츠를 통해 얻은 도덕적인 힘과 사회적인 저력에서 나온다고 믿었다. 그때는 프로이센-프랑스 전쟁에서 프랑스가 패배한 지 10여 년이 지났을 때였다. 쿠베르탱 남작은 체계적인 스포츠를 통해 동지애를 다지고 신뢰를 쌓으면 프랑스도 좋은 군인을 양성할 수 있을 것이라고 믿었다.

두 가지 동기에 영감을 받은 쿠베르탱 남작은 올림픽대회라는 개념을 다시 제안했다. 올림픽은 원래 그리스 올림피아에서 기원전 8세기부터 기원후 4세기까지 열렸다. 1896년 그리스에서 열린 첫 번째 근대 올림픽대회에서는 전쟁을 벌였던 나라들을 불러 모아 동맹을 구축하게 했다.

국제 스포츠 대회는 각 국가의 자부심을 북돋았다. 특히 갈가리 찢어졌던 미국이 다시 하나가 되는 계기를 만들었다. 미국의 전체 역사를 통틀어 가장 심하게 분열된 시기인 1980년, 미국 뉴욕주 레이크 플래시드에서 동계올림픽이 열렸는데, 미국의 남자 하키 팀이 메달 결정전에서 소련 팀을 이겼다. 나는 그때 벌어진 '빙판 위의 기적'을 뚜렷하게 기억한다. 아버지는 대학에서 러시아어를 전공한 뒤 미국 공군에 복무하면서 1950년대 냉전 시대에는 메인주의 외딴 전초기지에 주둔했다. 당시 미국은 러시아가 언제든지 침략할 수도 있다고 생각했기에 러시아어에 능숙한 아버지의 역할이 중요했다. 미국 팀이 러시아를 이기고 그다음 핀란드를 물리치고 올림픽 금메달을 따내는 순간 아버지는 감격의 눈물을 흘렸다. 아버지를 지켜보는 동안 우리 형제들이 더욱 감동했던 것 같다.

미국의 자부심은 이 경기 하나로 엄청나게 높아졌다. 이 경기는 베트남전쟁 후에도 계속 균열되었던 미국을 하나로 만들어주었다. 미국의 스포츠 주간지 『스포츠 일러스트레이티드』는 그 경기를 '20세기 스포츠에서 최고의 순간'이라고 불렀다. 이 경기에서 진 소련은 큰 충격을 받았고, 몇몇 러시아 선수가 훗날 미국으로 망명했다. 소련이 무너진 다음에는 더 많은 선수가 북미 아이스하키 리그NHL에 합류했다. 이 역사적인 경기는 훗날 〈빙판 위의 기적〉(Miracle on Ice)이라는 제목의 텔레비전 영화로 그려졌다.

스포츠는 국가의 자부심을 높이는 동시에 치유의 순간을 만들어 낼 수 있다. 1994년 6월 14일, 남아프리카공화국 럭비 대표 팀은 뉴질랜드의 럭비 대표 팀과 경기를 벌였다. 남아프리카공화국에서 인종차별 정책이 사라진 후 처음으로 열린 국가 대표 팀 경기였다. 넬슨 만델라 대통령은 "정부보다 스포츠가 인종 사이의 장벽을 더 쉽게 무너뜨릴 수 있다"라고 말하면서 스포츠를 높이 평가했다. 남편과 나는 나미비아에서 친구들과 함께 그 경기를 지켜보았다. 에토샤 국립공원 바로 남쪽에서 야생동물 농장을 운영하는 친구는 우리가 바비큐를 즐기면서 럭비 경기를 시청하도록 배려해주었다. 역사적인 경기였던 터라 우리는 눈에 띄게 흥분했다. 우리는 모두가 영원히 남을 순간을 지켜보고 있다는 사실을 알았다. 넬슨 만델라 대통령이 통합에 대한 비전을 제시했기 때문이다. 경기가 끝나자 만델라 대통령은 대표 팀의 럭비 셔츠를 입고 스포츠 모자를 쓴 채 우승컵을 남아프리카공화국 럭비 대표 팀에게 건네주었다. 이 행동은 인종차별 정책이 사라진 후 다른 어떤 행사보다 남아프리카공화국의 긴장을 완화시켰다.

우리에게는 놀이가 필요하다

이제 우리가 얻을 수 있는 교훈을 이야기해보자. 놀이는 결코 단순히 놀이에만 그치지 않는다. 놀이는 인간에게 중요하다. 진화론적인 증거와 심리학적인 증거가 이를 증명한다. 인간은 환경에 대단히 적응을 잘하고 혁신적이며 사회적인 특성을 지니는데, 이 특성들은 모두 놀이에 뿌리를 두고 있다. 놀이는 개인에게만 도움이 되는 게 아니라 사회 전체에도 도움이 된다. 그러니 매일같이 놀 시간과 기회를 확보하는 일을 중요하게 여겨야 한다.

물론 일도 중요하고 저녁 식사 준비도 중요하다. 아무리 생각해도 다른 중요한 과제들과 의무들이 우리 시간을 빈틈없이 꽉 채우는 것 같다. 하지만 놀이를 포기해야 할 만큼 중요한 일은 없다. 반려동물이나 좋아하는 사람들과 함께 노는 일보다 더 중요한 일은 없다. 놀이는 건강한 상태를 유지시키고 관계를 개선한다. 어린아이든 어른이든 놀이를 통해 삶에서 만나는 문제를 헤쳐 나가는 기술을 발전시킨다. 코로나바이러스가 전 세계로 퍼졌던 2020년, 남편과 나는 온라인 게임을 어느 때보다도 많이 했다. 온라인에서 만난 친구들과 다 같이 게임을 하면서 어려운 시기에 겪어야 했던 엄청난 스트레스를 이겨낼 수 있었다.

하버드 대학의 장기 연구 프로젝트에 따르면, 우리는 80세에 얼마나 건강하고 행복할지를 미리 예측할 수 있다. 그 조건은 바로 부자가 되거나 직업적으로 성공하는 것이 아니라, 50세에 맺었던 인간관계다. 중년의 인간관계는 훨씬 일찍부터 시작된다. 우정은 놀이를 통해 처음 형성되고 더 견고해질 수 있다.

어른들은 자신이 '너무 늙어서' 놀이를 할 수 없다고 생각한다. 특히 어릴 때 즐겼던 체계가 없는 놀이를 더는 즐기지 않는다. 즉흥적이고, 결과를 알 수 없고, 탐험을 즐기고, 위험 속으로 걸어 들어가고, 삶을 혁신할 수 있는 놀이를 하지 않는다. 운동이나 체계적인 스포츠는 훌륭하다. 하지만 바보 같고 즉흥적이고 꾸며낸 놀이도 얼마나 유익한지 알아야 한다. 그런 놀이는 삶의 질을 높이는 기술을 가르쳐준다. 이 사실을 절대 잊지 말아야 한다.

그날 아침 무샤라 물웅덩이에 나타나 놀이 의례가 인생의 교훈을 선사한다는 사실을 일깨워준 파이디아(그리스 신화에 등장하는 놀이의 여신 이름을 따서 이름 붙였다)에게 고마워진다. 파이디아가 새끼들과 함께 놀이를 시작하는 모습을 지켜보면서 (그리고 새끼들과 똑같이 놀이에 완전히 빠져드는 모습을 보면서) 깨달은 사실이 있다. 놀이에 에너지를 쏟는 일은 우리가 건강과 행복을 위해 하는 다른 많은 일만큼 중요하다는 것이다. 우리 사회의 목표는 사람들이 일상에서 체계 없는 놀이를 가능한 한 많이 즐기는 것이 되어야 한다. 우리의 생존은 얼마나 잘 노느냐에 달려 있다.

8장
함께 애도하면서 치유하기

◆

애도 의례

Grieving Rituals

"슬픔과 절망의 건너편에서 나는 너를 맞이한다.
내 사랑은 산산이 부서진 조각으로 너무 넓게 퍼져 있어서
어딜 가든 너에게 닿는다."

_레너드 코헨

슬퍼하는 동물들의 마음

얼룩말 가족 몇 마리가 연구진 가까이에서 거의 온종일 옹기종기 서 있었다. 이들은 무샤라 물웅덩이의 야영지 뒤편에 모여 있었다. 연구진 가까이에서 어슬렁거리는 야생동물은 보통 서열이 낮은 코뿔소밖에 없었다. 우리는 애정을 담아 그 코뿔소에게 '스크래치'라는 별명을 붙여주었다. 내가 좋아하는 수컷 코끼리들 몇몇은 우리가 오가는 모습을 지켜보는 일을 좋아했다. 특히 '윌리넬슨'이라고 이름 붙인 코끼리가 그랬다.

얼룩말 가족은 다음 날 아침까지 꼼짝 않고 그 자리에 있었다. 나는 조금 이상하다고 생각했다. 그러나 물웅덩이를 찾는 얼룩말은 하루에 수백 마리에 달했고, 작은 무리가 뒤에 남아 있는 일은 흔히 일어났다. 얼룩말 가족 중 한 마리가 갑자기 쓰러진 다음에야 문제가 생겼다는 사실을 깨달았다.

얼룩말이 누워서 잘 때는 완전히 죽은 것처럼 보인다. 얼룩말은 잠이 들기 위해 죽어서 몸이 뻣뻣해지기 시작한 것처럼 네 다리를 곧게 뻗는다. 우리는 비포장 모랫길을 운전해 야영지로 돌아가다가 잠든 얼룩말들을 여럿 만난 적이 있다. 나무토막처럼 뻣뻣하게 굳은 채 길 한복판에 누워 있던 이들을 피해 길에서 벗어나 천천히 돌아가야 했다. 결국 깜짝 놀라 잠이 깬 얼룩말들은 벌떡 일어나 꼬리를 흔들고 머리를 끄덕이며 도망치곤 했다. 죽다 살아난 일이 아무렇지도 않은 듯했다.

이번에는 달랐다. 얼룩말이 쓰러지자마자 가족 모두 머리를 숙인 채 꼼짝 못 하고 누워 있는 얼룩말을 바라보았다. 낮잠을 자는 게 아니라는 사실을 아는 듯했다. 나는 이들이 그때까지 그곳에 머무른 이유를 금방 알아차렸다. 아픈 가족을 두고 떠나고 싶지 않아서였다.

나이 많은 암컷 한 마리가 이따금 죽은 얼룩말의 가죽에 코를 비벼댄 후 발을 굴렀고, 다른 암컷은 앞발로 땅을 긁었다. 다른 몇몇 얼룩말들은 머리를 위아래로 흔들었다. 하지만 쓰러진 얼룩말은 아무런 반응도 하지 않았다. 이미 숨을 거둔 뒤였다.

가족이 죽었을 때 말이 어떻게 행동하는지에 관해서는 알려진 바가 거의 없다. 희귀하게도 포르투갈 북부의 가라노 조랑말 무리를 연구한 결과가 있다. 어미가 치명상을 입은 새끼 옆을 온종일 지키면서 코를 비벼대고, 울음소리를 내고, 상처를 핥으면서 다시 무리로 끌어들이려고 애썼다. 처음에는 가족 모두가 죽어가는 수망아지에 관심을 가졌지만, 마지막에는 어미만 곁에 남아 있었다. 그곳에 이베리아 늑대가 살고 있었기 때문에 무방비 상태로 홀로 남아 있는 어미는 전혀 안전하지 않았다. 가족 중 수말 두 마리가 어미를 데려오려고 끈질기게 노력한 끝에 결국 어미는 가족에게 돌아갔다. 어미는 가족들과 함께 있으면서 다른 암말들과 강한 유대감을 느꼈을 것이다.

말을 안락사시켰던 수의사들은 말들이 애도와 비슷한 행동을 한다고 종종 말한다. 수의사들은 안락사한 친구에 대한 말의 반응을 연구했다. 그들은 친구를 잃은 말들이 혼자 지내고 잘 먹지도 않고 불안한 모습을 보일 뿐만 아니라, 죽은 친구 곁을 떠나지 않으려 한다고 설명했다.

얼룩말 가족은 자신들이 사랑했던 얼룩말의 사체 곁을 떠나지 않으려고 했다. 모든 사회적인 포유동물에게 쓰러진 가족을 남겨두고 이동하기로 결정하는 것은 어려운 일이다. 나는 그 모습을 지켜보면서 그것이 얼마나 고통스러울지 생각했다. 죽음과 죽음학은 전통적으로 사람에게만 초점을 맞춰왔다. 죽음학은 죽음과 관련된 심리적·사회적 문제를 연구하는 학문이다. 지금 이 학문의 범위는 몇몇 벌레, 새, 특히 원숭이와 유인원 등 사회적인 포유동물을 포함해 점점 넓혀가고 있다. 사회적 동물에 관한 연구들은 가까운 사이였던 동물이 죽었을 때 슬퍼하면서 사체를 옮기고, 옆에서 돌보고, 땅에 묻고, 애도하는 모든 행동의 이유에 초점을 맞춘다.

애도하며 다른 이의 죽음을 맞이하는 방식

애도하는 행동에는 육체적이고도 심리적인 커다란 대가가 따른다. 죽은 동물 옆에 홀로 남아 애도하면 포식자에게 잡아먹히기 쉬워지고 스트레스를 많이 받아 전체적으로 건강이 나빠지기 때문이다. 그렇다면 왜 동물들은 죽은 동물을 애도하도록 진화했을까? B. J. 킹은 『동물은 어떻게 슬퍼하는가』(서해문집, 2022)에서 애도 기간에 혼자 지내면서 충분히 쉴 수 있기 때문이라고 설명한다. 이런 이유로 우리는 곰곰이 생각할 여유를 가지거나 감정을 다스리기 위해 혼자 있는 시간을 가져야 한다.

사회적 동물들은 죽음에 다양한 방식으로 반응한다. 처음에는 사체를 검사하고 처리한다. 사체를 다루는 행동은 뇌에 새긴 채 태어나 굳이 배우지 않아도 이미 체화되어 있다. 감정이 아닌 현실적인 문제와 관련되어 있으며, 죽은 동물의 호흡과 체온, 심장 박동 등을 점검한다. 정말 죽었는지 확실하게 확인하려는 의도다. 어떤 동물들은 냄새를 맡거나 사체의 가죽을 핥으면서 생사 여부를 확인한다. 그런 다음 사체를 다른 곳에 옮기거나 묻는다. 인간의 매장에 관한 최초의 기록에서는 전염병을 옮길까 봐 걱정된다면 사체를 멀리 치우는 편이 낫다고 제안하는 부분이 있다.

인류학자들은 애도와 사체를 처리하는 행동을 구분한다. 애도는 공통의 정신적 고통이나 깊은 슬픔을 공유하는 조금 더 높은 수준의 행동으로, 흔히 '장례'라고도 불린다. 슬픔을 표현하는 행위는 더 오랜 시간 이어지는 경향이 있다. 반면, 시체를 처리하는 행동은 비교적 현실적이다. 연구자들은 "죽음에 대한 동물의 반응을 애도로 여길 수 있는가?"라는 질문에 대해 판단할 수 있는 두 가지 기준을 제시했다.

첫 번째 기준은 동물들이 "가족이나 친구를 잃은 후 두어 마리가 함께 시간을 보내려고 하는가?"다. 동물들이 함께 시간을 보내는 데 아무런 목적이 없는지에 관한 것이다. 먹이를 먹거나 짝짓기하는 등 생존을 위한 목적으로 같이 있는 것은 포함되지 않는다. 두 번째 기준은 "죽은 동물 주위에 있던 한두 마리의 일상적인 행동이 바뀌었는가?"다. 죽은 동물과 사이가 가까웠던 동물들은 잘 먹지도 못하고 잠을 제대로 자시도 못한다. 수술하거나 불안한 마음을 내포한 자세나 몸짓을 보일 수도 있다.

침팬지는 인간처럼 애도한다고(침팬지의 뇌는 슬픔 등 여러 감정과 관련해 인간의 뇌와 비슷하게 반응한다) 여겨지는 동물이다. 자신과 아무런 관계가 없더라도 죽은 침팬지를 보면 불안하거나 침울해했다. 침팬지들은 죽음을 인식하고 있었다. 이들은 가족이 죽었을 때 인간과 비슷한 반응을 보이기도 한다.

사별로 인한 병리학적 반응을 장기적으로 연구한 결과, 침팬지뿐만 아니라 몇몇 동물들의 깊은 슬픔은 극단적인 행동으로 나타나기도 했다. 곰베에서 침팬지를 연구한 제인 구달은 '플린트'라는 침팬지를 태어날 때부터 죽을 때까지 관찰했다. 플린트는 어미이자 암컷 우두머리인 '플로'에게 지나치게 의존했다. 플로가 늙어서 죽자 플린트는 가족과 떨어진 채 어미의 사체 근처에서만 서성거리다가 한 달도 지나지 않아 잇따라 죽었다.

야생 차크마개코원숭이 암컷도 가족을 잃었을 때 슬퍼한다. 연구를 진행하는 동안 차크마개코원숭이 가족 중 한 마리가 포식자에게 죽임을 당하는 일이 생겼다. 그러자 나머지 암컷들의 스트레스 수치가 엄청나게 높아졌다. 원숭이들의 대변에서 스트레스 호르몬 코르티솔을 검출해 스트레스 수치를 측정했다. 무리 중 죽은 원숭이의 가족이 아닌 암컷들의 스트레스 수치는 높지 않았다. 가족이 죽은 후 상실감에 빠진 원숭이들은 평소보다 더 많은 상대와 털 고르기를 하며 시간을 보냈다. 털 고르기는 보통 때보다 더 오랫동안 지속되었다. 암컷들은 사회관계망을 넓히면서 가족을 잃은 스트레스를 최소화하려는 몸짓을 보였다. 두 달 후 이들의 스트레스 수치는 정상으로 돌아왔다.

인간 또한 가족이 사망했을 때 코르티솔 수치가 높아지고, 애도 기간에 사회관계망을 넓히면서 수치를 낮춘다. 개코원숭이 같은 사회적인 포유동물 역시 인간처럼 공동체에 의지해 가족을 잃은 상실감을 달랜다.

벌과 불개미, 흰개미 같은 사회적 곤충들은 동료가 죽으면 사체를 처리한다. 몇몇 곤충들이 사체를 검사한 후(죽은 곤충에서 풍기는 네크로몬이라는 호르몬 냄새로 죽음을 알아차린다) 집단의 전문 장의사가 사체를 치우거나 사체 주위에 담을 쌓아서 매장한다. 네크로몬은 몸이 부패할 때 나오는 지방산이다. 네크로몬을 감지한 같은 종의 곤충들은 가까이 오지 말라는 강력한 신호를 받는데, 무엇인가에 전염되지 않도록 동족을 보호하기 위해 그런 신호를 보내는 것이다. 죽음의 냄새를 풍기는 건 곤충만이 아니다. 상어도 다른 상어가 풍기는 네크로몬 냄새를 맡을 수 있다. 인간은 부패할 때 네크로몬 같은 역할을 하는 휘발성 물질을 분비한다. 어떤 연구자들은 개가 이 물질의 냄새를 맡고 인간의 질병을 찾아낼 수 있다고 주장한다. 개는 수천 년 동안 인간과 밀접한 관계를 맺으며 진화해왔기 때문이다. 개의 이런 능력은 인간과 개 모두의 생존에 긍정적인 기능을 한다.

연구자들은 케냐의 기린 가족 가운데 어미 기린 한 마리가 발이 기형인 새끼를 낳는 장면을 관찰했다. 나머지 가족을 따라다닐 수 없었던 새끼 기린은 결국 한 달밖에 살지 못했다. 어미는 새끼가 죽는 그 순간까지 곁을 떠나지 않았다. 새끼가 죽은 지 한 시간이 지나자 가족 중 암컷 열일곱 마리가 다가와 사체를 검사한 후 근처에 남아 있었다. 몇 시간 후에는 27마리의 기린들이 사체를 조사하고 지키기 위해 모였다. 다음 날이 되었지만 어미를 포함해 많은 어른 기린들이 사체 옆에 계속 남아 있었다. 나흘째가 되어서야 하이에나가 사체를 물어 갔다.

어미 기린이 내내 곁에 머물며 사체를 지키고 있었는데도 다른 가족들 또한 오랫동안 그 자리를 떠나지 않았다. 포식자가 죽은 새끼를 물어 가지 못하게 하려고 사체를 함께 보호하는 행동으로 보였다. 어미와 새끼의 유대감이 너무 강한 나머지 다른 동료들이 혼자 살아남은 어미에게 떠나자고 제안하기가 어려웠을 거라는 해석도 있다. 어미는 죽은 새끼를 데리고 갈 수가 없어서 새끼 옆에 남았고, 어미와 친밀한 관계를 맺고 있는 다른 가족들 역시 함께 남았다. 어떤 연구자들은 새끼가 젖을 빨 수 있을 만큼 오래 산 뒤 죽으면 어미와 새끼의 유대감이

소투스 무리의 라코타가 형제 카모츠를 잃고 울부짖고 있다. 늑대가 울부짖는 이유는 많다. 우리에게 가장 익숙한 소리는 늑대들이 밤에 그들의 영역을 알리기 위해 함께 울부짖는 하울링이다. 때로는 깊은 슬픔을 표현하기도 한다. 무리의 내장이었던 카모츠가 죽자 라코타는 2주 동안 매일 밤 울부짖었다.

더 강력해진다고 생각한다. 새끼를 낳은 어미의 몸에서 분비되는 옥시토신은 유대감과 관련된 호르몬이다. 이 호르몬은 젖을 먹이는 데 중요한 역할을 해서 어미가 새끼에게 더 강한 유대감을 느끼게 한다. 그래서 옥시토신이 한번 분비되면 이제 어미는 죽어버린 새끼 곁을 떠나는 게 더욱 어려워진다.

늑대의 애도는 다양한 방식으로 나타난다. 나는 늑대 무리에게서 눈을 뗄 수가 없었다. 서열이 낮은 늑대가 죽었는데 무리에 남은 늑대 전부가 상실감에 빠졌기 때문이다. 소투스 무리를 관찰하기 막 시작했을 때 서열이 가장 낮은 암컷 늑대가 퓨마에게 죽임을 당했다. 그가 죽자 늑대들은 6주 동안 놀이를 중단했고 함께 호흡을 맞추지도 않았다. 한 마리씩 따로 울 때도 서 있는 자세와 울음소리의 느낌이 보통 때와는 달랐다. 밤마다 늑대들의 합창을 들었던 연구자들의 귀에는 이번 울음소리가 특히 구슬프게 들렸다.

죽은 늑대는 서열이 낮은 암컷이었는데, 다른 늑대들에게 쫓기고 따돌림을 받았다. 그의 죽음은 그래도 그가 무리의 일원이었다는 사실을 보여줬다. 무리의 우두머리 수컷 카모츠가 죽었을 때는 그의 형제 라코타가 2주 동안 매일같이 울었다.

짐과 제이미 더처 부부는 『늑대들의 지혜』(The Wisdom of Wolves)에서 알래스카 디날리 국립공원에 사는 늑대 무리 이야기를 썼다. 무리의 우두머리 암컷은 국립공원의 경계 바로 밖에서 사냥꾼의 덫에 걸렸다. 암컷이 덫에 붙잡혀 있던 2주 동안 우두머리 수컷과 이전 해에 태어난 새끼 늑대들이 그 암컷에게 먹이를 가져다주었던 듯하다. 덫을

놓았던 사냥꾼이 돌아와 암컷을 죽이자 우두머리 수컷은 새끼들이 태어났던 굴로 되돌아갔다. 엄마 없이 지낼 새끼들을 위해 굴을 깨끗이 청소했다. 그러고는 다시 암컷이 죽은 곳으로 돌아가 덫이 있던 곳을 향해 울부짖었다. 연구자는 암컷이 죽었기 때문에 그가 그런 행동을 한다고 생각할 수밖에 없었다.

죽은 이를 기억하고 있다는 증거

짝을 떠나보낸 곳에 머무르려 했던 늑대의 이야기에서 잃어버린 친구를 찾아 헤맨 코끼리들이 겹쳐 보였다. 나는 그들을 직접 지켜보았다. 2013년, 현장 연구 기간이 끝나갈 때쯤 수컷 코끼리 '요하네스'와 '키스'가 우리 야영지로 찾아왔다. 지평선 너머로 하현달이 노랗게 떠오르고 있었다. 그날 밤 야영지에 남아 있는 사람은 나를 포함해 세 명뿐이었다. 나머지 팀원 대부분이 야영지를 떠난 뒤였다.

나는 조용한 틈을 타서 다른 코끼리가 으르렁거리는 소리를 다른 친구들이 알아들을지 확인하고 싶어서였다. 이들이 잘 아는 사이인 코끼리들이 으르렁거리는 소리를 녹음해두었고 그 소리를 재생했다. 소리의 주인공과 친했던 친구들이 이 소리를 알아듣고 어떻게 반응하는지 궁금했다. 무샤라에서 가장 강한 권력을 가진 수컷이자 그들의 가장 가까운 친구였던 '그레그'의 소리를 틀었다. 빈터로 함께 들어오는 요하네스와 키스의 반응이 궁금했다.

234

나는 요하네스와 키스가 물을 마신 후 연구용 탑 왼쪽에 있는 북동쪽 길을 따라 숲으로 돌아갈 때까지 기다렸다. 이들이 빈터의 끝부분에 도착하자마자 그레그가 "가자"라며 으르렁거렸던 소리를 틀었다. 그러자 두 마리는 얼어붙었다. 이들은 한동안 그대로 서 있었고, 나는 다시 그 소리를 틀었다.

그다음에 벌어진 일을 나는 절대 잊어버리지 못할 것이다. 두 마리의 코끼리는 뒤돌아서더니 물웅덩이로 돌아와 그레그가 부르는 소리를 듣고 으르렁거리며 대답했다. 그다음 그들은 그레그를 찾기 시작했다. 코를 땅에 내려놓고 가까이 서 있었지만 각각 다른 방향을 향해 서서 침묵을 지켰다. 몇 분 후 그들은 다시 으르렁거린 뒤, 위치를 바꾸어서 다른 방향으로 코를 땅에 내려놓고 다시 조용히 서 있었다.

코끼리들이 계속해서 네다섯 번씩이나 서 있는 위치를 바꾸자 마음이 불편해지기 시작했다. 우리는 그레그를 1년 이상 보지 못했다. 그들도 오랫동안 친구를 보지 못해서 진심으로 그리워하고 있는 것이라면 어쩌지?

야영지에 있던 세 사람은 가슴 찢어지게 아픈 그 장면을 지켜보았다. 그 경험은 우리의 뇌리에서 떠나지 않았다. 그레그가 정말 세상을 떠났다면 친구들이 가까이 있었을지 궁금했다. 친구들이 얼마나 오랫동안 죽은 그레그를 돌보았을까? 텐트에 누워 은하수를 올려다보면서 마음속 깊은 곳으로 질문들을 던졌다. 요하네스와 키스가 그레그의 유령이었을지도 모를 무언가를 찾아 오르락내리락하는 깊고 낮은 소리로 밤새 으르렁거렸다. 나는 그 소리를 들으며 사라진 무샤라의 우두머리를 위해 눈물을 흘렸다. 나는 그레그의 울음소리를 다시는 재생할 수 없었다.

죽은 가족의 곁을 떠나지 않으려는 코끼리들에 관한 기록은 많다. 어떤 어미 코끼리는 죽어서 뻣뻣해진 새끼를 한동안 코로 말아서 들고 다니다가 결국 자리에 두고 갔다. 유인원, 원숭이, 돌고래, 딩고 등 사체를 데리고 다닌 동물에 관한 기록도 있다. 돌고래의 경우 어미가 등지느러미를 이용해 죽은 새끼를 업고 가는 모습이 발견된 적이 있다. 어미 돌고래가 죽은 새끼를 닷새 동안 업고 다니면 가까운 친구와 친척들이 주위에서 호위했다. 닷새째 되는 날에는 가까운 친구 가운데 두 돌고래가 어미 돌고래를 도왔다.

어미는 죽은 새끼를 보통 하루에서 이레까지 안고 다닌다. 죽은 새끼 동물이 아직 살아 있다는 듯이 새끼의 털을 고르거나 보호하기도 한다. 기니의 작은 침팬지 무리에서는 경험 많은 어미 침팬지가 죽어서 미라가 된 새끼를 거의 70일 동안 안고 다녔다. 단순히 영장류 동물의 어미가 새끼의 죽음을 받아들이지 못하고 죽은 새끼를 데리고 다닌다고 생각할 수도 있다. 하지만 연구자들은 어미들이 새끼가 죽었다는 사실을 잘 알고 있으리라고 생각한다. 새끼를 데리고 다니는 방식이 새끼가 살아 있을 때와는 달라지기 때문이다.

어미 동물이 계속 죽은 새끼를 데리고 다니는 이유에 관해서는 여러 가지 설명을 제시할 수 있다. 어미 기린은 호르몬 때문에 죽은 새끼를 데리고 다닌다. 새끼가 죽은 후 젖이 나오지 않으면 어미에게 보호 본능이 작동하기 때문에 새끼를 안고 싶은 욕구를 강렬하게 느끼게 된다. 죽은 새끼를 데리고 다니는 행동은 자신이 헌신적인 어미임을 보여준다. 매력적인 수컷에게 좋은 짝이 되리라는 신호를 보내는 것이라고 설명할 수도 있다.

어쨌든 사체를 보관하고, 가지고 다니고, 사체 옆에 남아 있으려는 본능이 있다는 것만은 확실하다. 그런 본능은 신체적으로나 정신적으로 많은 도움을 준다. 영국, 미국, 캐나다, 오스트레일리아, 스웨덴, 일본 등 6개국의 12개 연구를 혼합한 최근의 메타 연구는 사산死産을 경험한 부모를 조사해 그들의 태도를 기록했다. 40년 동안 계속된 연구에서는 병원마다 관행이 달랐다. 태아를 잃은 부모가 사산아를 보지 못하게 하는 병원이 있는가 하면, 부모 단체는 부모가 원하기만 하면 사산아를 보여주라고 의료진에게 권장했다.

많은 부모는 사산아를 꼭 눈에 담아야 할 필요가 있다고 이야기했다. 죽은 태아를 안고 잠시라도 얼굴을 바라보면서 슬퍼할 기억을 만드는 것이다. 이 방법으로 우울감을 줄이고 우울증을 이겨낼 수 있다. 부모가 태아를 보지 않겠다고 말하면 병원은 아기의 손바닥과 발바닥을 잉크로 찍어낸 자국, 팔목에 채웠던 인식표와 같은 유품이 담긴 상자를 부모에게 건네준다. 많은 부모가 상자를 열어보지 않더라도 물건을 가지고 있다는 사실을 아는 것만으로도 커다란 위안이 되었다고 이야기했다.

아이를 잃은 부모는 강렬한 경험을 한다. 침팬지에게도 비슷한 본능이 있을 것이다. 죽은 새끼를 보는 경험은 슬픔을 느끼거나 호르몬이 작용하거나 이 두 가지 요소가 뒤엉켜 있을 가능성이 크다. 죽은 새끼를 안고 데리고 다니면 어미는 사랑하는 새끼와 더 많은 시간을 보낼 수 있고, 그만큼 충분히 슬퍼할 시간을 갖는다. 새끼를 잃고 홀로 남은 어미에게도 도움이 될 것이다. 애도는 사실상 생존 본능이다.

코끼리도 장례식장에 간다

동물들은 어린 새끼가 아니라면 사실상 죽은 가족을 데리고 다니는 건 거의 불가능하다. 앞서 가족을 잃은 얼룩말의 사례도 죽은 가족을 데리고 다닐 수 없었기 때문에 벌어진 일이었다. 얼룩말은 가족 구성원이나 무리 가운데 한 마리가 죽으면 오랫동안 사체 옆에서 떠나지 않는다. 보통 먹고 마시기 위해서만 잠시 떠났다가 다시 돌아온다. 어른 코끼리의 몸집은 너무 커서 죽은 후 몇 달에서 몇 년까지 그 자리에 사체가 계속 남아 있다. 친척이 죽어서 누워 있는 곳이나 친지가 죽음을 맞이한 장소로 자주 찾아오는 코끼리들이 있었다. 나는 이들을 관찰했다.

에토샤 국립공원의 동물 무리에 탄저병이 돌았을 때 죽은 친척을 보러 오는 코끼리들을 지켜보았다. 코끼리는 아프거나 다쳤을 때 물가까이에서 지내므로 강이나 물웅덩이 바로 옆에서 죽을 때가 많다. 우리가 연구하는 에토샤의 현장으로 가는 길목에는 내가 좋아하는 물웅덩이 중 하나인 리엣폰테인이 있다. 그곳 코끼리들은 일부러 길을 돌아 얼마 전에 죽음을 맞이한 코끼리 옆으로 갔다. 가족들은 물을 마시러 가는 길에 죽은 코끼리 앞으로 가서 냄새를 맡고 건드려보았다. 그런 행동을 하는 것이 비단 그 코끼리의 가족만은 아니었다. 다른 가족들도 죽은 코끼리를 보러 왔다. 아마 친척일 수도 있고 그저 궁금해서 보러 온 구경꾼일 수도 있다.

학자들은 코끼리들이 죽은 코끼리 앞에서 꽤 긴 시간을 보내는 것을 보면 단순한 호기심 때문에 누가 죽었는지 확인하는 행동은 아니라고 말한다. 암컷 코끼리의 측두샘에서는 스트레스를 느끼거나 헤어진 가족이나 친구를 다시 만날 때 액체가 분비되는데, 죽은 코끼리를 발견했을 때도 동일한 액체를 분비했다. 코끼리의 생리적인 변화는 현재 강렬한 감정을 느끼고 있다는 사실을 보여준다. 코끼리들이 죽은 코끼리를 찾아가는 의식은 인간의 장례식과 비슷하다.

코끼리는 힘겨워하는 다른 코끼리를 도우려는 본능이 강하다. 비틀거리는 코끼리 주위에 가족들이 모여 있는 광경을 본 적이 있다. 코끼리들은 자신의 몸을 이용해 다른 코끼리를 일으켜 세워 제 발로 서게 한다. 때때로 다른 코끼리가 넘어지지 않도록 엄니로 받치기까지 한다. 옆에 있던 코끼리가 죽으면 앞발이나 뒷발을 이용해 땅에서 들어 올려 일으키려고 할 때도 있다.

프레즈노 채피 동물원에서 코끼리와 유제류(발굽이 있는 포유류 동물) 관리자로 일하는 버넌 프레슬리는 25년 동안 일하면서 동물원 코끼리 일곱 마리의 죽음을 지켜보았다. 코끼리들은 죽은 코끼리와 어떤 관계를 맺고 있는지에 따라 각기 다른 반응을 보였다. 자신이 살아오면서 겪었던 경험에 따라서도 반응이 달랐다.

어느 날 버넌은 동물원의 우두머리 암컷 코끼리를 안락사시켜야 했다. 발의 상처가 치료되지 않아 제대로 움직일 수가 없었기 때문이다. 우두머리 암컷이 점점 더 꼼짝도 할 수 없게 되자 결국 동물원 책임자는 안락사시키는 것이 그 코끼리를 배려하는 가장 좋은 선택이라고 생각했다. 하지만 병에 걸린 건 아니었기에 가장 친한 친구인 코끼리두 마리는 우두머리 암컷의 죽음을 예상하지 못한 것 같았다. 동물원 책임자 역시 두 코끼리가 우두머리 암컷의 갑작스러운 죽음에 어떤 반응을 보일지 알 수 없었다. 버넌과 동물원 책임자는 작별 인사를 나눌 기회도 없이 어느 날 아침 일어나 우두머리 암컷이 사라졌다는 사실을 알게 하는 것보다, 이들에게 애도할 기회를 주는 것이 더 좋겠다고 생각했다.

담당자는 우두머리 암컷의 사체를 누구라도 볼 수 있는 곳에 내놓아 다른 코끼리들이 찾아오기 쉽게 만들었다. 코끼리들이 사체를 공격적으로 대할지도 몰랐지만, 그쯤은 감수해야 할 위험이었다.

때가 되었을 때 서열이 낮은 코끼리 몇 마리는 죽은 우두머리 암컷에게 가까이 다가가지 않았다. 다른 두 마리는 사체의 냄새를 맡더니 그대로 떠났다. 그러나 가상 진했던 코끼리 두 마리는 완전히 다르게 행동했다. 둘은 죽은 친구 바로 옆에 서서 냄새를 맡고 만져보면서 함께 탐색했다. 이들은 밤새 번갈아 가며 조용히 죽은 친구를 찾아갔다. 절대 죽은 친구를 혼자 누워 있도록 내버려 두지 않았다. 갈 때마다 각자 주기적으로 죽은 친구의 몸에 흙을 뿌려 덮어주었다.

다음 날 아침이 되자 죽은 친구의 몸에는 최소한 5밀리미터 이상

두께의 흙이 덮였다. 버넌이 경험했던 코끼리의 장례 의식 중 가장 강렬했다.

버넌의 이야기에서 코끼리 두 마리의 성장 배경이 눈에 띄었다. 이들은 모잠비크에서 태어나 각각 여섯 살과 일곱 살에 붙잡혀 북아메리카로 끌려왔다. 이 코끼리들이 야생에서 지냈을 때 가족의 죽음을 경험하고 애도 의례에 참여한 적이 있을 거라는 추측을 할 수 있었다. 아주 가깝게 지냈던 우두머리 암컷이 죽자 어린 시절의 경험을 기억해 내고는 자신들의 가족이 치렀던 매장 의례를 반복한 것이다.

버넌은 그럴지도 모른다는 생각이 강하게 들었다. 야생에서 살아 본 경험이 없는 동물원의 코끼리는 죽은 코끼리를 위해 이런 의례를 행하지 않았다. 그는 그런 모습을 한 번도 본 적이 없었다. 동물원에서만 살았던 코끼리는 야생 코끼리에게 대대로 전해졌을지도 모를 이런 의례를 배울 기회를 갖지 못했다.

많은 보고서에서 야생 코끼리는 죽은 코끼리의 몸에 흙을 뿌리거나 나뭇가지를 덮어 매장한다고 설명하고 있다. 사자가 해치지 못하도록 사체를 보호하는 행위인지 죽은 동료를 매장하는 행위인지는 모르는 일이다. 하지만 코끼리가 다친 사람을 나뭇가지로 덮었다는 사례도 들은 적이 있다.

야생 침팬지는 죽은 가족을 흙이나 나뭇잎으로 덮어 매장한다. 연구자들이 지켜보는 가운데 침팬지 한 마리가 나무 위에서 떨어져 죽은 일이 있었다. 그러자 죽은 침팬지가 내려다보이는 나무 위에 앉아 있던 침팬지들이 죽은 침팬지의 몸 위로 나뭇가지를 꺾어서 떨어뜨렸다. 사체가 나뭇가지로 완전히 뒤덮였다.

많은 사회적 동물이 질병을 예방하고 기생충 감염을 피하고 전염병으로부터 벗어나기 위해 사체를 치우거나 매장한다. 매우 현실적인 이유로 이루어지는 의례인 셈이다. 인간의 매장 의례도 같은 맥락에서 비롯되었다. 게다가 코끼리, 침팬지, 얼룩말과 같은 다양한 사회적 동물이 매장 의례를 넘어 장례 의례까지 치른다. 애도하는 방식은 놀라울 정도로 우리 인간과 비슷하다. 동물도 죽음에 대해 슬픔을 표현하는 것처럼 보인다.

초기 인류도 매장을 중요하게 여겼다. 구석기시대를 연구하는 인류학자들이 증거를 찾아낸 결과, 40만 년 전부터 죽은 사람 옆에 물건을 함께 묻는 부장副葬 풍습이 있었다는 사실이 밝혀졌다. 그리고 30만 년 전부터 특별히 죽은 사람을 위한 땅을 마련하기 시작했다. 인간이 사후 세계를 이해했다는 증거다.

신생대의 홍적세 기간 동안 인류가 서로 협력해 문화의 꽃을 피우면서 이런 개념이 생겨났고, 시간이 흐르면서 죽은 사람을 점점 더 극진히 대우했다. 사람들은 사랑하는 사람이 저세상으로 갈 때 죽은 사람과 동행하며 안전한 여정을 보상해줄 물건이나 보물을 함께 매장했다. 그리고 이집트 피라미드처럼 영원한 기념물로 남을 매장 공간을 지었다. 오늘날에도 많은 사람이 영혼이 존재한다고 믿으면서 죽은 사람을 추모한다.

슬픔을 견디며 나아가다

물론 어떤 믿음을 가지고 있든 슬픔을 견디는 것은 힘든 일이다. 애도를 통해 어떻게 우리의 슬픔을 표현할지 모를 때가 훨씬 많다. 대부분의 경우 우리는 행복을 유지하는 데 애도가 얼마나 중요한 역할을 하는지 잘 모른다. 애도의 과정을 피하려고만 한다. 애도는 살아 있는 우리와 떠날 사람을 돌아볼 시간을 준다. 이별의 관점에서 사랑하는 사람이 세상을 떠날 때 함께 있어주는 것이 가장 중요하다. 같이 있는 것만으로도 그의 죽음을 받아들이는 하나의 방법이 완성된다. 사랑하는 사람이 사망하자마자 함께 모여 애도하는 방식도 죽음을 받아들이는 디딤돌 역할을 한다. 죽음과 관련된 의례가 많다는 것은 전혀 놀랍지 않다.

가족을 잃고 슬퍼하는 얼룩말들을 지켜보면서 내 남동생이 죽어갈 때 침대 머리맡에서 지켜보았을 가족들이 떠올랐다. 나는 가족과 함께 임종을 지키지 못했다. 남동생에게 가던 길에 비행기가 지연되는 바람에 마지막 순간을 보지 못했다.

나는 비행기가 착륙하자마자 동생의 부고 소식을 들었다. 다른 형제가 내게 남동생이 떠났다는 문자 메시지를 보냈다. 나를 마중하러 공항에 나온 그는 동생의 시신이 이미 병실에서 나갔고 가족은 모두 집으로 돌아갔다고 말해줬다.

나는 직접 작별 인사를 하지 못해 가슴이 먹먹해졌다. 감당할 수 없을 정도로 슬픔이 치밀어 올라서 동생의 죽음을 받아들이는 일이 더 힘들었다. 동생의 죽음이 비현실적으로 느껴졌다. 옆에서 지켜보지 않은 죽음은 너무도 낯설었다.

다행히 유가족이 고인을 볼 수 있도록 관은 한동안 열려 있었다. 정말 다행이었다. 그렇게 끔찍한 상황에서도 남동생을 다시 보고 싶었다. 평화롭게 그러나 꼼짝하지 않고 차가운 모습으로 관 속에 누워 있는 남동생을 보는 순간, 나는 감정을 주체할 수 없었다. 갑자기 울음이 터져 나왔다. 아마 옆에 있던 사람들은 모두 깜짝 놀랐을 것이다.

어떤 지역에는 오래전부터 전문적으로 통곡해주는 사람이 있다. 애도 과정에서 가족을 돕는 사람을 고용하는 관습도 있다. 왜 그런 일이 필요한지 이제는 이해할 수 있다. 이집트, 중국, 근동 지역, 지중해 국가들에서는 관 옆에서 슬픔에 빠진 가족들을 전문적으로 위로할 사람을 불러 밤을 새우고, 통곡하고, 애도하고, 고인을 칭찬하기까지 한다. 최근 미국에서는 '죽음 상담사'가 사별한 사람뿐 아니라 죽음을 앞둔 사람과 가족을 도와주고 상담한다.

애도 의례를 행하는 사람들은 강렬한 감정을 표현하면서 무너지지 않도록 서로를 지탱한다. 문상객이 찾아와 슬퍼하는 가족과 잠시 함께 있어주고, 가족들이 가까운 사람들 사이에서 고통과 상실감을 편안하게 표현하도록 도와준다. 문상객은 애도 과정에서 터놓고 이야기할 수 있도록 편안한 분위기를 만들어준다. 사별한 사람들은 이런 분위기 속에서 며칠 동안 관 옆에서 밤을 새우고, 장례식을 치르고, 고인을 매장한다. 그다음 음식을 같이 나눠 먹으면서 사랑하는 사람이 죽었다는 사실을 받아들이고 새로운 국면으로 접어든 현실을 수용할 시간을 갖는다. 조문 기간에는 가까운 사람들이 찾아와 가족들이 가장 편안해할 방식으로 다양하게 조의를 표현한다. 찾아가서 이야기를 나누고 음식을 나눠 먹으면서 사별을 겪은 사람들이 고립감을 느끼지 않도록 곁에 머문다.

애도 의례를 행하지 않고 아무렇지 않은 척하며 평소처럼 생활한다면 마음을 치유할 기회를 잃고 만다. 이와 달리 사랑하는 사람을 잃은 후 결혼, 출산, 기념일 등 가족 행사를 챙길 때마다 죽은 사람을 추억하며 슬픔을 다스릴 수도 있다. 애도 의례는 모두가 고인에 대한 기억을 간직한 채 살아가는 데 중요한 역할을 한다.

돌이켜보면 형제의 죽음을 겪으면서 '바로 그 순간에' 최선을 다해 슬퍼하는 일이 얼마나 중요한지 깨달았다. 그 순간을 놓치거나 나중으로 미루면 후회를 더 많이 하게 될지도 모른다. 슬픔에서 헤어 나오지 못하는 사람들은 암, 심장병, 고혈압에 걸릴 확률이 높다. 가장 좋은 방법은 상실에 이르는 바로 그 순간에 슬픔에 직면하고 가까운 사람들의 도움을 받는 것이다. 친척들과 함께 애도하면 스트레스가 줄어들고 시간이 흐르는 동안 슬픔과 함께 성숙할 수 있다.

죽음을 불편해한다면 슬픔을 받아들이는 일은 어려워진다. 죽음을 불편해할 수는 있지만 죽음을 돌이킬 수는 없다. 사랑하는 사람의 죽음을 받아들이는 데 평생이 걸릴 수도 있고, 한 단계씩 천천히 시간이 걸리더라도 마침내 수용할 수도 있다. 혼자 있는 시간이 필요하기도 하지만 함께 슬퍼하는 일이 특별히 도움이 되는 경우도 있다.

심리적으로 마음을 보듬으며 애도하는 일과 물리적으로 곁에 머물며 애도하는 일 모두 중요하다. 슬픔을 함께할 때 스트레스 수치가 낮아진다. 개인적인 슬픔을 넘어 사회적인 슬픔도 마찬가지다. 9·11 테러 기간 동안 나는 사회가 함께 슬퍼하는 일이 중요하다는 사실을 깨달았다. 『뉴욕타임스』가 2020년 코로나바이러스로 사망한 미국인이 10만 명을 넘었다는 기사를 보도했을 때도 마찬가지였다. 히로시마의 평화 기념 공원, 르완다의 키갈리 학살 기념관, 베를린의 유대인 학살 추모 공원, 뉴욕 맨해튼 쌍둥이 빌딩이 무너진 자리의 추모 공간, 총기 난사 사건이 벌어진 코네티컷주 뉴타운의 샌디훅 초등학교 등 사회 전체를 넘어 전 세계가 추모하는 공공 기념물도 많다. 우리 모두는 애도를 통해 치유하는 힘을 기른다.

모르는 사람이 죽었을 때조차 슬픔을 느끼는 능력은 생존 기술로 진화했다. 익명의 집단이 한꺼번에 슬픔을 표현할 때 우리는 엄청난 카타르시스를 느낀다. 이는 생존에 유리하다.

슬픔을 두려워하는 감정은 죽음을 두려워하는 감정과 비슷하다. 인류학자들은 죽은 사람과 대화를 이어가다 보면 애도 과정을 단축할 수 있다고 믿는다. 대화를 나누며 죽은 사람과 새로운 관계를 맺으면 남은 사람들과의 관계도 재정립할 수 있다. 그래서 어떤 지역에서는 죽은 사람들을 기억하기 위해 정성스럽게 의례를 치르기도 한다. 슬퍼하고 애도하는 일 역시 삶을 축복하는 축제인 것이다. 멕시코에서는 며칠 동안 세상을 떠난 사람들의 삶을 기념하는 '죽은 자들의 날'이 있다. 가족들이 죽은 가족의 무덤에 음식을 가져가 죽은 조상까지 기리며 삶을 찬미할 수 있다고 굳게 믿는다. 중국에서는 죽은 사람을 기념하기 위해 청명절清明節에 조상의 무덤을 찾아가 깨끗이 청소한다. 프랑스 사람들은 '모든 영혼의 날'에 사랑하는 가족의 묘지에 꽃을 바치거나 죽은 가족을 추억하는 글을 읽는다.

죽음을 기념하는 축제 문화는 죽은 사람에 대한 고마움과 즐거운 기억을 조화시켜 슬픔을 표현한다. 우리는 죽음을 받아들이고 죽은 사람과 새로운 관계를 맺으며 성장한다. 사랑하는 사람을 추억하며 보내는 시간은 우리를 건강하게 만든다.

남동생을 묘지에 매장하러 갔을 때는 이상하게도 마음이 편안했다. 새로 이사해 살아갈 집을 찾았다는 느낌마저 들었다. 그러나 동생의 몸이 땅속으로 들어갈 때 나는 아직 그를 떠나보낼 준비를 마치지 못했다는 사실을 깨달았다. 정말로 마지막이라는 예감이 나를 사로잡았다.

관 위에 흙을 뿌리면서 조금은 위안을 받을 수 있었다. 코끼리들은 죽은 우두머리 암컷의 몸을 흙으로 덮었고, 침팬지들은 죽은 가족을 나뭇가지로 덮었다. 의례를 통해 우리는 다른 모든 사회적 동물과 연결되고 그들이 느꼈던 슬픔을 공유한다. 묘지에는 여기저기에 아름다운 묘비가 싱싱한 꽃들로 장식되어 목가적인 분위기를 풍겼다. 나는 남편과 함께 천천히 거닐면서 이곳이 내 형제가 영원히 지낼 안식처라는 사실에 위안을 삼으려 애썼다.

나는 이 장을 쓴 후 머리를 식히기 위해 바닷가를 달리기로 했다. 하늘은 맑고 푸르렀으며 기온은 몹시 뜨거운 날이었다. 저녁이 다가오자 드디어 공기가 조금은 시원해졌다. 보름 바로 전날인 만조라서 해수면의 높이는 높아져 있었다. 나는 하늘과 절벽 사이에서 달리고 있었다. 하늘에는 구름이 잔뜩 끼었고 바다에는 파도가 일렁여서 이전에 달릴 때와는 분위기가 달랐다. 아직은 주변의 모든 것이 선명하게 잘 보였지만 금방 흐려질 터였다. 15미터를 넘어서는 곳은 시야에 거의 들어오지 않았다.

바닷가의 풍경은 날씨와 파도가 어떻게 몰아치는지에 따라 천차만별이다. 기분에 따라 풍경이 달라 보일 때도 있었고 기가 막힌 풍경 덕분에 기분이 달라지기도 했다. 나는 주변 환경이 혹독할수록 내면에 더 집중하는 편이기에 그럴지도 몰랐다.

이날 밤에는 생각을 집중할 수 없었다. 마음속에서 중심을 찾아 꽉 붙들고 평화를 되찾으려고 노력했지만 방해물이 너무 많았다. 그러다 무언가가 내 눈을 사로잡았다. 묘지와 닮은 사암이었다. 한참 달리다 '러너스 하이'에 도달할 때였다. 많은 사람들이 태평양의 수평선 너머로 지는 석양을 기다리며 조용히 무리 지어 모여 있었다. 수평선과 맞닿은 짙은 주황색 하늘에는 구름 한 점 없었다. 거대한 노란색 태양은 물속으로 미끄러져 들어갔고, 마지막에 작게 남은 초승달 모양이 빛힌 줄기가 사라지기 직전에 녹색으로 반짝였다. 사람들은 사암 바위 위에 걸터앉아 있었는데, 바위는 고요한 가운데 분홍빛으로 빛나고 있었다. 묘지에서 본 묘비와 다르지 않았다.

사람들은 지는 해를 바라보기 위해 삽시간에 모여들었다. 그들은 사그라드는 태양빛을 경이롭게 바라다보고 있었다. 마음의 평화를 구하면서 죽은 사람을 떠나보내며 애도하는 사람들도 이들과 비슷한 마음일 것이라는 생각이 떠올랐다. 분위기는 전혀 어둡거나 우울하지 않았다. 도리어 사람들은 하루가 지나갔음을 알리는 지는 해를 바라보며 삶을 찬미했다.

바닷가를 떠날 때 슬픔의 파도가 나를 덮쳐 내리눌렀다. 그래서 신디 로퍼의 노래 〈타임 애프터 타임〉(*Time After Time*)을 불렀다. 나는 감정을 억누르지 못하고 쩔쩔맬 때 주로 음악에 의지하는 편이다. 음악은 슬픔을 치유하는 데 아주 효과적이다. 나는 이 사실을 최근에서야 알게 되었다. 죽은 남동생을 생각할 때 내가 듣는 노래는 스티비 닉스의 〈랜드슬라이드〉(*Landslide*)다.

눈물 한 줄기가 얼굴을 타고 흘러내렸다. 눈물은 상실의 아픔이 담겨 있기도 했지만 남동생과의 모든 추억을 담은 기쁨 자체이기도 했다. 동생을 떠나보낸 지 거의 4년이 지난 뒤였다.

인간은 놀랍도록 회복력이 뛰어난 동물이다. 우리는 슬픔을 받아들이고 애도 의례를 행하면서 스스로를 치유할 수 있다.

9장

새로운 시작과 자연의 리듬

✦

회복 의례

Rituals of Renewal

"계속 반복되는 자연의 후렴구에는
무한한 치유의 힘이 있다.
그 힘은 밤이 지나면 새벽이 오고
겨울이 지나면 봄이 온다는 확신이다."

_레이철 카슨

9장

새
로
운
시
작
과
자
연
의
리
듬
。
회
복
의
례

새 터전을 찾아나선 혹등고래

분명 고요했던 바다의 한가운데에 갑작스러운 폭발이 일어났다. 갑자기 검은색 발사체 같은 물체가 위로 솟구치면서 주위를 날려버리는 듯했다. 깊은 바다에서 솟구친 고래들은 바다 위로 6미터 높이까지 올라갔다. 그 거대한 광경은 우리가 탄 배는 물론이고 멀리 있는 라나이섬까지 초라해 보이게 만들었다. 몸의 절반 이상이 밖으로 나오자 고래들은 몸을 옆으로 돌렸다. 고래들은 물을 튀기며 다시 깊고 짙푸른 바닷속으로 들어가 일순간 사라졌다. 그리고 몇 분 뒤 100여 미터 앞에서 다시 물 위로 튀어 올랐다.

　　고래를 관찰하기 위해 배에 탄 관광객들은 고래들이 수면을 뚫고 물 밖으로 나올 때마다 탄성을 질렀다. 멀리서 지켜보면서도 감탄에

겨워 어쩔 줄 몰라 했다. 새해를 며칠 앞둔 때여서 그런지 고래들의 몸짓은 자연이 빚어내는 불꽃놀이 같았다. 남편과 나는 마우이섬과 라나이섬 사이에 있었다. 나는 남편의 형제 소유의 배 갑판 위에서 경외심 가득한 마음으로 그 광경을 지켜보았다.

혹등고래는 해마다 그때쯤 알래스카에서 하와이로 돌아온다. 새끼를 낳을 때라 축하할 일이 많이 생겼다. 고래 떼가 배 가까이로 다가오자 나는 스노클링 장비를 갖추고 청록빛이 너울대는 물속으로 첨벙 뛰어들었다. 내가 원해서 배에서 끝없이 깊은 바다로 뛰어내렸지만, 지구에서 가장 큰 생명체와 처음으로 가까이 마주한다는 사실에 불안감이 밀려왔다. 나는 불안감을 쉽사리 떨쳐낼 수 없었다.

물속에서 주위를 재빨리 둘러보았지만 고래는 한 마리도 보이지 않았다. 그저 푸른 바닷물뿐이었다. 나는 고래들이 서로를 부르는 소리를 들을 수 있다는 사실을 알고 있었다. 두려움에 떨며 몸무게가 30톤에 달하는 생물 근처에 다가가지 않아도 되었다. 그저 머리만 물속에 넣어도 그 소리를 들을 수 있었기에 마음이 한결 놓였다.

깊은 물속 오른쪽 시야 귀퉁이에 나타난 작은 물고기 떼가 눈길을 사로잡았다. 갑자기 물고기 떼 뒤에서 시커멓고 거대한 형태가 모습을 드러냈다. 아래로부터 위쪽으로 곧장 올라오는 물체의 크기는 정확하게 가늠하기는 어려웠지만 잠수함처럼 길고 커다랗게 보였다. 잠수함과 다른 점은 몸체에 달린 희고 기다란 지느러미였다.

새가 우아한 날갯짓을 하는 것처럼 그 물체는 우리 쪽으로 천천히 지느러미를 퍼덕였다. 나는 그때 혹등고래를 알아보았다. 이토록 거

대한 생물을 물속에서 직접 본 일은 처음이었다. 고래가 가까이 다가
오자 몸통 아래에 붙어 있는 훨씬 작은 지느러미들이 보였다. 그건 사
실 지느러미가 아니라 새끼 고래였다.

　나는 더 자세히 관찰하기 위해 아래로 내려갔고, 남편은 수중 동
영상 카메라를 들고 새끼들을 따라다녔다. 남편은 혹등고래의 거대하
고 인상적인 꼬리와 대비되어 조그마해 보였다. 나는 그 모습을 촬영
했다. 위풍당당한 어미와 새끼 고래를 보면서 저절로 겸허한 마음이
들었다. 지구에서 이렇게 경이로운 동물과 공존한다는 사실은 우리에
게 시사하는 바가 컸다. 또한 새로운 시작을 알리는 계절과 관련된 의
례가 얼마나 중요한지도 다시 생각해보았다. 막 50대에 들어선 나 스
스로도 새로운 마음을 먹었다.

　대부분의 혹등고래는 따뜻한 물속에서 새끼를 낳거나 짝짓기를
하기 위해 알래스카 바다에서 4,828킬로미터를 이동해 하와이의 열
대 바다에 도착한다. 도착하는 시점은 1월에서 3월 사이다. 하와이에
서 이 고래들의 귀환은 시간의 흐름을 측정하는 독특한 기준이 된다.
이 외딴 낙원은 적도 근처에 위치하기 때문에 달력이 바뀌어도 일정한
기후를 유지한다. 겨울에는 평균기온이 섭씨 25.6도고, 여름에는 섭
씨 29.4도 정도로 유지된다. 해가 지는 시간은 1년 내내 거의 같다.

　계절이 변화하는 징조 가운데 하나는 고래가 돌아오는 겨울철의
코나Kona 바람이 불면 시작된다. 파도타기를 하려는 사람들이 모든 하
와이 섬의 북쪽 해안으로 몰려든다는 뜻이다. 여름철에 부드러운 무
역풍이 불 때면 긴 서프보드 위에서 부드럽게 파도타기를 즐기기 위해

와이키키섬의 남쪽 해안으로 초보자들이 몰려온다. 파도가 거의 없어지면 평평한 북쪽 해안의 바닷속이 정말 잘 보여서 스쿠버 다이버들은 오아후섬의 샤크스 코브로 향한다.

달력 없이 시간의 흐름을 파악하다

동물들도 예민한 감각으로 계절의 변화를 알아차리고 시간의 흐름을 파악한다. 시기의 변화에 따라 구할 수 있는 먹이의 종류를 관찰하고, 이동해야 할지 겨울잠을 자야 할지 판단을 내리고, 구애 욕구나 번식 욕구, 출산 시기 등을 살피기도 한다. 계절이 바뀌는 곳에 사는 동물들은 바뀐 계절에 맞추어 행동을 조절한다. 계절 변화에 적응할 수 있는지에 따라 생존 가능성이 달려 있기 때문이다.

　적도 이북과 이남의 온대 기후 지역에 사는 새들은 낮의 길이를 단서로 삼아 계절의 변화를 파악한다. 새들의 행동은 낮의 길이에 맞춰 조절된다. 새들의 눈에는 빛에 따라 조절되는 특별한 광수용체光受容體가 있다. 덕분에 낮이 짧아지거나 길어진다는 사실을 쉽게 알아차릴 수 있다. 봄철에 낮이 길어지면 새들은 짝짓기하거나 알을 낳을 때가 왔음을 깨닫는다. 새가 알을 너무 늦게 낳아서 여름이 끝날 때에야 새끼가 알을 깨고 나오면 먹이를 충분히 구하지 못하거나 겨울을 넘기지 못할 수도 있다. 실험을 위해 새들을 다른 장소로 옮겨놓으면 새로운 환경에 알맞게 새들의 호르몬 분비가 달라진다. 또한 새들은 달라진 행동으로 환경에 대응한다. 일본메추라기를 낮이 짧은 지역에서 긴 지역으로 데려가면 도착한 뒤 몇 시간 안으로 호르몬이 조절된다. 낮이 길어지면 번식기가 다가오고 있다는 신호이기 때문에 번식을 준비하기 위해 일본메추라기의 생식샘이 자극을 받는다.

소노란사막에 사는 적갈색 참새에게는 온대기후에서 사는 새들과는 다른 체내 시계가 필요하다. 늦여름 장마가 지나가기 전까지는 사막에 먹이가 없기 때문에 이 참새는 그때까지 둥지를 틀지 않는다. 적당한 시기에 알을 낳기 위해 이들에게 필요한 낮의 길이에 대한 감각은 다른 새들과는 다르다. 그런데 이들은 일본메추라기처럼 빛 신호에 의존한다. 빛에 의해 민화한 환경은 호르몬 분비를 자극하고 이에 따라 새의 행동이 바뀐다. 계절의 변화와 시간을 알아내는 일은 참새에게는 생존을 좌우하는 능력과도 같다.

포유동물도 새와 똑같이 호르몬 분비의 변화로 계절을 알아낸다. 곰이 추운 겨울 동안 겨울잠을 자면서 살아남으려면 가을에 충분히 먹어야 한다. 가을에는 연어가 알을 낳기 위해 자신이 태어난 강으로 돌아오고, 연어는 가을철 회색곰의 먹이가 된다. 연어가 돌아오는 가을은 곰에게 가장 먹이가 필요한 시기이기 때문이다.

사실 곰은 이 시기에 '식욕 과다'라고 부르는 생리 현상을 겪는다. 24시간 동안 쉬지 않고 먹다가 4시간을 자고 다시 잔뜩 먹기만 한다. 어떤 때는 지방이 풍부한 연어의 알, 껍질, 뇌 부분을 골라 먹는다. 겨울잠을 자는 동안 살아남기 위해 하루에 10만 칼로리 이상 섭취하면서 몸무게를 몇백 킬로그램씩이나 늘린다.

옐로스톤 국립공원의 어른 수컷 말코손바닥사슴의 머리에서는 매년 벨벳 같은 솜털로 덮인 뿔이 자라난다. 뿔은 가을 발정기가 올 때까지 석회질이 쌓여 딱딱해진다. 짝짓기를 위해 다른 수컷과 경쟁해야 하는 시기다. 이른 봄에는 뿔이 떨어져 나가고, 수컷 사슴의 테스토스테론 수치가 낮아진다. 그리고 곧장 새로운 뿔이 자라기 시작한다. 이들은 나팔소리 같은 높은 울음소리를 낸다. 짝을 유혹하고 다른 수컷의 상태를 가늠하기 위해 만들어내는 멋진 자연의 소리다.

태평양 북서부의 연어는 삶 전체를 좌우하는 환경과 호르몬의 신호를 따른다. 겨울에 알을 깨고 나온 연어 유생幼生은 다음 해 봄에 치어稚魚가 되어 플랑크톤을 먹을 수 있을 때까지 난황을 먹이로 삼는다. 여름이 끝나갈 무렵이면 연어는 청소년기에 접어든다. 어른이 될 때까지 몇 년 동안 강에서 살다가 다 크면 어느 순간 소금기를 견딜 수 있게 된다. 바다로 헤엄쳐 간 연어는 그곳에서 성년기를 보낸다. 늦여름에서 초가을까지 바다의 자기장 변화를 감지한 뒤 더 익숙하고 안전한 고향 강으로 돌아와 알을 낳는다. 그리고 연어의 새로운 주기가 시작된다.

왕나비의 애벌레는 다섯 번에 걸쳐 허물을 벗은 후 추운 겨울을 피하기 위해 가을에 남서쪽으로 날아간다. 봄이 오면 바다표범은 여름을 대비해 두터운 겨울 코트를 벗어두고 털갈이를 한다. 털갈이하는 동안에는 물이 피부에 차갑게 와 닿아 피해를 보기 쉽기 때문에 그때는 물에 들어가지 말아야 한다. 수컷 말코손바닥사슴에게는 나뭇가지처럼 갈라진 뿔이 있는데, 이 뿔은 4월에서 8월 사이에 엄청나게 길어진다. 짝짓기 경쟁이 일어나는 가을철을 대비하기 위한 준비 과정이다.

많은 동물들이 지역마다 처음 내리는 비가 보내는 신호에 민감하다. 흰개미들은 첫 비가 내리자마자 갈색의 긴 날개를 퍼덕이며 화산이 폭발하듯 둥지에서 쏟아져 나온다. 이들은 잠시 공중에서 날면서 짝짓기하는 '결혼 비행'을 한 뒤 새로운 가족을 형성해 정착한다. 흰개미를 먹는 동물들은 모두 이때를 기다린다. 철새인 붉은벌잡이새는

3월에서 8월까지 적도아프리카에서 지내기 위해 잠베지강 위를 날아가다 흰개미 식사를 즐긴다. 개미핥기와 꿀오소리, 천산갑 역시 잔치에 참여한다.

새로운 계절을 느끼는 능력

고래나 새와 같은 동물들처럼 인간의 하루 리듬(생리 작용)도 낮의 길이와 햇빛이 노출된 양에 영향을 받는다. 우리는 그저 자연 속에 있기만해도 스트레스 수치와 혈압이 낮아지는 경험을 할 수 있다. 근육의 긴장이 풀리고 불안과 우울 같은 부정적인 감정도 줄어든다. 자연의 순환을 깨달으면 식물과 동물이 사는 환경과 모든 면에서 연결되어 있다고 느낄 수 있다. 이런 생각을 하면 우리 몸과 마음이 치유되는 듯하다. 그런데 우리는 기술 중심의 생활에 단단히 빠져 있고 너무 바빠서야외에서 보낼 시간을 빼둘 엄두도 내지 못한다. 많은 사람이 자연의리듬과 단절되어 있다. 우리는 느긋하게 자연을 즐기지 못하고, 자연속 삶을 친미하지 않으며, 자연에서 휴식하는 시간을 소홀히 한다.

　봄에 씨앗을 뿌려서 가을에 곡식을 거두기까지 인간은 자연의 신호에 맞춰 많은 일을 하고 의례를 치른다. 봄에 새롭게 시작하는 것을 기념하는 의례는 가장 중요한 계절 의례다. 날씨가 따뜻해지면서 햇빛을 많이 받으면 기분이 좋아진다. 도파민 분비가 촉진되기 때문이다. 자신감이 높아지고, 기억력도 증진되고, 성장호르몬도 더 많이 분비된다.

춘분에 태양이 적도 바로 위에 오면 사람들은 봄의 시작과 관련된 의례를 많이 행한다. 북반구에서는 태양이 3월 21일에 적도를 지나 북쪽으로 이동하는데 이때가 바로 춘분이다. 태양이 매년 9월 22일에 적도를 지나 남쪽으로 이동하면 이때는 추분이라고 부른다. 남반구의 계절은 그와 반대다.

춘분이나 추분과 관련된 의례는 수 세기 동안 이어져 내려왔다. 고대 켈트족과 색슨족은 새벽과 다산의 여신인 에오스트라를 숭배하기 위해 '오스타라'라는 축제일을 만들었는데, 오늘날 이 오스타라에서 비롯된 축제가 많다. 토속 신앙과 마법을 숭배하는 사람들은 오스타라 때 지모신과 태양신의 결혼을 축하하고 새롭게 성장하는 모든 것에 축복을 내린다. 기독교의 부활절과 유대교의 유월절도 이 무렵이다. '부활절Easter'이라는 단어 자체도 '에오스트라Eostra'에서 유래했다. 고대 페르시아인은 봄이 시작되면 13일 동안 축제를 즐기면서 봄이 찾아온 것을 축하했다. 페르시아의 새해나 다름없는 이날은 지금은 '새로운 날'을 뜻하는 '노루즈'라고 부른다. 로마신화에서 미트라 신은 춘분 때 부활해 흰색 황소를 죽이고 달과 밤하늘을 창조했다. 마야인은 유카탄반도에 위치한 치첸이트사 한가운데의 계단식 피라미드인 쿠쿨칸 신전에서 의례를 행했다. 마야인은 이 신전을 춘분날 오후에 드리운 해의 긴 그림자 방향에 맞춰 설계했다. 많은 곳에서 인간은 춘분을 의식하면서 자연이 보여주는 신호에 반응해 봄이 온 사실을 기념해왔다.

고대와 현대를 통틀어 오스타라 의례를 행할 때는 보통 봄 색깔로 꾸민 제단을 세우고, 그곳에 신상과 상징적인 동물을 새긴 조각과 달걀 바구니 여러 개를 놓는다. 제단에 놓인 물건은 모두 영적인 재생을 상징한다. 남자와 여자가 봄을 상징하는 신들 사이에서 일어나는 구애 행위를 흉내 내고 씨앗을 심는 시늉을 한다. 사람들은 숨겨진 달걀을 찾아내거나 달걀에 그림을 그리거나 달걀을 먹는 등 달걀과 관련된 놀이를 한다. 오스타라 축제 때는 상징적인 의미가 담긴 십자가 무늬 빵을 즐겨 먹는다. 십자가 무늬에는 땅, 공기, 불, 물 등 4원소, 동서남북의 4방위, 달의 네 가지 변화, 사계절 등 다양한 의미가 담겨 있다.

춘분과 추분은 태양이 적도에서 가장 가까울 때를 기념하는 반면, 하지와 동지는 태양이 적도에서 가장 멀리 떨어진 때를 기념한다. 하지는 1년 중 해가 가장 긴 날이고 동지는 해가 가장 짧은 날이다. 영국 월트셔에 있는 선사시대의 거석 기념물인 스톤헨지는 하지에 해가 뜨는 방향과 동지에 해가 지는 방향을 나타낸다. '하지 Summer Solstice'나 '동지 Winter Solstice'라는 영어 단어 속에 있는 '솔스티스 Solstice'는 '가만히 서 있다'를 뜻하는 라틴어에서 나왔다. 태양이 적도에서 가장 멀어진 하지나 동지의 정오에 하늘을 올려다보면 태양이 가만히 서 있는 것처럼 보인다.

봄이 와서 햇볕을 많이 쬐면 기분이 좋아지고, 겨울에 낮이 짧아져서 햇볕을 충분히 쬐지 못하면 기분이 나빠진다. 햇볕을 적게 쬐면 계절성 정서 장애나 우울증을 겪을 수도 있다. 우리의 활동이나 의례는 계절 변화를 받아들이는 데 도움이 된다. 연구자들은 우리가 정원

가꾸기나 들새 관찰과 같은 활동을 통해 스스로 삶을 통제하고 행복을
느끼며 자연과 삶의 순환을 다시금 받아들일 수 있다고 주장한다. 주
기적으로 되풀이되는 자연의 변화를 체험하면서 우리는 내면 깊은 곳
에서부터 새로워질 수 있다.

　자연을 기록하면서 마음을 치유하고 역사에 흔적을 남길 수도
있다. 봄에 철새가 처음 찾아온 때나 가을에 처음으로 단풍이 물들기
시작한 때를 일기에 기록해보자. 교토에 처음 벚꽃이 핀 날을 설명한
9세기 기록이 아직도 남아 있다. 우리도 뒷마당이나 동네 공원, 오솔
길에 피는 꽃을 기록할 수 있다.

봄맞이 대청소로 새롭게 시작하다

봄맞이 대청소 역시 새로워지는 시기를 기념하는 의례의 일종이다.
동물들도 우리처럼 봄맞이 대청소를 한다는 사실을 알면 놀랄 것이
다. 검은발숲쥐는 기생충을 물리치기 위해 둥지에 월계수 잎을 가져
다 놓는다. 계피 색깔 몸에 털이 많은 꼬리와 크고 동그란 귀를 지닌 귀
여운 이 쥐는 집 청소를 정말 잘한다.

　야행성 해변쥐도 나름대로 봄맞이 대청소를 한다. 봄에 날씨가
따뜻해지면 오래된 씨앗 껍질과 겨울 동안 먹었던 곤충의 딱딱한 외
골격을 굴 밖으로 내놓는다. 생쥐 역시 3월과 4월에 같은 행동을 한다.
내버린 쓰레기와 풀로 굴 입구가 어수선할 정도다. 연구자들은 생쥐

가 굴을 청소하면서 해로운 곤충이 붙어 있을 수도 있는 오래되고 부패한 물건들을 치운다고 믿는다.

찌르레기처럼 새 둥지를 짓지 않고 둥지를 재사용하는 새들은 휘발성 물질이 들어 있는 신선한 녹색 잎을 가져다 놓으며 집을 청소한다. 잎사귀에 함유된 화학물질은 기생충의 번식을 방해한다. 기생충은 겨울 한파까지 이겨내면서 오래된 둥지에서 오랫동안 살아남을 정도로 아주 끈질긴데, 신선한 잎에서 뿜어져 나오는 화학물질 덕분에 우글거리는 기생충 무리에게 새끼 새들의 피를 빨리지 않아도 된다.

꿀벌의 벌집은 아마도 자연에서 가장 깨끗한 환경일 것이다. 일벌은 질병을 막기 위해 나무에서 모은 프로폴리스라는 항균성 물질로 벌집을 소독한다. 이 물질로 기생충을 죽이고 치울 수 없는 커다란 생물의 사체를 격리시킨다. 벌집 전체에 퍼져 있는 프로폴리스 덕분에 모든 꿀벌이 일종의 사회적 면역력을 가진다. 꿀벌 한 마리 한 마리가 강력한 면역체계를 갖추지 않아도 된다.

너무 많은 수의 동물이 모여 살아서 삶의 터전이 더러워지지 않도록 쓰레기를 제때 치워야 하는 곳은 청소 의례가 특히 중요하다. 다양한 사회적 곤충이 자신의 보금자리를 청소한다. 특히 흰개미나 꿀벌 집단은 땅 밑에 쓰레기 폐기장을 만든다. 가위개미는 땅 밑에 정해놓은 장소를 이용하거나 지하에 위치한 집단 거주지의 입구 바로 앞에 쓰레기를 쌓아놓는다. 쓰레기 더미를 뒤져보면 빛바랜 나뭇잎, 곰팡이가 생긴 물건, 죽은 개미 시체 등이 있다.

성가신 기생충을 몸에서 씻어내기 위해 다른 동물의 도움을 받는 동물도 많다. 바다 밑 암초 사이에서는 청소놀래기가 자리를 잡고 춤을 추는 것 같은 행동으로 자신의 서비스를 광고한다. 물고기들은 이곳에서 청소놀래기의 도움을 받아 몸을 깨끗이 할 수 있다는 사실을 잘 알고 있다. 선명한 색깔의 작은 물고기인 청소놀래기는 다음 손님을 기다리며 헤엄쳐 다닌다. 인기 있는 청소놀래기에게 몸을 맡기려고 물고기들이 줄지어 순서를 기다릴 수도 있다.

어떤 연구자들은 인간의 봄맞이 대청소는 페르시아의 새해맞이 축제 '노루즈'에서 비롯되었다고 말한다. 모든 사람이 '집을 뒤집어놓는다'라고 할 정도로 깨끗이 청소하는 풍습이 있었다. 지금도 과거 페르시아 제국의 영토였던 지역에서는 봄의 첫날인 세헤기 시작되기 직전에 기생충을 없애기 위해 커튼부터 가구까지 샅샅이 청소한다. 현대사회에서 기생충을 없애는 의례가 이상하게 느껴진다면 침대 여기저기에 숨어 있다가 우리를 괴롭히는 빈대를 생각해보자. 먼지만 없앤다고 깨끗한 집을 유지할 수 있는 것은 아니다.

다른 연구자들은 고대 유대인의 관습에서 봄맞이 대청소가 시작되었다고 생각한다. 유대인들은 일주일에 걸쳐 성대하게 기념하는 유월절을 준비하면서 집을 깨끗이 청소한다. 유월절 전날 밤에는 전통적으로 촛불을 켜고 (유월절에는 먹지 못하는) 누룩 넣은 빵의 부스러기가 남아 있는지 뒤져서 찾아낸다. 가톨릭교도들도 2월 참회의 화요일 다음 날부터 시작되는 사순절 직전 혹은 40일의 사순절 기간 중 첫 번째 주에 봄맞이 대청소 의례를 행한다.

특히나 추운 날씨 때문에 혹독한 겨울을 나야 하는 곳에서 봄맞이 대청소를 많이 한다. 겨울이 지나는 동안 문을 닫고 지냈기 때문에 날씨가 따뜻해지면 문과 창문을 열고 환기를 하려고 한다. 내가 어렸을 때 우리 집에는 페르시아 양탄자가 많았다. 그래서 날씨가 따뜻해지자마자 봄맞이 대청소를 하면서 양탄자를 모두 꺼내 빗자루로 두드렸다. 그러고는 나방의 알을 죽여 없애기 위해 온종일 햇빛이 잘 드는 곳에 널어놓았다.

북아메리카와 북유럽에서는 주로 3월과 4월에 봄맞이 대청소를 한다. 이때 더 이상 사용하지 않는 물건을 처분하느라 분주하다. 여러모로 건강에도 좋은 움직임이다. 사람들이 봄을 맞이해 대청소를 하기 때문에 벼룩시장은 봄에 많이 열린다.

사람들이 주로 봄에 대청소를 한다고 해서 굳이 봄까지 기다릴 필요는 없다. 청소는 우리의 신체적 건강뿐만 아니라 정신적 건강을 유지하는 데 중요하다. 수시로 수북이 쌓인 잡동사니를 치우고, 집먼지 진드기, 곰팡이, 흰곰팡이, 반려동물의 비듬을 제거하고, 쥐, 바퀴벌레, 흰개미와 같은 해로운 생물의 똥과 침처럼 알레르기를 일으키는 물질을 없애면서 철저하게 청소해야 한다. 청소하지 않을 이유는 하나도 없다.

일상에서 새 삶을 가꾸는 법

새해 전날에 많은 사람이 한 해를 돌아보면서 새로운 삶을 살겠다고 맹세한다. 이처럼 새로운 시작을 위한 의례에는 다양한 방식이 있다. 개인의 건강에 리셋 버튼을 누르는 일도 여기에 포함된다. 사람들은 갖가지 방법으로 건강을 되찾기 위한 프로젝트를 실천하는데, 나는 50세 생일을 앞두고 내 몸을 재정비하기로 했다. 나는 들떴지만 당장 무엇을 해야 할지 알 수가 없었다. 많은 시행착오를 거친 후에야 예상치 못하게 내장의 건강을 새롭게 할 기회를 찾았다.

나는 30일 동안 내장의 독소를 제거하는 데 도전하기로 하고 와인, 커피, 글루텐, 유제품, 설탕을 먹지 않기로 했다. 소화기관을 건강하게 탈바꿈시킨 지금은 '음식이 약'이라는 슬로건을 굳게 믿는다. 좋은 음식을 믹으면 뇌의 생신성이 높시지고 마음도 건강해진다.

리사 모스코니는 『브레인 푸드』(홍익출판사, 2019)에서 지방이 풍부한 생선, 짙은 녹색의 잎채소, 식물성기름, 복합 탄수화물과 블루베리, 딸기 같은 과일이 우리의 인지능력을 높인다고 말한다.

모스코니는 무엇이든 우리가 먹는 것이 우리의 생각을 구성하는 데 기여한다고 말한다. 우리가 먹는 음식 안에 있는 화합물이 영양소가 되어 뇌를 구성하기 때문이다. 연구 결과에 따르면, 감자튀김과 밀크셰이크처럼 건강에 좋지 않은 음식을 먹으면 우울증과 당뇨병 같은 만성질환에 걸릴 확률이 높아진다. 최근 어느 연구에서는 2030년까지 미국에 사는 성인 중 절반이 비만에 시달릴 것으로 예측되었고, 다른 연구에서는 20년 전과 똑같은 양의 음식을 먹고 같은 시간 동안 운동을 하더라도 사람들의 체지방 비율은 항상 더 높게 나왔다. 대량생산 방식으로 농산물을 재배하고 항생제를 사용해 가축을 길러 그 음식물을 섭취하면서 우리의 내장 생태계가 바뀌었기 때문일지도 모른다. 항생제를 남용하면 소화기관 속 미생물 생태계를 건강하게 유지하지 못한다. 소화기관의 생태계를 건강하게 유지하는 일은 다양한 식물들이 자라는 정원을 조화롭게 가꾸는 일과 같다.

최근에는 소화기관 속 미생물 생태계에 대한 관심이 높아지고 있다. 동물에게도 소화기관 속 미생물은 중요하다. 코끼리들은 이미 이 사실을 알고 가족의 똥을 먹는다. 다른 개체의 배설물 속에 든 미생물을 자신의 몸에 이식하는 방법이다. 지구의 기온이 상승해 몇몇 동물종의 소화기관 속 미생물 생태계에 문제가 생기고 있다. 가뭄이 길어지면 땅에서 자라는 풀의 종류가 달라진다. 이런 풀은 쥐와 토끼 같은 설치류가 먹는데, 먹이가 달라지면 설치류의 내장 속 미생물 생태계는 부정적인 영향을 받는다. 2015년에는 카자흐스탄의 평균기온이 상승하자 그렇지 않아도 멸종 위기였던 사이가산양 20만 마리가 한꺼번에 죽었다. 평균기온이 상승해 소화기관의 미생물 생태계에 위험 요소가 되는 박테리아가 폭발적으로 늘어났기 때문이다.

2020년에는 보츠와나에서 수백 마리의 코끼리들이 의문사했다. 가뭄으로 마실 물이 부족해 지연 발생한 유독성 박테리아가 산뜩 보여 있는 고인 물을 마셨기 때문이다. 짐바브웨에서도 코끼리들이 한차례 집단적으로 죽는 일이 일어났는데, 사이가산양을 죽인 박테리아가 원인이었다고 추측된다. 박테리아의 불균형은 동물들을 떼죽음으로 내몰 수 있다. 이런 사례들을 통해 미생물 생태계를 건강하게 유지하는 일의 중요성을 깨닫는다. 미생물 생태계가 작은 변화에도 얼마나 민감하게 반응하는지를 잘 보여주는 사례이기도 하다. 건강을 다시 돌아보며 새로워지는 의례를 통해 우리의 내장 안 미생물 생태계를 돌볼 수 있다. 듣기만 해도 반가운 소식이다. 나는 내 몸의 전체적인 건강과 면역 체계에 리셋 버튼을 누르면서 앞으로 살아갈 10년을 새롭고 건강하게 선물 받은 느낌이었다. 물론 그렇게 느끼기까지 과정은 순탄하지 않았다.

나는 건강이 그리 좋지 않았다. 그저 좋은 습관을 길러 건강하지 않은 몸이 다시 움직이도록 시동을 걸고 싶었다. 우리는 잠을 충분히 자지 않으면 여덟 시간씩 꼬박꼬박 잘 때만큼 활동하지 못한다는 사실을 알고 있다. 마찬가지로 잘못된 음식을 먹으면 잘못된 결과가 나오고 건강한 음식을 먹으면 몸과 마음 모두 건강해진다.

소화기관의 독소를 제거하던 첫 나흘 동안은 말할 수 없이 고통스러웠다. 닷새가 지나자 나는 잠을 깊이 잘 수 있었고 활기도 넘쳤다. 하지만 둘째 주가 끝날 즈음에는 벌써 이전 생활로 돌아가려 하고 있었다. 레드 와인 한 병, 버터크림을 바른 초콜릿 케이크처럼 먹고 싶은 음식의 목록이 마구 떠올랐다. 그런데 21일째 되는 날에는 몸에 좋지도 않은 음식을 폭식하고 싶은 욕구가 더 이상 생기지 않았다. 산성을 띠는 식품과 염증을 일으키는 식품을 많이 먹지 않으려고 노력하니 내 몸이 달라지는 것이 느껴졌다. 그 느낌만으로 건강한 생활을 계속할 수 있었다.

기존 체제를 뒤엎고 새로운 계획을 실행하는 것은 여간 쉬운 일이 아니다. 아무리 좋아질 수 있다고 장담한들 우리 몸은 새로운 체제에 쉽게 익숙해지지 않는다. 새로워지는 일은 구체적인 목표를 이루는 일이라기보다 하나의 여정에 가깝다. 평생 동안 새로운 상태를 지속할 수 있는 의례를 만드는 일이 가장 중요하다. 이것이 바로 새로워지는 의례의 진정한 목표다.

몸과 마음을 새롭게 개선하려는 사람들이 모인 집단에 들어가 함께 프로그램에 참여하면서 많은 지지와 도움을 얻었다. 개인의 의지력만으로 성공하려고 애쓸 필요는 없었다. 때로는 우리의 어려움을 이해하고 노력을 응원해줄 공동체가 필요하다. 집단 속에서는 혼자서는 발휘하기 어려운 초인적인 힘을 얻을 수 있다. 또한 사람들과 함께하면 좋은 습관을 의례의 형식으로 만들기가 더 쉬워진다.

명상도 새로운 습관을 만들고 실천하는 데 유용했다. 특히 일을 시작하기 전 명상이 하루를 제대로 살 힘을 얻게 해주었다. 내 몸을 청소하고 집을 정돈했던 것처럼 명상을 위해 마음을 정리해야 했다. 명상을 처음 하는 나에게 음악은 특히 중요한 수단이었다. 나는 고요한 상태로 접어들기 위해 인도 피리와 타블라 연주 녹음을 듣는다. 느리고 잔잔한 연주에서 열광적인 연주로 변화하는 음악의 흐름을 따라잡으려면 완전히 주의를 집중해야 했다. 20분 정도 듣고 나면 다른 생각들이 모두 사라졌다. 마음이 맑아지면 음악을 끄고 최소한 10분 동안 아무 생각도 하지 않으려고 노력했다. 마음을 가라앉힐 수 있다는 단순한 생각만으로도 힘이 솟았다. 독소를 제거하기 위해 음식을 가려 먹는 일뿐만 아니라 다른 목표를 이루는 데도 도움이 되었다. 집중의 힘이었다. 그래서 요즘에도 새로워지기 위한 나만의 의례인 명상을 수행한다.

　명상은 여러 가지 면에서 유익한 활동이다. 연구 결과, 명상을 하는 사람들은 최소 11시간 이내에 생각, 행동, 감정을 조절하는 능력이 향상되었고 결과적으로 뇌 건강도 좋아졌다. 명상에 대한 과학적 연구는 매일 행하는 습관적인 의례가 어떻게 삶을 바꾸어놓는지 보여준다. 뇌를 바꾸기가 얼마나 쉬운지 알게 되는 것만으로도 의욕이 솟아난다.

　습관을 조금만 바꿔도 전체적으로 건강이 좋아지고 풍성한 삶을 누릴 수 있다. 가장 좋은 출발점은 새로워지는 의례를 통해 어떤 방식으로든 우리를 돌보는 것이다. 충분히 휴식하고 올바른 음식을 먹고 운동을 시작하면서 첫걸음을 내딛어보자.

　봄맞이 대청소는 단순히 정리하는 일을 넘어선다. 이 의례를 통해 건강을 지키고 개선할 수 있다. 계절 변화를 축하하는 축제 문화뿐만 아니라 삶과 건강을 관리하는 일상의 개인적인 습관까지도 새로워지는 의례에 포함된다. 많은 동물이 자연스럽게 이런 의례를 행한다. 나는 혹등고래 어미와 새끼를 지켜보았다. 이들은 새해를 맞이해 고향인 마우이섬으로 돌아왔다. 나의 내면으로 여행을 떠나도록 용기를 불어넣어준 이들에게 감사할 따름이다.

10장

우리 자신을 되찾는 여행

✦

여행 의례

Rituals of Travel & Migration

"우리의 지각이 바람을 쐴 만큼만
여행하면 된다."

_헨리 데이비드 소로

다른 곳으로 여행하는 인간과 동물

나는 땅을 내려다보며 코끼리가 몇 마리인지 세고 있었다. 1994년 나미비아 잠베지 지역의 건기가 끝나갈 무렵이었다. 건기에는 화재가 자주 발생하고 비를 약속하는 구름이 갑자기 많아진다. 코끼리의 대규모 이동을 아직 아프리카에서 볼 수 있었다. 이동이 막 시작되려 하고 있었다.

늦은 오후에 50마리의 코끼리 무리가 잿빛 티크 숲에서 나와 아카시아 숲을 통과해 콴도강을 향해 이동하고 있었다. 물을 마시려는 듯했다. 다른 50마리는 뱀처럼 굽이지어 흐르는 강기슭의 숲을 지나가고 있었다. 멀리서 코끼리 몇 마리가 호스슈 강기슭에 다다른 모습이 보였다. 이곳은 강이 U자 모양으로 구부러져서 호스슈라는 이름이 붙여졌다. 벌써 200마리의 코끼리가 해가 질 때 모여서 물을 마시기 위해 이곳에 도착해 있었다.

코끼리의 수를 세려고 우리가 탄 비행기는 낮은 고도로 천천히 날았는데, 코끼리들로 가득한 풍경이 더욱 강렬하게 와닿았다. 남편과 나는 비행기 뒤쪽의 창문 밖을 내려다보며 마리 수를 세고 있었다. 남편은 부조종석에 앉아 있었다. 남편은 코끼리의 개체 수 조사를 기획하고 실행하고 마무리하는 일을 맡았다.

구역별 조사가 끝나자 비행기는 몸체를 오른쪽으로 급격하게 기울여서 날았다. 우리는 다음 조사 구역의 GPS 좌표를 찾아가기 위해 보츠와나 국경을 향해 남쪽으로 방향을 돌렸다.

강을 따라 날아가면서 아래를 내려다보니 호스슈의 코끼리 무리는 계속 늘어나고 있었다. 코끼리 가족이 그물망처럼 얼기설기 이어진 먼지투성이 길을 따라 줄지어 걷고 있었다. 코끼리가 이동하는 길은 수백 년도 더 되었다. 티크 숲을 지나고 나무들이 듬성듬성 자라난 숲을 거치자 구불구불하게 이어진 길이 등장했다. 족히 수백 킬로미터는 되어 보였다. 길은 코끼리 가족의 집단 기억을 표현하는 거대한 그물망처럼 보였다.

나는 수많은 코끼리가 북쪽에서 남쪽을 가로지르며 산림지대를 가득 채우고 있는 광경에 감탄했다. 코끼리들은 숲에서부터 강으로 쏟아져 나왔고 넓은 강가 평지에는 무더기로 펼쳐져 있었다. 남쪽으로 갈수록 회색 덩어리로 보이는 코끼리 무리가 더 빽빽하게 모여 있었다. 길게 이어진 대규모 코끼리 떼에 소규모 코끼리 무리가 점점 더 많이 합류했다. 결국 우리가 세고 있던 코끼리의 수는 1,000마리를 훌쩍 넘어섰다.

이 지역에 비가 많이 내리는 시기가 다가오면 코끼리 집단의 규모는 더 커진다. 이들은 남쪽으로 이동해 보츠와나의 오카방고삼각주로 들어간다. 비가 내리기 시작할 때까지 코끼리들은 3일 주기로 움직인다. 먹이를 충분히 얻기 위해 강에서 내륙으로 들어갔다가 다시 강으로 돌아왔다. 먹이를 구하기 어려워지면 더 멀리 가야 했다. 우리는 사흘 만에 강으로 돌아와 오랫동안 물을 마시는 코끼리들을 지켜보았다. 그 광경을 보면서 100년 전의 '잃어버린' 시대를 생각했다. 밀렵이 심해시기 선이었고, 아프리카의 많은 지역에 동물들의 이동을 막는 울타리가 없었을 때였다. 그러나 잠베지에서 오카방고삼각주로 이동하는 코끼리의 이동 경로는 지금도 여전히 자연의 불가사의다. 코끼리 가족에게만 대대로 전해 내려오는 길이다.

현재는 코끼리의 오랜 이동 경로들이 많이 막혔다. 아프리카 남부에서는 한때 한 무리의 코끼리들이 비구름을 쫓아 새롭게 자라나는 풀을 따라가면서 에토샤 국립공원에서 북쪽의 앙골라까지 올라갔다. 강을 따라 북쪽의 앙골라와 잠비아로 향했다가 다시 남쪽의 보츠와나로 이동하는 코끼리 무리도 있었다.

한때 보츠와나에서는 영양과 얼룩말이 대이동을 했다. 그런데 사람들이 야생동물과 가축을 분리하는 울타리를 쳐서 거의 모든 이동 경로를 막았다. 잠베지에서 보츠와나의 오카방고삼각주로 향하는 길은 아프리카에 아직 남아 있는 주요 이동 경로다. 코끼리들이 가장 많이 이용하는 길이다. 최근 동물의 이동 경로를 복구해 다시 안전한 통로를 만들려는 움직임이 일어나고 있다. 잠비아의 남서부에서 시작해 북쪽으로는 앙골라의 남동부까지 뻗어 있는 이 길은 남쪽으로는 잠베지를 거쳐 오카방고삼각주까지 연결한다. 잠베지는 예전이나 지금이나 코끼리들이 종종 이동 통로로 이용하는 곳이다.

탄자니아의 세렝게티 평원에서는 큰 영양 200만 마리와 작은 영양을 포함한 얼룩말 20만 마리가 매년 2,900킬로미터를 넘는 거리를 이동한다. 이들은 시원한 비를 맞으며 달린다. 이야기 속에나 나올 법한 풍경을 그리며 풀들이 솟아나 있는 초원을 찾아 케냐 마사이 마라까지 이동한다. 동물들이 이동하는 생태학적인 이유는 계절 변화로 인한 복잡한 역학 관계와 관련 있다. 예를 들어 흰기러기는 그린란드, 캐나다, 알래스카의 추운 겨울에서 벗어나기 위해 미국, 멕시코 등 남쪽 나라로 이동한다. 먹잇감인 동물이 이동하면 포식동물도 뒤따라 이동한다. 똑같은 방식으로 인간도 한때 아메리카들소나 매머드 떼를 뒤쫓았다. 아무리 멀어도 비가 일찍 내려 풀이 빨리 자라는 곳이 있으면 코끼리, 얼룩말, 영양은 그곳을 찾아간다.

회색 고래는 매년 러시아 바다에서 멕시코로 왔다가 다시 돌아간다. 이들은 멕시코의 얕고 안전한 석호에서 짝짓기를 하고 새끼를 낳는다. 새끼가 튼튼해지면 물의 온도는 낮지만 영양분이 풍부한 북극바다로 돌아간다. 과학자들은 위성 추적을 통해 회색 고래 한 마리가 2만 2,530킬로미터를 이동한다고 기록했다. 포유동물 중에서 가장 먼 거리를 이동한 기록이다. 세계에서 가장 먼 거리를 이동하는 동물은

120가지 철새 가운데 자그마한 북극제비갈매기다. 이 새는 매년 그린 란드와 남극대륙 사이 지그재그로 난 길을 따라 7만 810킬로미터를 비행한다.

인간은 신생대 홍적세 때 수렵과 채집을 하면서 옮겨 살던 관습을 1만 2,000년 전부터 서서히 중단하기 시작했다. 기후를 비롯한 여러 요인이 겹쳐졌기 때문이다. 빙하시대가 끝나면서 날씨가 따뜻해지고 지나치게 사냥을 많이 하는 바람에 매머드, 마스토돈, 거대 나무늘보 와 같은 사냥감이 멸종했다. 이 시기에 인간은 동물을 가축으로 기르 고 농업을 시작했을 가능성이 크다.

오늘날 사람들은 대부분 더 잘 살거나 억압에서 벗어나고자 이주 한다. 경제적이거나 정치적인 이유다. 이민자는 새로운 정체성을 형 성하고 처음 접하는 환경에서 소속감을 느낄 수 있도록 새로운 공동체 를 만들어야 한다. 사람들이 이전의 믿음과 자의식을 새롭게 펼쳐질 삶에 접목시킬 수 있을 때 다양한 의례가 생겨난다. 코펜하겐의 아슈 라 행진이 그런 예다. 덴마크에 정착한 수천 명의 이슬람교도는 매년 자신들의 종교를 기념하는 행진에 참여한다.

여행을 종교 의례로 삼는 사람들도 있다. 이슬람교도는 이슬람교 의 성지인 사우디아라비아의 메카를 찾아가고, 가톨릭 신자들은 교황 이 사는 바티칸 교황청을 방문하기 위해 로마로 순례 여행을 떠난다.

오늘날에는 순례를 포함한 다양한 종류의 여행 의례가 있다. 영 국, 오스트레일리아, 뉴질랜드에는 학생들이 1년 동안 쉬면서 자아 를 탐색하고 세계를 발견하기 위해 여행을 떠나는 관습이 있다. 학생

뿐만 아니라 많은 원주민들이 삶에 대한 통찰력을 얻기 위해 여행 의례에 참여한다. 이 의례는 실제 여행을 의미할 수도 있고 추상적인 의미를 지닐 수도 있다. 오스트레일리아 원주민은 오래전부터 전해지는 노래에 여행의 의미가 깃들어 있다고 믿는다. 노래가 땅과 하늘을 연결하는 길이자 조상신의 영혼이 만들어낸 꿈의 길이라고 생각한다. 오래된 노래를 부르고 듣는 의례를 행하면 이 길을 거닐 수 있다. 이런 노래를 들음으로써 실제로 노래에 묘사된 엄청나게 넓은 땅을 직접 보고 걷는 경험을 한다고 여긴다. 노랫말에 그려진 여정 중 일부는 수천 킬로미터를 가로지르며 다양한 원주민 지역들을 연결한다.

비전 퀘스트Vision Quest는 영적인 여행을 떠나는 의례다. 지역과 문화에 따라 다양한 형식으로 나타나지만, 보통 성스러운 장소를 정해 두고 그곳에서 며칠 동안 금식을 하거나 지혜를 얻기 위해 자연 속에서 홀로 지낸다. 비전 퀘스트는 성인이 되는 젊은이의 전통적인 통과의례다. 그런데 요즘은 갓 성인이 된 해당 문화권의 젊은이들이 아니라 문화적 배경이 다양한 성인들도 이런 의례를 행한다. 비전 퀘스트에는 고독, 비우기, 자립 등의 요소가 포함되어 있어 자연을 깊이 체험할 수 있다. 그러면서 종종 환각제를 사용하기도 한다.

현대인은 앉아서 거의 꼼짝하지 않는 문화 속에서 살고 있다. 손 안에 세상을 쥐고 볼 수 있는데 군이 어디로든 갈 필요가 있을까? 디지털 기술과 통신 기술이 발달한 덕분에 필요한 것은 무엇이든 집에서 체험할 수 있는 시대임에도 여전히 세상 밖으로 나갈 때 얻는 것이 많다. 여행을 사치로 여길 수도 있지만 많은 연구에서 밝혀졌듯 여행은 육체적·정신적 건강을 지키는 데 도움을 준다.

불타는 숲은 동물을 이동하게 한다

1994년에 코끼리 수를 세던 아프리카로 돌아가보자. 이동하는 코끼리의 수를 마지막으로 세기 전, 우리도 모르는 사이에 큰불이 난 곳을 지나가게 되었다. 코끼리들은 건기에 강가의 나무들을 열심히 먹었다. 우리는 나무를 얼마나 먹어치웠는지 알아보기 위해 나무들을 확인하고 있던 차였다. 그때 심한 바람이 불었다.

묘목과 어린나무의 키를 재고 나무껍질이 벗겨진 정도를 조사하는 동안, 뜨거운 재의 소용돌이가 등산화 언저리에서 휘몰아쳤다. 그을음이 양말과 정강이를 완전히 뒤덮었다. 코끼리 수를 세는 작업을 시작하기 전에 내가 맡은 10개 구역의 나무 조사를 끝내기 위해 속도를 높였다. 그러나 조사하려던 나무 중 하나에 불이 붙자 그곳에서 탈출해야 할 때라는 사실을 깨달았다.

그곳을 빠져나오는 동안 바람이 더 거세지더니 불이 갑자기 길을 건너와 우리가 탄 트럭의 앞과 뒤를 에워쌌다. 이미 불에 탄 도로 양쪽에 남아 있는 누런색의 마른 풀들 사이로 불이 빠르게 번졌다.

몸에 검은 재가 뒤덮인 코끼리 가족이 우리 앞에서 모랫길을 횡단하고 있었다. 그을음이 묻은 그들의 회색 피부에는 주름이 얕게 잡혀 있었다. 오랫동안 물을 제대로 마시지 못해 피부가 건조해진 듯했다.

새하얀 빛의 상아가 회색빛이 짙은 피부와 대조를 이루었다. 암울한 환경 속에서도 코끼리들이 잿더미 사이에서 찾아 먹을 수 있는 신선한 풀들이 군데군데 돋아나 있었다.

하얀 재가 회오리바람에 가득 실려 날아다녔다. 나는 바람이 끊이지 않고 불어대는 곳의 왼쪽으로 방향을 틀었다. 이 바람이 기세를 돋우는 불 뒤에서 이미 다 타버린 땅을 가로질러 휘몰아쳤다. 바람은 아직 타들어가며 연기를 피워내는 나뭇잎들을 공기 중으로 끌어올렸다. 기세 좋게 활활 타오르는 불에서 멀어지기 위해 계속해서 동쪽으로 차를 몰았다. 서쪽으로 바람이 부는 탓에 짙은 연기가 우리 뒤에서 피어올랐다.

뜨거운 불기운 때문에 저절로 불이 붙은 죽은 나무는 주기적으로 폭발이 일어났다. 불의 혀가 검게 탄 나무를 게걸스럽게 먹어 치웠다. 지평선은 이글이글 타올랐다. 왼쪽에서 나무 한 그루가 폭발했고, 오른쪽에서는 또 다른 나무가 폭발했다. 연이은 폭발에 공기는 점점 더 요동치며 작은 회오리바람을 계속 불러일으켰다.

서 있는 나무라고는 멀리 있는 리드우드라는 나무뿐이었다. 빛나는 은회색 몸통과 밝은 오렌지색 잎들은 풍경에 색다른 옷을 입혔다. 나무가 벌거벗은 채 시체처럼 서 있는 독특한 풍경 한가운데 리드우드가 자라나 있었다. 횃불 같은 잎이 달린 리드우드는 1년 더 살아남을 것이었다. 놀랍게도 단단한 나무의 꼭대기에 나 있는 잔가지는 아무런 피해도 입지 않은 채 빽빽하게 남아 있었고, 앞으로도 몇 년 동안 그러할 것이다.

불이 난 곳에서 멀어지자 풍경은 색깔을 되찾았다. 이제 모래가 아니라 진흙이 땅바닥을 이루고 있었다. 커다란 테르미날리아 나무에 열린 얇은 꼬투리들은 자줏빛으로 빛났고, 굳어버린 진흙길 가운데를 키 작은 풀들이 형광 녹색과 파스텔색으로 물들이고 있었다. 나무가 듬성듬성 서 있는 숲은 주황색, 노란색, 적갈색 등의 색감을 자랑했다.

자연 발화로 인한 화재는 생태계에서 흔히 일어난다. 어떤 나무의 씨앗은 불이 나야 싹을 틔운다. 캘리포니아의 덤불 지대에서는 몇십 년에 한 번씩 큰불이 나고 그 시기를 기점으로 식물이 새로 자라난다. 불이 난 덕분에 식물이 새로 자라나야 많은 동물이 먹이를 구할 수 있다. 아프리카에서 건기가 끝나갈 무렵 뜯어먹을 풀이 거의 없어졌을 때 특히 더 그렇다. 초창기 인류는 아프리카에서 불을 사용하면서 진화했다. 인간은 불을 피우는 방법을 습득하자 미지의 세계에 대한 자신감을 얻었다. 그들은 아프리카에서 유라시아로 이주하는 새로운 도전을 감행했다.

현대인이 이산화탄소를 대량으로 배출하면서 기온이 상승한 탓에 많은 곳에서 큰 화재가 자주 발생한다. 캘리포니아의 나무들은 특히 잦은 화재, 가축 방목, 나무좀과 같은 해충의 습격 등으로 견딜 수 없을 만큼 큰 피해를 보고 있다. 이런 요인은 나무는 물론이고 그곳에 사는 모든 동물에게도 영향을 준다.

화재가 나면 자연에서는 식물의 분포가 달라지므로 새의 이동 방식도 영향을 받는다. 화재는 이동하는 동물에게 부정적인 영향을 주기도 하고 긍정적인 유익을 제공하기도 한다. 몬태나의 솔숲을 찾는 철새들을 연구한 결과, 들불이 난 후 카신의 비레오새와 스웨인슨의 개똥지빠귀가 줄어들었다. 반면, 딱새의 일종인 타운센드의 솔리테르새와 붉은가슴유리무당새는 늘어났다. 심한 불이 아닐 때는 일부 철새의 수가 늘어났고, 심각한 규모의 불이 났을 경우에는 모든 새의 숫자가 줄어들었다.

다행히 남편과 트럭을 운전해 지나간 곳의 불길은 심하지 않았다. 우리는 들불에서 무사히 탈출했다. 그 후 비행기에서 이동하는 코끼리를 조사하면서 불탄 아프리카 초원의 광경을 내려다보았다. 땅 위에서 볼 때와는 다른 관점으로 들불을 볼 수 있었다. 상승 기류에서 미끄러지듯 비행하는 독수리 떼를 피하기 위해 비행기가 비스듬히 날았을 때였다. 아직도 불이 난 곳에는 연기가 자욱했는데, 하늘에서는 그 광경이 자세히 보였다. 해가 저물고 있었다. 우리는 3년 동안 집으로 삼고 지냈던 수수웨 관리소의 갈대 지붕 집으로 돌아갈 채비를 했다.

비행기가 외딴 활주로에 착륙할 때 거대한 핏빛 해가 뒤로 지면서 바오바브나무의 윤곽만 보였다. 해가 지평선 너머로 미끄러져 들어가고 있었고 연기 탓에 지평선은 잘 보이지 않았다. 잿빛만 감도는 하늘에는 붉게 물든 보름달이 떠올라 멀리 구불구불하게 흐르는 강을 비추었다.

샤워를 마치고 저녁을 먹은 후 우리는 잠자리에 들었다. 워낙 오랜 시간 비행했던 터라 피곤한 상태였다. 그러나 밤새 짝짓기 하는 하마의 신음을 들어야 해서 그다지 편안한 밤은 아니었다.

우리의 여정을 되짚어보다

아프리카에서 야생동물과 함께하는 우리의 여정은 1992년 1월에 시작되었다. 학위를 끝내고 다음 학위 과정에 들어가기 전에 한 해 쉬기로 한 남편과 나는 얼마 되지 않는 돈을 들고 남아프리카공화국에 도착했다. 남편의 할머니에게서 폭스바겐의 '딱정벌레차'를 사서 9개월 동안 아프리카 남부와 주변의 국립공원을 돌아다녔다. 그러던 중에 나는 나미비아 잠비아 지역에서 코끼리의 개체 수를 연구하는 일자리를 제안받았다.

이 지역은 20세기 초에 잠비아의 남쪽 국경과 오카방고삼사주 위 보츠와나의 북쪽 국경 사이에 끼어 있었다. 제1차 세계대전이 일어나기 전 독일 출신 식민지 개척자들이 잠베지강에 접근했을 때 아프리카 남부를 횡단하는 트럭 수송로를 만들기 위해 얻어낸 땅이었다.

그곳에 도착했을 때만 해도 그 지역에는 야생동물과 인간의 거주지를 분리하는 울타리가 없어서 인간과 동물은 자주 충돌하곤 했다. 코끼리들은 숲에서 먹이를 구하고 물을 마실 강으로 이동해야 했다. 인간 역시 농사지을 땅이 필요했으므로 코끼리와 강을 공유해 안전하게 사용해야 했다. 나의 일은 코끼리와 농부가 모두 원하는 바를 이루도록 환경과 요구 사항을 조절하고 어쩔 수 없이 뒤따르는 갈등에 대한 해결책을 찾아내는 것이었다.

경비원이 언제 우리 거처의 문을 두드릴지 몰라 나는 항상 조마조마했다. 어느 날 경비원은 뜨겁고 먼지투성이인 길을 오랫동안 자전거로 달려오느라 기진맥진했다. 그는 코끼리들이 또 다른 농부의 옥수수밭을 습격했다는 소식을 전했다. 나미비아 정부는 이런 문제가 줄어들기를 바라는 마음으로 나를 고용했다. 그래서 그곳 사람들은 코끼리가 보호 구역에서 벗어나 입힌 손해를 내 책임으로 여겼다. 강의 한쪽에는 사람들의 거주지가 줄지어 있었고, 다른 한쪽에는 코끼리 서식지가 있어서 지역 전체를 한 번에 돌아 순찰하는 건 불가능한 일이었다. 불가능한 과제를 어깨에 짊어지고 있었으니 잠베지에서 사는 동안에는 완전히 마음을 놓아본 적이 없었다.

콴도강 강변에 있는 갈대 지붕 집은 그런 나를 깊이 위로해주었다. 작은 침실과 바깥세상을 분리하는 장벽이라고는 무릎 높이에서 천장까지 뚫린 창문밖에 없었다. 창문 너머에서는 표범들이 밤새 돌아다녔고 코끼리들이 푸르스름한 새벽빛을 받으며 풀을 뜯었다. 코끼리들은 우리의 존재를 알고 있으면서도 자신들이 좋아하는 낙타가시나무의 꼬투리를 먹기 위해 우리 집 주위를 조용히 걸어 다녔다.

밤에는 코끼리의 숨결이 내 얼굴에 닿았다. 그 숨결에 놀라 잠에서 깨어보면 창문 바로 밖에서 코끼리가 나뭇가지와 꼬투리를 씹고 있었다. 그럴 때면 세상에서 제일 큰 육지 생물의 코를 올려다보곤 했다. 나는 코끼리의 느리고 규칙적인 숨결에 마음이 편안해져 결국 다시 잠이 들었다.

1995년 우리가 대학원으로 돌아가려고 잠베지 지역을 떠날 때 그곳은 소란스러웠다. 앙골라 반란군이 이 지역으로 쳐들어왔다. 연구 현장은 국경과 16킬로미터도 채 떨어지지 않은 곳이어서 포위될 위험이 있었다. 그로부터 15년여의 시간이 지난 뒤인 2011년과 2012년에 코끼리 보호를 위한 연구를 수행하려 그곳에 다시 가게 되었다. 동물 보호 구역에 사는 인간의 건강이 연구 주제에 포함되어 있었다. 나는 그곳이 얼마나 많이 바뀌었을지 궁금했다.

먼저 울타리가 설치되어 있었다. 그것이 한 가지 변화였다. 몸집이 큰 영양인 쿠두 같은 사냥감도 뛰어넘을 수 없을 만큼 높은 이중 울타리가 보츠와나와 나미비아 사이에 세워져 있었다. 보츠와나는 질병이 없는 건강한 소의 고기를 유럽 시장에 팔기 위해 야생동물을 최대한 분리시키고 싶어 했다. 그런 목적으로 울타리를 세운 것이다. 울타리는 야생동물을 위협했다. 아프리카에 남은 마지막 코끼리 이동 경로 중 한 곳이 사라질 위기에 처해 있었고 많은 동물이 울타리 안에 갇혀 있었다. 남편이 1990년대 초부터 코끼리의 이동을 조사한 자료가 강 옆의 울타리 일부를 없애는 근거로 활용되었다. 위성 기술 초기에 몇 년 동안 무선 원격계측으로 나무 덤불 사이를 헤치며 코끼리를 추적해 얻은 자료였다. 노력의 결실을 거둔 듯해 무척 뿌듯했다. 당시에는 위성 장치에서 GPS 좌표를 받으면 1~2킬로미터 이내 범위까지만 알 수 있었다. 오늘날에는 GPS 기술을 이용한 추적 장치가 30센티미터 이내 혹은 그보다 더 좁은 범위까지 오차범위를 정확하게 잡아낼 수 있다.

나는 신이 나서 예전에 연구했던 지역에 사는 주민들을 인터뷰하고자 했다. 그리고 어느 날 시간을 내어 콴도강 옆 우리가 살았던 집을 찾았다. 그곳으로 가면서 대체 무엇을 기대했는지 잘 기억나지 않는다. 동료 중 누구도 갈대 지붕 집이 이제는 사라졌다고 이야기해주지 않았다.

나는 한눈에도 몇 개 남지 않은 벽돌들을 멀리서 바라보면서 우리가 직접 세운 집이 있었던 곳을 향해 달려갔다. 집이 남아 있다면 나를 과거로 데려가주리라 기대했다. 집은 그곳에 없었다. 추억은 더 이상 현실로 느껴지지 않았다. 나는 잠시 현실 밖의 추억에 잠겼다.

6미터 높이의 시멘트 벽이 남아 있었다. 나는 벽 주위를 걸어 다니면서 숨을 들이마셨다가 천천히 내쉬었다. 숨소리는 거칠어져 있었다. 소시지나무에서 떨어진 마른 나뭇잎과 커다랗고 벨벳같이 부드러운 암적색 꽃잎을 저벅저벅 밟았다. 우기에는 7킬로그램에 가까운 소시지 모양의 열매가 6미터 위에서 엉성한 갈대 지붕 위에 떨어지고는 했다.

태곳적 시간의 흐름은 시계태엽처럼 째깍거리며 부지런히 강을 움직였다. 강의 흐름이 바뀌지 않았다면 나미비아의 잠베지 지역은 지금 엄청나게 추웠을지도 모른다. 동료가 몇 년 전 20년 만에 큰 비가 내렸다고 말해주었다. 그 비로 저지대는 습지로 바뀌었다. 우리 집이 있던 곳은 물에 잠겼다. 다음 건기가 될 때까지 앞마당에 물이 고여 있었다.

나는 현관문이 있었던 곳에 나뒹구는 나뭇잎 몇 장을 걷어찼다. 어두워지자마자 쥐들이 따뜻하고 안전한 집 안으로 비집고 들어왔다. 이들은 문간을 들락거리며 달그락거리던 현관문이 있었던 위치에 발을 디뎠다. 다행히 우리가 집에 머물렀을 당시에 검은 맘바(아프리카 독사)는 먹잇감인 작은 설치류가 우리 집에 잔뜩 득시글거린다는 사실을 알아차리지 못했다. 맘바가 재빨리 한입 물기만 했어도 남편과 나는 일찌감치 흙으로 돌아갔을 것이다.

의자가 놓여 있던 곳을 지나갔다. 밤이면 내 의자 밑에 몸을 웅크리고 있던 전갈들이 화장실로 향하는 나의 발걸음을 피해 재빨리 도망쳤다. 우리가 직접 만든 기다란 티크 식탁은 갈대로 얽힌 식당 벽을 마주보고 있었다. 남편은 개코원숭이의 뼈를 다시 맞춰보려고 애쓰면서 식당에서 오랜 시간을 보냈다. 얼룩무늬 수리부엉이의 뼈를 발견한 다음에는 그 새의 뼈대를 맞추려고 애썼다. 우기가 오면 바닥이 진창이 되어버려 밖을 돌아다닐 수가 없었다. 머리를 굴려서 시간을 보낼 만한 오락거리를 찾아야 했다. 너무 지루해서 가만히 앉아 있을 수가 없을 지경이었다.

한편에는 화장실이 붙어 있었다. 화장실 안에 있는 널찍한 샤워 시설은 탁 트여 있어 놀랍도록 호사스러워 보일 때도 있었다. 샤워 벽을 보강한 곳에는 벽돌 몇 개가 아직까지 남아 땅을 뒹굴었다. 우리의 소박한 생활공간을 에워쌌던 벽돌들은 모두 어느 부분에 붙어 있었는지 더는 알 수 없었다. 강기슭의 땅을 보려고 돌아서자마자 무엇인가가 눈에 들어왔다. 오래된 나무들이었다. 아프리카의 자연이 우리 집을 앗아갔지만, 나무들은 여전히 10여 년 전의 기억과 똑같은 모습으로 우뚝 솟아 있었다.

쓰러진 나무는 모래땅 진입로 바로 옆에 있는 커다란 낙타가시나무뿐이었다. 코끼리들은 꼬투리가 무르익는 7월과 8월에 이곳을 찾았다. 나이 많은 수컷 코끼리는 줄기에 머리를 들이받아 나무를 흔들었다. 코끼리는 머리를 왜 들이받아야 하는지 정확하게 알고 있었다. 곧이어 솜털로 뒤덮인 회색의 큰 꼬투리들이 한꺼번에 후두둑 떨어졌기 때문이다. 코끼리에게 받혀 약해진 나무는 들불을 견디지 못하고 쓰러진 듯했다. 거대한 줄기가 뒤틀린 채 길을 가로질러 누워 있었다.

나뭇가지들이 지붕처럼 수북이 쌓여 하늘을 가리고 있었다. 나는 머리 위를 올려다보았다. 천장을 덮는 지붕이 없다는 사실은 중요하지 않았다. 지붕이 없더라도 사방에서 나무가 집을 굽어보며 감싸고 있는 덕분에 집에 온 듯 아늑했다. 나무는 스스럼없는 오랜 친구 같았다. 과거로 통하는 문을 활짝 열고 그 시절을 떠올리게 하면서 나를 그때 그곳으로 안내하는 듯했다. 머리 위에서 넓게 뻗어 있는 식물은 아카시아 에리올로바였다. 부드러운 나뭇가지는 내가 다시 방문할 때까지 이곳에 살았던 기억을 안전하게 지켰다.

지붕처럼 두텁게 쌓인 나뭇가지 아래에서 나는 추억에 잠겼다. 모든 게 뚜렷해졌다. 마음과 기억을 통틀어 내 의식은 나무와 소통했다. 나는 자연의 세계와 진정으로 하나가 되었다.

일본에서는 이런 경험을 '산린요쿠森林浴'라고 부른다. 일본어로 '산린'은 숲, '요쿠'는 목욕이라는 뜻이다. 삼림욕은 숲속에서 느끼는 모든 감각을 의식하는 의례다. 일본의 최근 연구에 따르면, 삼림욕은 스트레스 수치와 혈압을 낮추고, 맥박 수를 줄이며, 긴장을 완화해준다고 한다.

친구 같은 오래된 나무를 보니 옛 기억이 물밀듯이 밀려왔다. 아

10
장

우
리
자
신
을
되
찾
는
여
행
。
여
행
의
례

프리카의 자연을 모험하며 흥분했던 일과 예전에 이곳에 뿌리 내린 일이 한꺼번에 떠올라 수많은 감정이 쏟아져 나왔다.

운 좋게도 2011년에 잠베지를 다시 방문할 수 있었다. 곳곳이 변했지만 자연 그대로 남아 있는 곳도 있었다. 이런 지역은 대체로 개방되어 있어 야생동물과 사람을 분리하는 울타리는 많지 않았다. 우리가 한때 살았던 곳은 이제 국립공원의 일부가 되었다.

이 지역에는 앞으로 더 밝은 미래가 펼쳐질 것 같았다. 에이즈 바이러스가 기승을 부리고 농작물을 습격하는 코끼리와 농부들 사이의 갈등이 끊이지 않았지만, 전략적으로 보존 정책을 펼치고 생태 관광을 추진한 덕분에 지역의 자연은 훼손되지 않았다. 지역사회는 야생동물과 서식지 같은 자연의 혜택을 누리면서 환경을 보존할 수 있었다. 빠르게 늘어나는 인구수에 맞춰 농장을 늘리지 않은 결과였다.

나는 집터를 벗어나 강가로 걸어갔다. 가물었던 해에 강가에서는 메뚜기들이 먹구름처럼 떼 지어 다니곤 했다. 지금 강 한가운데에는 새 둥지를 이고 있는 나무들이 자랐다. 둑 가장자리에는 리추에와 리드벅 영양이 드문드문 서 있었다. 하마들은 우리가 해 질 녘에 자주 가던 건너편 해협에서 떠돌았다. 그곳에서는 하마가 무시무시한 송곳니를 드러내며 입을 크게 벌려 위협했다. 우리는 그 모습을 보며 즐거워했었다.

2019년에 나는 한 번 더 잠베지를 찾아 나무와 코끼리와 옛 친구들을 다시 만났다. 야생동물을 보호하려는 노력이 계속되었고 그중 일부는 성공했지만 오래된 문제에 더해 새롭게 생겨나는 문제가 있었다. 개방된 지역에서 야생동물과 함께 사는 사람들이 있었고, 이들의 어려움은 절대 해소되지 않을 문제처럼 보였다. 사람들은 때때로 생명을 위협당하기도 했다. 이득을 얻는 일뿐만 아니라 부정적인 측면에도 끊임없이 관심을 기울여야 한다. 자연을 보존하려는 노력에 걸림돌이 되는 것은 바로 야생동물을 부정적으로 생각하는 태도이기 때문이다.

나는 코끼리들이 그 지역에서 잘 지내고 있어서 기뻤지만 그럴수록 코끼리는 인간과 접촉할 일이 많아졌다. 인간과 코끼리가 가능한 한 충돌하지 않고 물과 땅, 먹을거리를 공유하는 일이 두 배는 더 어려워졌다. 게다가 코끼리의 이동 통로를 보호하기 위해 불법 벌목을 막고 티크 숲과 로즈우드 숲을 보호하는 일도 시급했다. 통로는 아직 남아 있었지만 경쟁적인 개발을 계획하다 보니 숲이 위협받고 있었다. 코끼리 사이에서 대대로 내려오는 중요한 이동 경로를 지키기 위한 더 큰 노력이 필요했다. 국제 자연보호 단체가 문제를 해결하기 위해 모여 카방고-잠베지 자연보호 구역을 보존하기 위한 계획을 세웠다. 이 구역은 앙골라 남동부와 잠비아 남부, 짐바브웨, 나미비아의 잠베지 지역과 보츠와나에 걸쳐 있다.

이 지역에 돌아오니 개발에 주력하는 사람들과 자연을 보호해야 한다고 주장하던 사람들 사이에 늘 팽팽한 긴장감이 감돌던 기억이 났다. 자연을 보호하려면 다른 쪽을 끊임없이 경계하면서도 그들과 협상해야 했다. 나는 여행을 하면서 전 세계의 중요한 자연보호 문제가 무엇인지 배웠고 자연과 더 가까워졌다.

옐로스톤 국립공원에서 : 여행을 떠나려는 마음은 본능이다

자연과 직접 연결되는 느낌을 체험하는 방법으로는 자연 속에 오롯이 들어가보는 것이 가장 효과적이다. 자연보호주의자인 나는 운 좋게도 아프리카에서 삼림욕을 하면서 이런 경험을 여러 번 할 수 있었다. 그러나 미국에서는 그러지 못해서 야생 생물의 천국인 옐로스톤을 처음으로 방문하고자 마음먹었다. 미국에서도 자연과 직접 연결되는 경험을 하고 싶었다. 세계에서 가장 큰 온대 생태계인 옐로스톤은 거의 훼손되지 않아서 이곳을 여행하면서 커다란 동물과 미국 서부의 풍경을 보는 일은 오랜 머릿리스트로 남아 있었다. 마침내 나는 와이오밍수 잭슨호수에서 학회가 열렸을 때 잠시 짬을 내서 옐로스톤을 돌아보기로 했다. 가을에서 겨울로 넘어가기 직전이라 공원을 찾는 사람은 거의 없었다. 이곳의 유일한 단점은 날씨를 예측할 수 없다는 것이었다.

나는 잭슨호수의 숙소에서 옐로스톤까지 운전해 밤늦게 야영장에 도착했다. 그날 밤은 엄청나게 추워서 차가운 공기가 얇은 나일론 텐트를 매섭게 뚫고 들어왔다. 귀에서 윙윙거리는 바람 소리 때문에 잠을 거의 이루지 못했다.

나는 아침형 인간과 거리가 먼 사람이라 새벽 다섯 시에 일어나는 일이 무척 힘들었다. 하지만 그랜드티턴 봉우리 너머로 해가 뜨는 시간에 맞춰 가장 좋은 장소에 도착하려면 어쩔 수 없었다. 보온병에 뜨거운 차를 가득 채워 든든한 동행으로 삼았다.

아침 햇살이 차가운 화강암 봉우리들을 분홍빛으로 물들였다. 그

옐로스톤 국립공원의 들소 떼는 겨울 코트를 입고 성장하기 시작한다. 들소는 여름에 높은 고도에서 살다가 겨울에 낮은 고도로 이동한다. 들소는 한때 큰 무리를 지어 북아메리카를 돌아다녔다. 가을에는 남쪽으로, 봄에는 북쪽으로 대초원 지대를 거쳐 이동했다.

때 발정한 말코손바닥사슴이 깜짝 놀랄 정도로 높은 소리로 울었다. 온 벌판에 메아리치는 야생의 울음소리는 서리로 뒤덮인 땅 위에서 옅은 안개와 함께 피어올랐다. 덕분에 너무 일찍 일어나 불만에 가득 차 있던 나는 동시에 혼자 여행하느라 불안에 떨고 있던 마음을 가라앉힐 수 있었다.

키 큰 풀이 자란 풀숲에 잠자리가 숨겨져 있었던 모양이다. 수컷 말코손바닥사슴이 그곳에서 천천히 모습을 드러냈다. 버드나무가 무리지어 자라난 벌판에 들어서면서 경쟁자 수컷을 발견한 그는 침략자를 향해 울부짖은 뒤 암컷들을 안전한 곳으로 급히 몰아넣었다. 짝짓기 철에는 수컷들이 암컷을 빼앗기지 않으려는 데 온 에너지를 쏟는다. 두 수컷은 싸울 준비를 했다. 머리를 아래로 숙이고 상대를 향해 위협적으로 달려들었다. 둘은 큰 뿔을 앞뒤로 움직이다가 서로를 공격하기 시작했다.

늦은 아침에는 라마밸리에서 차를 몰면서 늑대와 마주칠지도 모른다는 희망을 품었다. 지평선에서 해가 떠오르면서 경이로운 하늘 풍경이 눈앞에 펼쳐졌다. 사방에 펼쳐진 계곡 절벽은 붉은빛에 가까운 주황색이었다. 눈앞에 펼쳐진 너무나도 아름다운 풍경에 늑대 생각은 까맣게 잊어버릴 뻔했다. 나는 이미 늑대가 사는 계곡에 있었다.

계곡 아래를 향해 모퉁이를 돌던 다음 순간, 나이 많은 수컷 늑대가 길 근처에 서 있는 모습이 보였다. 무리와 함께 있는 것 같지는 않았다. 나는 자연에 대한 경외심을 느끼며 차의 속도를 늦추다가 아예 멈춰 세웠다. 급기야는 엔진을 껐다.

이런 순간은 순식간에 지나가리라는 걸 알았다. 늑대의 머리는 은색과 철회색이 섞였고 다리와 가슴은 흰색이었다. 늑대는 꼼짝도 하지 않고 노란색 눈으로 나를 몇 분 동안 가만히 노려보았다. 나는 카메라를 집어들기 위해 시선을 돌릴 엄두를 내지 못했다.

늑대는 머리를 숙여 킁킁거리고 마지막으로 한 번 더 나를 쳐다보더니 돌아서서 계곡 아래를 가로질러 달려갔다. 나는 잠시 동안 늑대가 멀리 숲속으로 사라지는 모습을 지켜보며 늑대를 따라 야생의 세계를 여행하는 장면을 상상했다.

옐로스톤 국립공원은 대체로 나미비아의 잠베지처럼 울타리 없이 개방되어 있다. 그래서 함께 생활하는 인간과 동물 사이에 갈등이 벌어진다. 옐로스톤에서는 옥수수를 키우는 농부와 지역의 최상위 포식자인 늑대가 주로 갈등을 빚는다. 이곳에서는 아무도 늑대를 이웃으로 삼고 싶어 하지 않는다.

1990년대 중반 무렵, 회색 늑대가 옐로스톤에 다시 들어와 환경에 긍정적인 영향을 미쳤다. 늑대는 말코손바닥사슴의 숫자를 조절했고, 말코손바닥사슴의 수가 줄어들자 버드나무와 사시나무가 늘어났다. 이에 따라 비버와 명금의 수도 증가해 풍요로운 생태계가 형성되었다.

늑대와 헤어지고 다음 야영지로 가는 길에 저 멀리에서 풀을 뜯고 있는 작은 들소 무리를 발견했다. 나는 분기점에 차를 세우고 산길을 걸어 올라가 벌판 너머를 지켜보았다. 회색곰이 살고 있었기 때문에 멀리까지 헤매고 다닐 수는 없었다. 회색곰은 겨울잠을 앞둔 그즈음 쉽게 공격성을 보이는 것으로 악명이 높았다.

해가 진 직후 캐스케이드 크리크 폭포에 도착했다. 폭포에서 멀리 떨어져 국립공원 북쪽 모퉁이에 있는 매머드 온천이 떠올랐다. 60만 년 전 화산 폭발로 생긴 이 온천에서는 뜨거운 물이 솟아나면서 자연의 신비가 드러난다.

온천에는 으스스한 초록빛 석회질이 층층이 쌓여 있었고 안개가 피어올랐다. 여러 단 포개어진 케이크처럼 생긴 석회암 표면에는 줄무늬가 그어져 있었는데, 따뜻한 환경을 좋아하는 박테리아의 흔적이었다. 수천 년에 걸쳐 만들어진 계단식 온천에는 탄산칼슘이 하얀 담요처럼 덮여 있었다.

웅덩이가 김을 내뿜었고 테라스처럼 놓인 온천이 주변 전나무의 밑동을 감싸고 흘렀다. 물 위로 유황 연기가 떠다녔다. 자연은 부글부글 끓는 가마솥 안에서 비밀스레 악령을 불러내는 듯했다.

입김을 불어 손을 덥힐 때 귀를 반쯤 쫑긋 세운 눈신멧토끼가 나무 널빤지를 깐 산책로 앞을 지나갔다. 토끼는 아직 겨울 코트를 입고 있지 않았다. 날씨가 너무 추워서 따뜻한 온천의 열기가 그리웠다. 불행히도 너무 지친 나머지 온천을 찾아 또다시 길을 나설 수는 없었기에 다음번을 기약했다.

때때로 불편하기도 했지만 옐로스톤에서 짧은 여행을 했던 일은 마법 같은 효과를 가져다주었다. 나는 활기를 되찾고 완전히 새로워진 기분이었다. 물론 나만 이런 경험을 한 게 아니다. 기운을 되찾아주는 여행을 떠나려는 열망은 우리의 유전자에 새겨져 있다. 인간의 조상은 수렵·채집 생활을 하면서 결국 지구의 구석구석까지 퍼졌다. 정착해서 농사를 짓는 생활을 1만 년 정도 하다가, 이제는 수천 년에 걸쳐 형성된 도시 중심의 생활 방식을 유지한다. 하지만 우리는 원래 밖으로 나가 움직이기를 좋아했다.

갖가지 연구 결과는 이 사실을 뒷받침한다. 인간은 여행을 계획하기만 해도 쉽게 행복해진다. 여행에 대해 기대할수록 스트레스 수치는 낮아지고, 정기 휴가를 떠날 경우 심장병이나 심장마비에 걸릴 확률 또한 줄어든다. 여행을 하면 비정상적이던 혈압 수치가 나아지고 면역 체계는 튼튼해진다. 처음 보는 환경을 접하면 새로운 시선으로 자신의 고향과 삶을 바라볼 수 있다. 도파민 수치도 연애를 시작할 때와 똑같은 방식으로 높아진다. 이런 이유로 여행할 때는 신이 난다. 나중에 기억을 되새길 때도 동일한 효과를 발휘한다.

여행 경험을 통해 자극받은 뇌는 새 신경세포를 만들고, 더 창의적으로 생각하고, 신선한 발상을 떠올린다. 해외에서 공부한 학생은 그러지 않은 학생보다 문제 해결 과제를 성공적으로 해낼 가능성이 20퍼센트 더 높았다. 우리가 집을 떠나 어딘가로 여행하고, 사람들을 만나고, 자연 세계의 매력에 푹 빠질 때마다 체감하고 있던 사실이다.

삶을 여행하는 모두를 위한 의례

2019년 나는 잠베지에서 떠나기 전 마지막 날들을 보내고 있었다. 콴도강 호스슈에서 해가 질 무렵 물을 마시러 오는 코끼리들을 지켜보았다. 1990년대 초에 남편과 내가 코끼리의 개체를 조사할 때 비행했던 곳으로 내가 좋아하는 장소이기도 하다. 여러 가지 어려움을 겪고 있는 지역이었지만, 나는 목마른 코끼리 무리가 모래 둑을 따라 강가로 급히 내려오는 광경에 희망을 느꼈다.

희망을 품은 이유는 눈에 보이는 그대로였다. 나는 거의 30년 전에 그곳에서 처음 일을 시작했는데, 코끼리 서식지는 그때와 똑같아 보이는 데다 코끼리 수는 더 많아졌다. 점점 더 많은 코끼리가 강가로 모여들어 익숙한 듯 인사 의례를 나눴다. 나는 코끼리들의 재회를 지켜보는 일이 마치 특권처럼 느껴졌다. 재회는 수천 년 동안 이어져왔다. 현대사회의 영향을 많이 받기는 했지만 이 지역의 코끼리들은 살아남아 지금까지 번성하고 있다. 최근 코끼리의 개체 수는 우리가 기록했던 것보다 훨씬 많아지고 있다.

여전히 밀렵으로 지구상 전체 코끼리의 개체 수가 줄어들고 있는 와중에 잠베지 지역은 코끼리 수가 늘어나고 있어서 정말 기뻤다. 나는 이 지역에 사는 코끼리의 미래를 희망적으로 그려보았다.

2019년 남편과 함께 하와이 마우이섬에서도 마지막 날을 보냈다. 우리는 5년 동안 매해 이곳을 찾아가 봄과 가을을 지냈다. 이제 보스턴에서 지내기 위해 이삿짐을 싸고 있었다. 마지막 날 와일레아에서 스노클링을 했다. 우리가 좋아하는 수영 장소에서 작별 인사를 나눈 것이다. 짝짓기를 마친 혹등고래가 새끼를 낳으려고 이곳에 돌아오는 3월이었다.

물속에 머리를 담그자 혹등 고래 어미와 새끼가 서로를 부르는 소리가 들렸다. 나는 산호초 위에서 대모거북 네 마리 뒤를 쫓았다. 하와이에서 대학원을 다니던 1980년대 후반에는 혹등고래와 대모거북이 멸종 위기를 겪고 있었지만 이제는 둘 다 많은 수를 자랑한다. 우리가 사는 행성인 지구와 이곳에 사는 생물에 희망을 느끼는 이유다.

인간은 코끼리, 고래, 늑대를 비롯한 의식이 있는 모든 존재와 연결되어 있다. 적어도, 인간이 유전자의 50퍼센트를 바나나와 공유한다는 사실보다는 명백하다. 우리에게는 두 가지 힘이 있다. 이 행성 위의 서식지와 모든 생명을 보호할 힘과 파괴할 힘이다. 기후 변화의 영향력은 허리케인과 홍수, 들불, 질병에서 볼 수 있듯 점점 커지고 있다. 인간의 책임감은 특별히 중요해졌다. 자연재해든 인재든 모두가 영향을 받는다. 동물과 서식지를 구하기로 결심하면 우리 자신도 구원할 수 있다.

이것이 바로 이 책의 10가지 의례가 중요한 이유다. 우리는 10가지 의례를 통해 자신과의 관계, 사람들과의 관계, 세상과의 관계를 더욱 튼튼하게 구축할 수 있다.

일상 속에서 삼림욕을 하거나 자연에 빠져들 기회는 많다. 애팔래치아 산길을 도보 여행 하거나 로키산맥과 시에라산맥까지 등반할 필요는 없다. 주말에 근처 공원에서 캠핑을 해보자. 동네를 산책하거나 하이킹을 하거나 자전거를 타거나 배를 타고 노를 저어보자. 자연 속에서 한두 시간만 보내도 몸과 마음이 충전되고 우리에게 무엇이 우선인지 깨닫게 된다.

더 긴 여행을 하자. 여행할 때는 가능한 한 전자 기기를 사용하지 말자. 여행하며 자연에 빠져들어 얻는 혜택(세상, 타인, 자기 내면세계 깨닫기)은 여행의 집중도에 따라 달라진다.

우리 집 마당에서도 깨달음을 얻을 수 있다. 이 글을 쓰면서 나는 우리 집 뒷마당에 앉아 있다. 봄이 한창인 때 밝은 노란색과 검은색이 섞인 꾀꼬리가 부채 모양 야자수 잎의 가장자리를 뜯어내 둥지를 만들려고 한다. 암컷 꾀꼬리가 길쭉한 잎을 부리에 매단 채 날아가고 수컷 꾀꼬리가 뒤따른다. 막 허물을 벗은 왕나비는 처음으로 날개를 시험하고, 검은색 피비새는 해먹을 횃대 삼아 몸을 지탱하며 왕나비를 지켜본다.

우리는 15년 전에 마당에 사이프러스 나무를 심었다. 멕시코양지니새 한 쌍이 나무 깊숙한 곳에 둥지를 짓고 있는데, 수컷 벌새가 재빨리 내려와 경쟁자를 공격한다. 암컷 벌새가 둥지를 만드는 동안 수컷은 나무 꼭대기에서 신나게 노래를 부른다. 이른 아침마다 우리 침실 창문 바로 앞에서 새들이 지저귄다. 봄에는 북방흉내지빠귀가 찾아와 얼마나 다양한 레퍼토리로 노래하는지 놀랍고 반갑다. 하지만 내가 밤새 잠을 이루지 못하기 때문에 한밤중에는 새들이 활력이 넘치지 않았으면 좋겠다.

올리버 색스는 『모든 것은 그 자리에』(알마, 2019)에서 "자연은 영향력을 발휘해 우리 뇌가 침착하고 조직적으로 기능하도록 조절한다. 어떤 영향력인지 제대로 밝혀지지는 않았지만 나의 환자들은 자연과 정원을 통해 건강을 회복하고 치유받았다. 심각하게 신경에 손상을

302

입은 환자도 마찬가지였다. 정원과 자연은 어떤 약물 치료보다 효과가 좋다"라고 기록한다.

뒷마당에서 펼쳐지는 자연을 하나하나 눈여겨보는 동안 나의 내면을 면밀히 살펴보게 된다. 미래에 대한 걱정에 빠질 때가 많았던 나도 지금 이 순간을 산다. 때때로 목표를 이루기 위해 아등바등하며 시간을 보내는 바람에 지금의 삶을 놓치고 만다. 미래에 어떻게 살지 끊임없이 예측하고 걱정하기보다 그때그때의 순간을 즐긴다면 삶은 훨씬 더 보람 있을 것이다. 집에서 멀어질수록 집이 더 아름다워 보인다는 사실을 깨달았다. 그래서 집에 돌아오면 집의 존재가 더욱 감사하게 느껴진다 내가 여러 해에 걸쳐 깨딜은 사실이다. 그러나 마음이 산산이 흩어지고 너무 바빠져서 사소하지만 가장 중요한 것에 관심을 기울이지 못할 때도 있기에 나 자신을 다잡아야 한다.

우리는 지난 15년 동안 샌디에이고에 살림을 꾸렸다. 우리는 집 뒷마당과 계단식으로 비탈진 땅에 온갖 꽃과 나무, 관목, 채소를 심었다. 저녁의 시원한 공기와 소나무 냄새를 듬뿍 들이마실 때마다 우리가 이 정원에 쏟은 땀이 고마워진다. 나는 우리가 심은 나무들에 깊은 애착을 느낀다. 나무, 땅, 공기, 동물 사이에 탄소가 순환하면서 자연과 우리는 서로의 일부가 된다. 정원을 가꾸면 스트레스가 줄고 수명이 늘어난다는 사실이 더는 놀랍지 않다.

자연에 빠져드는 일도 여행이다. 이 여행은 우리의 몸과 마음을 튼튼하게 만들어준다. 무엇보다 불교에서 말하는 자비가 무엇인지 몸소 깨닫게 될 것이다. 불교에서 한 사람은 더 큰 전체 중 일부다. 우리가 전체와 연결되어 있고 서로 의존하는 관계라는 사실을 깨닫는 순간 자비가 생긴다. 의례는 자연에서 우리 자신의 위치를 잊지 않도록 도와준다.

우리는 자존감을 바탕으로 의례를 행한다. 마음을 다해 서로 인사하고, 사람들과 함께 지내면서 힘을 얻고, 사랑하는 사람에게 구애한다. 낯선 사람에게 친절을 베풀고, 큰 소리로 즐겁게 노래를 부르고, 손을 맞잡은 채 서로의 눈을 가만히 바라본다. 우스꽝스러운 놀이를 하고, 세상을 떠난 사랑하는 사람을 기리고, 우리 몸과 마음을 새롭게 다진다. 자연은 야생 의례에 다시 참여하는 길로 우리를 이끌어 더 풍요롭고 보람찬 삶을 살도록 돕는다.

미주

들어가는 글: 우리가 잃어버린 것

21쪽.   우리는 '세포 유지'라는 유전자를 바나나와 공유한다: Hoyt, A. 2019. "Do People and Ba-
nanas Really Share 50 Percent of the Same DNA?" How Stuff Works. https://science.how-
stuffworks.com/life/genetic/people-bananas-share-dna.htm.

21쪽.   최근 유전자 연구에 따르면, 현재 모든 생물은 약 35억 년 전에 생겨난 단세포 생물에서 진
화했다: Weiss, M. C., F. L. Sousa, N. Mrnjavac, S. Neukirchen, M. Roettger, S. Nel-
son-Sathi, and W. F. Martin. 2016. "The Physiology and Habitat of the Last Universal
Common Ancestor." *Nature Microbiology* 1 (9): 16116.

22쪽.   단세포생물이 다세포생물로 진화하는 데는 30억 년 정도가 걸렸지만: Pennisi, E. 2018.
"The Momentous Transition to Multicellular Life May Not Have Been So Hard After All."
Science Magazine. https://www.sciencemag.org/news/2018/06/momentous-transition
-multicellular-life-may-not-have-been-so-hard-after-all.

22쪽.   인간을 포함한 모든 다세포생물의 공통 조상을 만날 수 있다: ibid.

22쪽.   모든 척추동물은 4억 년 전에 살았던 물고기와 공통 조상을 공유하기 때문이다: Graham,
A., and J. Richardson. 2012. "Developmental and Evolutionary Origins of the Pharyngeal
Apparatus." *BMC EvoDevo* 3 (24): 1-8.

22쪽.   말, 호랑이, 고래, 박쥐 그리고 인간과 같은 다양한 포유동물의 조상은 800만 년 전에 살았던
작은 '쥐'였다: O'Leary, M. A., J. I. Bloch, J. J. Flynn, T. J. Gaudin, A. Giallombardo, N. P.
Giannini, S. L. Goldberg, et al. 2013. "The Placental Mammal Ancestor and the Post-K-Pg
Radiation of Placentals." *Science* 339 (6120): 662-667.

23쪽.   뇌 영상 기술이 발달해 우리는 동물의 마음속에서 무슨 일이 벌어지는지 알 수 있다:
Adolphs, R. 2009. "The Social Brain: Neural Basis of Social Knowledge." *Annual Review of
Psychology* 60: 693-716.

23쪽.   인간과 동물은 비슷한 환경에 노출되면 같은 호르몬을 분비한다: Soares, M. C., R. Bshary,
L. Fusani, W. Goymann, M. Hau, K. Hirschenhauser, and R. F. Oliveira. 2010. "Hormonal

Mechanisms of Cooperative Behaviour." *Philosophical Transactions of the Royal Society of London, Series B, Biological Sciences* 365 (1553): 2737 – 2750.

23쪽, 많은 동물이 인간과 같이 감정을 느낀다는 사실을 보여주는 연구도 있다: Boissy, A., and H. W. Erhard. 2014. "How Studying Interactions between Animal Emotions, Cognition, and Personality Can Contribute to Improve Farm Animal Welfare." In *Genetics and the Behavior of Domestic Animals*, edited by T. Grandin and M. J. Deesing, 81 – 113. London: Elsevier.

24쪽, 수컷 침팬지 한 마리가 수풀을 헤치고 커다란 무화과나무를 향해 다가가고 있다: Kuhl, H. S., A. K. Kalan, M. Arandjelovic, F. Aubert, L. D'Auvergne, A. Goedmakers, S. Jones, et al. 2016. "Chimpanzee Accumulative Stone Throwing." *Scientific Reports* 6: 22219.

24쪽, 아프리카 서부에 살고 있는 네 개의 침팬지 집단만이 돌을 던져 쌓는 이 이상한 의례를 행한다: ScienceVio. 2016. "Chimpanzee Accumulative Stone Throwing." https://www.youtube.com/watch?v=eVv3IUGPDK8.

25쪽, 일부러 북을 칠 때 큰 소리를 낼 수 있는 나무를 선택한 것 같았다: Kalan, A. K., E. Carmignani, R. Kronland-Martinet, S. Ystad, J. Chatron, and M. Aramaki. 2019. "Chimpanzees Use Tree Species with a Resonant Timbre for Accumulative Stone Throwing." *Biology Letters* 15 (12): 20190747.

25쪽, 어떤 연구들은 이 의례가 음악 리듬의 초기 형태로 자리 잡았을 가능성까지 설명한다: Weiler, N. 2015. "Chimpanzees Drum with Signature Style." *Science Magazine*. https://www.sciencemag.org/news/2015/01/chimpanzees-drum-signature-style.

25쪽, 침팬지의 의례는 인간의 의례와 관련이 있다고 여겨진다: Hopper, L. M., and S. F. Brosnan. 2012. "Primate Cognition." *Nature Education Knowledge* 5 (8): 3.

26쪽, 비가 오기 시작하거나 우연히 폭포를 발견하면 침팬지는 어떤 의식처럼 보이는 춤을 춘다: Harrod, J. B. 2014. "The Case for Chimpanzee Religion." *Journal for the Study of Religion, Nature, and Culture* 8 (1): 8 – 45.

26쪽, 영장류 동물학자 제인 구달은 자연을 중심으로 구성된 이들의 의례를 본뜬 인간의 종교적 의식이 생겨났을 수도 있다고 말한다: Goodall, J. 2005. "Do Chimpanzees Have Souls?" In *Spiritual Information: 100 Perspectives on Science and Religion*, edited by C. L. Harper Jr. and J. Templeton, 602. Philadelphia: Templeton Foundation Press.

26쪽, 서부 아프리카 원주민들은 신성한 나무 앞에 돌을 쌓아 제단을 만들었다. 이는 종교의 토대가 되었다: Kuhl et al., "Chimpanzee Accumulative Stone Throwing," 2016.

26쪽, 고고학자들은 최근 아프리카 보츠와나 지역의 초딜로힐즈에서 가장 오래된 제사 장소를 발견했다: Coulson, S., S. Staurset, and N. Walker. 2011. "Ritualized Behavior in the Middle Stone Age: Evidence from Rhino Cave, Tsodilo Hills, Botswana." *PaleoAnthropology* 2011:

18 – 61.

27쪽,　차례대로 이어지는 행동들도 의례라고 할 수 있다: Hobson, N. M., J. Schroeder, J. L. Risen, D. Xygalatas, and M. Inzlicht. 2018. "The Psychology of Rituals: An Integrative Review and Process-Based Framework." *Personality and Social Psychology Review* 22 (3): 260 – 284.

27쪽,　영장류 동물학자 테니와 반 샤이크는 아주 좁은 의미로 의례를 정의한다: Tennie, C., and C. P. van Schaik. 2020. "Spontaneous (Minimal) Ritual in Non-human Great Apes?" *Philosophical Transactions of the Royal Society B* 375 (1805): 20190423.

28쪽,　과학은 의례가 스트레스와: Eilam, D., R. Zor, H. Szechtman, and H. Hermesh. 2006. "Rituals, Stereotypy and Compulsive Behavior in Animals and Humans." *Neuroscience and Biobehavioral Reviews* 30 (4): 456 – 471.

28쪽,　불안을 줄이고: Brooks, A. W., J. Schroeder, J. L. Risen, F. Gino, A. D. Galinsky, M. I. Norton, and M. E. Schweitzer. 2016. "Don't Stop Believing: Rituals Improve Performance by Decreasing Anxiety." *Organizational Behavior and Human Decision Processes* 137: 71 – 85.

28쪽,　현재에 더욱 집중하게 하며: Marshall, D. A. 2002. "Behavior, Belonging, and Belief: A Theory of Ritual Practice." *Sociological Theory* 20 (3): 360 – 380.

28쪽,　인지능력까지 높여준다는 것을 증명했다: Rossano, M. J. 2009. "Ritual Behaviour and the Origins of Modern Cognition." *Cambridge Archaeological Journal* 19 (2): 243 – 256.

28쪽,　의례를 행할 때 우리는 익숙한 행동을 새삼 낯설게 바라보고 과장한다: Smith, A. C. T., and B. Stewart. 2011. "Organizational Rituals: Features, Functions and Mechanisms." *International Journal of Management Reviews* 13 (2): 113 – 133.

28쪽,　집중력도 높아지고: Tian, A. D., J. Schroeder, G. Häubl, J. L. Risen, M. I. Norton, and F. Gino. 2018. "Enacting Rituals to Improve Self-Control." *Journal of Personality and Social Psychology* 114 (6): 851 – 876.

28쪽,　우리는 가장 간단하게 의사소통의 도구로써 의례를 활용한다: Marshall, "Behavior, Belonging, and Belief," 2002.

28쪽,　또한 관계를 맺기 위한 공동의 언어를 의례를 통해서 만들기도 한다: Norton, M. I., and F. Gino. 2014. "Rituals Alleviate Grieving for Loved Ones, Lovers, and Lotteries." *Journal of Experimental Psychology: General* 143 (1): 266 – 272.

29쪽,　인류학자들은 사회가 막 구성되었을 무렵, 인간의 의례가 '위험 예방 시스템'을 자주 다루었다고 믿는다: Renfrew, C., I. Morley, and M. Boyd. 2017. *Ritual, Play and Belief, in Evolution and Early Human Societies*. Cambridge, UK: Cambridge University Press.

29쪽,　연구에 따르면, 의례를 행할 때는 일시적으로 마음이 편안해지면서 불안이 줄어든다:

Smith, A. C. T., and B. Stewart. 2011. "Organizational Rituals: Features, Functions and Mechanisms." *International Journal of Management Reviews* 13 (2): 113-133.

29쪽. 개개인의 두려움과 공포는 집단 의례를 치르는 동안 사라져 마음을 가라앉힌다: Norton and Gino, "Rituals Alleviate Grieving for Loved Ones, Lovers, and Lotteries." 2014.

29쪽. 인간과 동물에게 사회적 고립이란 사망까지 이르게 하는 주된 위험 요인이기에: Steptoe, A., A. Shankar, P. Demakakos, and J. Wardle. 2013. "Social Isolation, Loneliness, and All-Cause Mortality in Older Men and Women." *Proceedings of the Natural Academy of Sciences USA* 110 (15): 5797-5801. See also Holwerda, T. J., A. T. Beekman, D. J. Deeg, M. L. Stek, T. G. van Tilburg, P. J. Visser, B. Schmand, C. Jonker, and R. A. Schoevers. 2012. "Increased Risk of Mortality Associated with Social Isolation in Older Men: Only When Feeling Lonely? Results from the Amsterdam Study of the Elderly (AMSTEL)." *Psychological Medicine* 42 (4): 843-853.

30쪽. 우리는 의례를 통해 하나의 공동체 속에서 건강을 유지한다: Hobson et al., "The Psychology of Rituals," 2018.

30쪽. 서로 코와 입을 맞대는 코끼리의 인사는 단순한 의사소통 이상의 의미를 지닌다: O'Connell, C. 2015. *Elephant Don: The Politics of a Pachyderm Posse*. Chicago: University of Chicago Press.

30쪽. 어느 쪽이든 간에 우리는 복합적인 이유로 의례를 지나치게 가벼이 여기게 되었다: Bone, A. 2016. "Why Rituals Are Still Relevant." Special Broadcasting Service. https://www.sbs.com.au/topics/voices/culture/article/2016/06/27/why-rituals-are-still-relevant.

30쪽. 소셜 미디어, 비디오게임, 텔레비전과 같은 다른 오락거리 때문에 인간과 인간이 직접 만나 소통하는 장이 점점 사라지고 있다: Ormerod, K. 2018. *Why Social Media Is Ruining Your Life*. London, UK: Cassell.

30쪽. 사회적 동물을 독방에 가두는 것은 커다란 박탈감을 불러일으킨다: House, J. S., K. R. Landis, and D. Umberson. 1988. "Social Relationships and Health." *Science* 241 (4865): 540-545.

31쪽. 몸을 맞닿는 육체적인 접촉을 통해 얻는 친밀감은 인간에게 가장 자연스러운 사회적 상호작용이다: Chillot, R. 2019. "The Power of Touch." *Psychology Today*. https://www.psychologytoday.com/us/articles/201303/the-power-touch.

31쪽. 공동체 속에서 관계를 잘 맺지 못하면: Ozbay, F., D. C. Johnson, E. Dimoulas, C. A. Morgan, D. Charney, and S. Southwick. 2007. "Social Support and Resilience to Stress: From Neurobiology to Clinical Practice." *Psychiatry (Edgmont)* 5 (35): 35-40.

31쪽. 그래서인지 오늘날에는 스트레스와 관련된 병의 발병률이 어느 때보다 높다: "Stress Is a

Leading Cause of Premature Deaths." 2019. The American Institute of Stress. https://www. stress.org/stress-is-a-leading-cause-of-premature-deaths.

31쪽, 소셜 미디어와 기술의 발달은 양날의 검과 같다: Ormerod, *Why Social Media Is Ruining Your Life*.

31쪽, 정신적 외상이 다음 세대로 전해질 수 있다고 예측한다: Bogin, B., and C. Varea. 2020. "COVID-19, Crisis, and Emotional Stress: A Biocultural Perspective of Their Impact on Growth and Development for the Next Generation." *American Journal of Human Biology*: e23474.

33쪽, 늑대의 주둥이 핥기나: Mech, L. D. 1999. "Alpha Status, Dominance, and Division of Labor in Wolf Packs." *Canadian Journal of Zoology* 77 (8): 1196 - 1203.

33쪽, 인간의 악수와 같은 인사는 의례로 굳게 자리 잡았다: Huwer, J. 2003. "Understanding Handshaking: The Result of Contextual, Interpersonal and Social Demands." Psychology Department, Haverford College. http://hdl.handle.net/10066/757.

33쪽, 사회적 동물들 사이에서 유대 관계를 돈독히 하고 믿음을 쌓기 위해 인사 형식을 발전시 킨 결과다: Witham, J. C., and D. Maestripieri. 2003. "Primate Rituals: The Function of Greetings between Male Guinea Baboons." *Ethology* 109: 847 - 859.

33쪽, 전쟁이나 스포츠 경기를 시작하기 전에 함성을 지르는 것처럼: Wiltermuth, S. S., and C. Heath. 2009. "Synchrony and Cooperation." *Psychological Science* 20 (1): 1 - 5.

33쪽, 원숭이가 새벽이나 땅거미가 질 무렵에 자신의 근거지를 지키려고 짖어대거나: da Cunha, R. G. T., and E. Jalles-Filho. 2007. "The Roaring of Southern Brown Howler Monkeys (*Alouatta guariba clamitans*) as a Mechanism of Active Defence of Borders." *Folia Primatologica* 78: 259 - 271.

33쪽, 사자 무리가 세력권을 주장하기 위해 으르렁거리는 것과 비슷한 의례다: Grinnell, J., and K. McComb. 2001. "Roaring and Social Communication in African Lions: The Limitations Imposed by Listeners." *Animal Behaviour* 62 (1): 93 - 98.

34쪽, 목소리를 높이는 의례는 공격성을 드러내면서 다른 동물들을 확실히 견지하는 수단이 된다: Briefer, E. F. 2012. "Vocal Expression of Emotions in Mammals: Mechanisms of Production and Evidence." *Journal of Zoology* 288: 1 - 20.

34쪽, 코끼리 가족은 물웅덩이에서 나와 길을 떠나면서 한꺼번에 으르렁거리는데: O'Connell-Rodwell, C. E., J. D. Wood, M. Wyman, S. Redfield, S. Puria, and L. A. Hart. 2012. "Antiphonal Vocal Bouts Associated with Departures in Free-Ranging African Elephant Family Groups (*Loxodonta africana*)." *Bioacoustics* 21 (3): 215 - 224.

34쪽, 미소나 웃음과 같은 무언의 의례는 500만 년이 넘는 시간 동안 이어져왔다: Davila-Ross,

M., G. Jesus, J. Osborne, and K. A. Bard. 2015. "Chimpanzees *(Pan troglodytes)* Produce the Same Types of 'Laugh Faces' When They Emit Laughter and When They Are Silent." *PLOS ONE* 10 (6): e0127337.

34쪽.   상대의 눈을 가만히 바라보는 행동은 단순하지만 동물의 세계에서나 우리의 일상생활에서 구애를 하고 유대감을 형성하는 데 강력한 힘을 발휘한다: Fishbane, M. D. 2015. "Cultivating Connection: Reviving the Lost Art of Eye Contact." Good Therapy. https://www.goodtherapy.org/blog/cultivating-connection-reviving-the-lost-art-of-eye-contact-0527155.

34쪽.   놀이를 하면서 주위 환경을 탐색하고 창의적인 방법을 발견할 기회를 얻을 수 있다: Burghardt, G. M. 2005. "Chapter 1: The Nature of Play." In *The Genesis of Animal Play: Testing the Limits*. Cambridge, MA: MIT Press.

34쪽.   새끼 사자는 한배에서 태어난 형제자매를 먹잇감으로 상상하면서 사냥 연습을 하고: Lancy, D. F. 1980. "Play in Species Adaptation." *Annual Review of Anthropology* 9 (1): 471–495.

35쪽.   걸음마를 시작한 아이는 모래 놀이 상자 안에서 모래성을 쌓는다: Nijhof, S. L., C. H. Vinkers, S. M. van Geelen, S. N. Duijff, E. J. M. Achterberg, J. van der Net, R. C. Veltkamp, et al. 2018. "Healthy Play, Better Coping: The Importance of Play for the Development of Children in Health and Disease." *Neuroscience and Biobehavioral Reviews* 95: 421–429.

35쪽.   이들 또한 사랑하는 누군가가 죽었을 때 인간처럼 시신을 옮기고 묻으면서 깊이 슬퍼하고 위로하는 의례를 행한다: Goldman, J. G. 2012. "Death Rituals in the Animal Kingdom." BBC Future. https://www.bbc.com/future/article/20120919-respect-the-dead.

1장   인사가 중요한 이유 — 인사 의례

43쪽.   첫 번째 목적은 가까운 친구들끼리 유대감을 끈끈하게 하거나 새로운 친구를 환영하는 것이다: Matoba, T., N. Kutsukake, and T. Hasegawa. 2013. "Head Rubbing and Licking Reinforce Social Bonds in a Group of Captive African Lions, *Panthera leo*." *PLOS ONE* 8 (9): e73044.

43쪽.   두 번째 목적은 긴장을 풀고 화해를 하는 것이다: Dal Pesco, F., and J. Fischer. 2018. "Greetings in Male Guinea Baboons and the Function of Rituals in Complex Social Groups." *Journal of Human Evolution* 125: 87–98.

43쪽.   마지막 세 번째 목적은 대장에게 복종한다는 뜻을 드러내면서 평화로운 사회를 함께 만들어 나가는 것이다: de Waal, F. B. M. 1986. "The Integration of Dominance and Social Bonding in Primates." *Quarterly Review of Biology* 61 (4): 459–479.

43쪽, 하이에나는 인사를 하는 동안 사실상 매우 취약한 부위인 빳빳해진 성기를 내보인다: Smith, J. E., K. S. Powning, S. E. Dawes, J. R. Estrada, A. L. Hopper, S. L. Piotrowski, and K. E. Holekamp. 2011. "Greetings Promote Cooperation and Reinforce Social Bonds among Spotted Hyaenas." *Animal Behaviour* 81 (2): 401 – 415.

44쪽, 기존의 관계를 개선하고 새로운 관계 맺기에 도전할 수도 있다: Rossano, M. J. 2009. "Ritual Behaviour and the Origins of Modern Cognition." *Cambridge Archaeological Journal* 19 (2): 243.

48쪽, 인사를 나누는 사람들 간의 관계에 따라 인사가 표현하는 관심의 정도는 달라진다: Lundmark, T. 2009. *Tales of Hi and Bye: Greeting and Parting Rituals around the World.* Cambridge, UK: Cambridge University Press.

49쪽, 인사를 하면서 겸손을 표할 때 우리는 자신의 사회적 위치를 인정하게 된다: de Waal, "The Integration of Dominance and Social Bonding in Primates," 1986.

49쪽, 영국 여왕을 만나러 버킹엄 궁전에 간다면 그 전에 여덟 단계의 인사 의례를 익혀야 했다: "Greeting a Member of the Royal Family." British Royal Family. https://www.royal.uk/greeting-member-royal-family.

49쪽, 수컷 코끼리들이 대장 수컷 코끼리의 입에 일부러 코를 갖다 대는 행동과 비슷하다: O'Connell, *Elephant Don*, 2015.

49쪽, 고릴라나 침팬지는 끌어안고: *The Routledge Handbook of Philosophy of Animal Minds*. 2017. Edited by K. Andrews and J. Beck. London: Routledge.

49쪽, 보노보(피그미 침팬지)는 입을 맞추고: Dias, P. A. D., and A. Rangel-Negrín. 2017. "Affiliative Contacts and Greetings." In *The International Encyclopedia of Primatology*, edited by A. Fuentes. Hoboken, NJ: John Wiley & Sons.

49쪽, 얼룩말은 가볍게 문다: McDonnell, S. M., and A. Poulin. 2002. "Equid Play Ethogram." *Applied Animal Behaviour Science* 78 (2 – 4): 263 – 290.

55쪽, 개와 늑대의 인사 의례는 대부분 비슷하다: Siniscalchi, M., S. D'Ingeo, M. Minunno, and A. Quaranta. 2018. "Communication in Dogs." *Animals* 8 (8): 131.

57쪽, 인간은 악수를 하면서 서로의 호르몬 상태를 알게 된다: Frumin, I., O. Perl, Y. Endevelt-Shapira, A. Eisen, N. Eshel, I. Heller, M. Shemesh, et al. 2015. "A Social Chemosignaling Function for Human Handshaking." *eLife* 4: e05154.

57쪽, 악수가 발달한 이유는 다른 곳에서도 찾을 수 있다: "Handshake History." 2015. Deep English. https://deepenglish.com/2014/07/handshake-history-listening-fluency-116/.

57쪽, 18세기 미국에서 퀘이커 교도들은 모든 인사를 악수로 대신했다: Corfield, P. J. 2017. "From Hat Honour to the Handshake: Changing Styles of Communication in the Eighteenth Century." In *Hats Off, Gentlemen! Changing Arts of Communication in the Eighteenth Century*, edited by P. J. Corfield and L. Hannan. Paris: Honoré Champion.

58쪽, 현대 프랑스식 볼키스: "La Bise: The Art of French Kissing!" 2020. Insidr. https://insidr. co/la-bise-the-art-of-french-kissing/.

58쪽, 과학자들은 인사를 받은 사람이 웃어주면 우리 마음이 긍정적인 기분으로 가득 차오른다는 사실을 밝혔다: Lickerman, A. 2012. "Smiling at Strangers: How the Simplest of Gestures Can Spread Joy for Years." *Psychology Today*. https:// www.psychologytoday.com/us/blog/ happiness-in-world/201202/smiling-strangers.

59쪽, 공동체 모임에 참석하거나 사람들을 만날 수 있는 단체에 몸담으면: Umberson, D., and J. K. Montez. 2010. "Social Relationships and Health: A Flashpoint for Health Policy." *Journal of Health and Social Behavior* 51 (S): S54 – S66.

59쪽, 육체적으로나 정서적으로 더 건강해지고 더 오래 살 수 있다: Short, S. E., and S. Mollborn. 2015. "Social Determinants and Health Behaviors: Conceptual Frames and Empirical Advances." *Current Opinion in Psychology* 5: 78 – 84.

2장   집단이 발휘하는 힘 — 집단 의례

67쪽, 타폰 무리의 사냥이 마침내 잠잠해졌을 때 반짝이는 수면이 다시 눈에 들어왔다: O'Neill, M. P. 2018. "Mullet Mania." *Hakai Magazine*. https://www.hakaimagazine.com/videos-visuals/mullet-mania/.

67쪽, 혹등고래는 사냥할 때 '공기 방울 그물'이라는 기술을 활용한다: Kosma, M. M., A. J. Werth, A. R. Szabo, and J. M. Straley. 2019. "Pectoral Herding: An Innovative Tactic for Humpback Whale Foraging." *Royal Society Open Science* 6 (10): 191104.

68쪽, 돌고래들도 비슷한 방식으로 사냥한다: Gazda, S. J., R. C. Connor, R. K. Edgar, and F. Cox. 2005. "A Division of Labour with Role Specialization in Group-Hunting Bottlenose Dolphins (*Tursiops truncatus*) off Cedar Key, Florida." *Proceedings of the Royal Society B: Biological Sciences* 272: 135 – 140.

70쪽, 수천만 년 전에 정어리에서 분리되어 진화한 멸치는 보통 엄청나게 떼를 지은 채 멀리 이동하지 않는다: Checkley, D. M., Jr., R. G. Asch, and R. R. Rykaczewski. 2017. "Climate, Anchovy, and Sardine." *Annual Review of Marine Science* 9: 469 – 493.

70쪽, 멸치들의 전략에 맞서 돛새치 같은 포식자는 이들을 무리에서 떼어놓으려고 한다: Clua, E., and F. Grosvalet. 2011. "Mixed-Species Feeding Aggregation of Dolphins, Large Tunas and Seabirds in the Azores." *Aquatic Living Resources*. 14 (1): 11 – 18.

72쪽, 사막 사자 무리의 암컷들은 사냥할 때마다 제각기 특정한 위치를 맡는다: Stander, P. E. 1992. "Cooperative Hunting in Lions: The Role of the Individual." *Behavioral Ecology and Sociobiology* 29 (6): 445 - 454.

72쪽, 아프리카의 적도 지역에서는 침팬지 무리가 콜로버스 원숭이를 뒤쫓는다: Watts, D. P., and J. C. Mitani. 2002. "Hunting Behavior of Chimpanzees at Ngogo, Kibale National Park, Uganda." *International Journal of Primatology* 23 (1): 1 - 28.

72쪽, 아프리카의 벌꿀길잡이새와 벌꿀오소리처럼 다른 종끼리 사냥을 돕는 경우까지 있다: Fincham, J. E., R. Peek, and M. B. Markus. 2017. "The Greater Honeyguide: Reciprocal Signaling and Innate Recognition of a Honey Badger." *Biodiversity Observations* 8 (12): 1 - 6.

72쪽, 모잠비크에서 벌꿀길잡이새는 야오족을 비롯한 아프리카 부족과 같은 방식으로 협력한다: Spottiswoode, C. N., K. S. Begg, and C. M. Begg. 2016. "Reciprocal Signaling in Honeyguide-Human Mutualism." *Science* 353 (6297): 387 - 389.

72쪽, 숲속 침팬지들의 사냥 방식을 살펴보면 인간의 사냥 방식이 어떻게 발전해왔는지 알 수 있다: Boesch, C., and H. Boesch. 1989. "Hunting Behavior of Wild Chimpanzees in the Tai National Park." *American Journal of Physical Anthropology* 78: 547 - 573.

72쪽, 영장류 동물학자들은 인간 사회의 집단 의례가 사냥을 위해 협력하는 과정에서 발전했다고 믿는다: ibid.

73쪽, 산족은 남부 아프리카에서: "The San." 2019. South African History Online. https://www.sahistory.org.za/article/san.

73쪽, 이누이트족은 시베리아, 북아메리카, 그린란드, 북극이나 북극과 가까운 지역에서: "The Inuit." Facing History and Ourselves. https://www.facinghistory.org/stolen-lives-indigenous-peoples-canada-and-indian-residential-schools/historical-background/inuit.

73쪽, 마야족은 멕시코 유카탄반도에서 전술을 활용해 사냥을 하며 살고 있다: Santos-Fita, D., E. J. Naranjo, E. I. Estrada, R. Mariaca, and E. Bello. 2015. "Symbolism and Ritual Practices Related to Hunting in Maya Communities from Central Quintana Roo, Mexico." *Journal of Ethnobiology and Ethnomedicine* 11: 71.

73쪽, 이누이트족은 예로부터 동물이 인간보다 우월하다고 믿었고, 사냥은 전부 동물이 허락해준 덕분에 가능하다고 여겼다: King, D. C. 2008. "Chapter 3: Inuit Beliefs." In *The Inuit*. New York: Marshall Cavendish Benchmark.

73쪽, 농사를 지으며 사냥하는 마야족은 오늘날에도 사냥을 시작하기 전에 카빈 의식 (Carbine Ceremony)을 치른다: Santos-Fita et al. "Symbolism and Ritual Practices Related to Hunting in Maya Communities from Central Quintana Roo, Mexico." 2015.

74쪽, 우리는 집단 의례를 통해 서로의 영역을 구분해 경계를 정하고: Eilam et al., "Rituals, Stereotypy and Compulsive Behavior in Animals and Humans," 2006.

74쪽,　전쟁을 준비하고: Legare, C. H., and R. E. Watson-Jones. 2015. "The Evolution and Ontogeny of Ritual." In *The Handbook of Evolutionary Psychology*, edited by D. Buss, 829‒847. Hoboken, NJ: John Wiley & Sons.

74쪽,　먼 거리에서 소통한다: Kuhl et al., "Chimpanzee Accumulative Stone Throwing," 2016.

74쪽,　구애하고: Alcorta, C. S., and R. Sosis. 2007. "Culture, Religion, and Belief Systems." In *Encyclopedia of Human-Animal Relationships: A Global Exploration of Our Connections with Animals*, edited by M. Beckoff, 559‒605. Westport, CT: Greenwood Press.

74쪽,　짝짓기하고: ibid.

74쪽,　대의명분을 위해 단체로 행동하고: Strandburg-Peshkin, A., D. R. Farine, I. D. Couzin, and M. C. Crofoot. 2015. "Shared Decision-Making Drives Collective Movement in Wild Baboons." *Science* 348 (6241): 1358‒1361.

74쪽,　집단의 정체성을 확실히 하면서 신뢰를 쌓는다: Watson-Jones, R. E., and C. H. Legare. 2016. "The Social Functions of Group Rituals." *Current Directions in Psychological Science* 25 (1): 42‒46.

74쪽,　심리학자들은 집단 의례가 집단의 정체성을 구축하기 위해 발전했다고 설명한다: Hill, K. R., B. M. Wood, J. Baggio, A. M. Hurtado, and R. T. Boyd. 2014. "Hunter-Gatherer Inter-band Interaction Rates: Implications for Cumulative Culture." *PLOS ONE* 9 (7): e102806.

74쪽,　인간의 뇌가 커지고, 문화가 복잡해지고, 언어가 만들어졌다: Muthukrishna, M., M. Doebeli, M. Chudek, and J. Henrich. 2018. "The Cultural Brain Hypothesis: How Culture Drives Brain Expansion, Sociality, and Life History." *PLOS Computational Biology* 14 (11): e1006504.

74쪽,　지난 몇백만 년 동안 인간의 뇌 크기는 세 배로 커졌다: Schoenemann, P. T. 2006. "Evolution of the Size and Functional Areas of the Human Brain." *Annual Review of Anthropology* 35: 379‒406.

74쪽,　이론적으로 더 많은 정보를 저장하고 처리하려면 뇌가 커져야 했다: Muthukrishna et al., "The Cultural Brain Hypothesis," 2018.

75쪽,　언어로 소통하기 시작하면서: Bundy, W. M. 2007. "Chapter 13: Models and Chemistry of the Modern Mind." In *Out of Chaos: Evolution from the Big Bang to Human Intellect*. Boca Raton, FL: Universal Publishers.

75쪽,　따로 떨어진 개체들은 집단 의례에 참여하면서 집단에 대한 충성심을 다질 수 있었다: Watson-Jones and Legare, "The Social Functions of Group Rituals," 2016.

75쪽,　힘을 모아 자식을 함께 돌보고: Silk, J. B., S. C. Alberts, and J. Altmann. 2003. "Social Bonds of Female Baboons Enhance Infant Survival." *Science* 302 (5648): 1231 – 1234.

75쪽,　지식을 쌓으면서 생존 가능성을 최대한 높이고: Whitehouse, H., and J. A. Lanman. 2014. "The Ties That Bind Us." *Current Anthropology* 55 (6): 674 – 695.

75쪽,　그 암컷 코끼리는 35년 전에 이미 가뭄을 겪었고: Foley, C., N. Pettorelli, and L. Foley. 2008. "Severe Drought and Calf Survival in Elephants." *Biology Letters* 4: 541 – 544.

75쪽,　침팬지는 흰개미 잡는 법을 새끼에게 가르친다: Musgrave, S., D. Morgan, E. Lonsdorf, R. Mundry, and C. Sanz. 2016. "Tool Transfers Are a Form of Teaching among Chimpanzees." *Scientific Reports* 6 (1): 34783.

75쪽,　이누이트족의 할아버지와 할머니는: Sarmiento, I. G. 2019. "Photos: How Families Eat in the Arctic: From an $18 Box of Cookies to Polar Bear Stew." NPR. https://www.npr.org/sections/goatsandsoda/2019/11/26/781679216/how-families-eat-in-the-arctic-from-an-18-box-of-cookies-to-polar-bear-stew.

76쪽,　'할아버지의 일곱 가지 가르침': "Seven Grandfather Teachings." 2020. Nottawaseppi Huron Band of the Potawatomi. https://www.nhbpi.org/seven-grandfather-teachings/.

76쪽,　집단 의례에 참여할 때 우리의 뇌는 자극을 받는다: Bundy, W. M. 2007. "Chapter 24: Religion II." In *Out of Chaos: Evolution from the Big Bang to Human Intellect*. Boca Raton, FL: Universal Publishers.

76쪽,　'러너스 하이(Runner's high)': Fuss, J., J. Steinle, L. Bindila, M. K. Auer, H. Kirchherr, B. Lutz, and P. Gass. 2015. "A runner's high depends on cannabinoid receptors in mice." *Proceedings of the National Academy of Sciences USA* 112 (42): 13105 – 13108.

76쪽,　옥스퍼드 대학에서 조정 선수를 연구한 결과에 따르면: Cohen, E. E., R. Ejsmond-Frey, N. Knight, and R. I. Dunbar. 2010. "Rowers' High: Behavioural Synchrony Is Correlated with Elevated Pain Thresholds." *Biology Letters* 6 (1): 106 – 108.

76쪽,　함께 웃으면 고통을 수월하게 견딜 수 있다는 연구 결과도 있다: Charles, S. J., V. van Mulukom, M. Farias, J. Brown, R. Delmonte, E. Maraldi, L. Turner, F. Watts, J. Watts, and R. Dunbar. 2020. "Religious Rituals Increase Social Bonding and Pain Threshold." PsyArXiv preprint.

77쪽,　이런 의례를 함께하며 느끼는 감정은 황홀감과는 반대되는 감정인 불쾌감이다: Whitehouse and Lanman, "The Ties That Bind Us," 2014.

77쪽,　'나골(Naghol)': Neubauer, I. L. 2014. "Meet Vanuatu's Land-Diving Daredevils, Who Inspired Bungee Jumping." CNN. https://www.cnn.com/travel/article/vanuatu-land-divers/index.html.

78쪽.   인도양에 있는 섬나라 모리셔스의 힌두교 공동체에는 불 위를 걷는 사람들이 있다: Fisch-
er, R., D. Xygalatas, P. Mitkidis, P. Reddish, P. Tok, I. Konvalinka, and J. Bulbulia. 2014.
"The Fire-Walker's High : Affect and Physiological Responses in an Extreme Collective Rit-
ual." see https://journals.plos.org/plosone/article?id=10.1371/journal.pone.0088355
PLOS ONE 9 (2): e88355.

79쪽.   최근 한 연구에 따르면, 갇혀 사는 늑대들도 놀라운 솜씨를 발휘하며 협력한다: Mar-
shall-Pescini, S., J. F. L. Schwarz, I. Kostelnik, Z. Virányi, and F. Range. 2017. "Importance
of a Species' Socioecology : Wolves Outperform Dogs in a Conspecific Cooperation Task."
Proceedings of the National Academy of Sciences USA 114 (44): 11793 - 11798.

82쪽.   우리는 집단 의례를 하면서 소리를 반복해서 내거나 똑같은 몸동작을 되풀이한다: Reddish,
P., R. Fischer, and J. Bulbulia. 2013. "Let's Dance Together : Synchrony, Shared Intention-
ality and Cooperation." *PLOS ONE* 8 (8): e71182.

83쪽.   연구에 따르면, 똑같은 동작을 취하면서 함께 움직이거나 노래를 부르면 유대감이 샘솟고
신뢰가 쌓인다: Fischer, R., R. Callander, P. Reddish, and J. Bulbulia. 2013. "How Do
Rituals Affect Cooperation? An Experimental Field Study Comparing Nine Ritual Types."
Human Nature 24 (2): 115 - 125.

3장   색다른 매력 뽐내기 — 구애 의례

92쪽.   〈늙은 뱃사람의 노래〉: Coleridge, S. T. 1900. *The Rime of the Ancient Mariner*. New York :
Globe School Book Company.

94쪽.   이맘때에는 홍학 떼 전체가 동시에 움직이면서 단체로 행진하는 모습을 볼 수 있다: O'Con-
nell-Rodwell, C. E., N. Rojek, T. C. Rodwell, and P. W. Shannon. 2004. "Artificially In-
duced Group Display and Nesting Behaviour in a Reintroduced Population of Caribbean
Flamingo *Phoenicopterus ruber ruber.*" *Bird Conservation International* 14 (1): 55 - 62.

95쪽.   홍학은 꼬리 부근의 프리닝샘에서 분홍색을 내는 물질을 분비한다: Krienitz, L. 2018. "The
Lesser Flamingo." In *Lesser Flamingos*. Berlin, Heidelberg. Springer.

95쪽.   암컷 홍학이 색깔을 유지하려고 노력하는 시간은 수컷보다 더 긴 경향이 있다: Rose, P., and
L. Soole. 2020. "What Influences Aggression and Foraging Activity in Social Birds? Measur-
ing Individual, Group and Environmental Characteristics." *Ethology* 126 (9): 1 - 14.

95쪽.   우선 머리를 흔들면서 구애 의례를 시작한다: O'Connell-Rodwell et al., "Artificially In-
duced Group Display and Nesting Behaviour in a Reintroduced Population of Caribbean
Flamingo *Phoenicopterus ruber ruber,*" 2004.

96쪽, 이들이 특별한 동작을 선보이는 의도는 방금 만난 미래의 짝에게 자신의 힘이나 건강을 자랑
하기 위해서다: Fusani, L., J. Barske, L. D. Day, M. J. Fuxjager, and B. A. Schlinger. 2014.
"Physiological Control of Elaborate Male Courtship: Female Choice for Neuromuscular
Systems." *Neuroscience and Biobehavioral Reviews* 46 (4): 534 – 546.

96쪽, 조금 즉흥적인 수컷들은 함께 모여 구애 행동을 하면서 암컷들의 관심을 끌기 위해 경쟁한
다: Hoglund, J., and R. V. Alatalo. 1995. *Leks. Monographs in Behavior and Ecology*. Prince-
ton, NJ: Princeton University Press.

97쪽, 다윈의 주장에 따르면, 볼품없는 모양새로 포식자를 피하는 일보다 화려하게 치장해서 짝짓
기에 성공하는 일이 더 중요하다: Darwin, C. 1871. *The Descent of Man: And Selection in Re-
lation to Sex*. London: J. Murray.

97쪽, 다윈의 자연 선택 이론과는 반대로: Darwin, C. 1859. *On the Origin of Species by Means of
Natural Selection, or, the Preservation of Favoured Races in the Struggle for Life*. London: J. Mur-
ray.

98쪽, 바우어새의 경우 독창성과 예술적인 솜씨까지 자랑하면서 짝짓기 시험을 통과한다: Endler,
J. A., J. Gaburro, and L. A. Kelley. 2014. "Visual Effects in Great Bowerbird Sexual Displays
and Their Implications for Signal Design." *Proceedings of the Royal Society B: Biological Sciences*
281 (1783): 20140235.

98쪽, 붉은색은 수컷 새의 테스토스테론 수치가 높다는 신호다: Ligon, J. D., R. Thornhill, M.
Zuk, and K. Johnson. 1990. "Male-Male Competition, Ornamentation and the Role of
Testosterone in Sexual Selection in Red Jungle Fowl." *Animal Behaviour* 40 (2): 367 – 373.

98쪽, 냄새를 풍기고 엄청나게 거드럭거린다: Poole, J. H. 1987. "Rutting Behavior in African El-
ephants: The Phenomenon of Musth." *Behaviour* 102 (3 – 4): 283 – 316.

98쪽, 빨간모자마나킨은 숲속의 나뭇가지 위에서 문워크 춤처럼 보이는 현란한 발놀림을 선보인
다: Lindsay, W. R., J. T. Houck, C. E. Giuliano, and L. B. Day. 2015. "Acrobatic Court-
ship Display Coevolves with Brain Size in Manakins (*Pipridae*)." *Brain, Behavior and Evolution*
85 (1): 29 – 36.

99쪽, 수컷 타조의 짝짓기 춤도 특이한 광경을 연출한다: Bolwig, N. 1973. "Agonistic and Sexual
Behavior of the African Ostrich (*Struthio camelus*)." *Condor* 75 (1): 100 – 105.

99쪽, 극락조의 조상이 2,400만 년 전에 살았던 담갈색 까마귀라는 사실이 믿기지 않을 정도다:
Miles, M. C., and M. J. Fuxjager. 2018. "Synergistic Selection Regimens Drive the Evo-
lution of Display Complexity in Birds of Paradise." *Journal of Animal Ecology* 87 (4): 1149 –
1159.

102쪽, 예를 들어, 수컷 육선 극락조는 짝짓기에 성공하려면 특별히 빠르고 완벽하게 완수해야 할

임무가 있다: Barske, J., B.A. Schlinger, M.Wikelski, and L. Fusani. 2011. "Female Choice for Male Motor Skills." *Proceedings of the Royal Society B: Biological Sciences* 278 (1724): 3523–3528.

102쪽,　암컷이 수컷의 운동 능력을 기준으로 짝을 선택한다는 결론을 내렸다: Schlinger, B.A., J. Barske, L. Day, L. Fusani, and M.J. Fuxjager. 2013. "Hormones and the Neuromuscular Control of Courtship in the Golden-Collared Manakin (*Manacus vitellinus*)." *Frontiers in Neuroendocrinology*. 34 (3): 143–156.

103쪽,　최근에는 구애 의례를 감상하는 암컷 방울깃작은느시의 뇌에 많은 변화가 일어난다는 연구 결과가 발표되었다: Loyau, A., and F. Lacroix. 2010. "Watching Sexy Displays Improves Hatching Success and Offspring Growth through Maternal Allocation." *Proceedings of the Royal Society B: Biological Sciences* 277 (1699): 3453–3460.

103쪽,　먼저 수컷 푸른발부비새가 과장된 걸음걸이로 암컷 주위를 활보하면서 매력적인 푸른 발을 보여준다: Torres, R., and A.Velando. 2005. "Male Preference for Female Foot Colour in the Socially Monogamous Blue-Footed Booby, *Sula nebouxii*." *Animal Behaviour* 69 (1): 59–65.

103쪽,　오스트레일리아 북부에 사는 바우어새의 전략은 전혀 다르다: Endler et al., "Visual Effects in Great Bowerbird Sexual Displays and Their Implications for Signal Design," 2014.

104쪽,　최근 이런 물건들을 활용한 전략이 호르몬 수치에 영향을 준다는 사실이 밝혀졌다: Saad, G., and J. G.Vongas. 2009. "The Effect of Conspicuous Consumption on Men's Testosterone Levels." *Organizational Behavior and Human Decision Processes* 110 (2): 80–92.

104쪽,　또 다른 연구에서 사람들은 스포츠카 소유 여부에 따라 남성의 신체적 특징을 다르게 인식했다: Saad, G., and T. Gill. 2014. "You Drive a Porsche: Women (Men) Think You Must Be Tall (Short), Intelligent and Ambitious." *NA: Advances in Consumer Research* 42: 808.

104쪽,　한편 배란기 여성을 연구한 결과: Zhuang, J., and J. Wang. 2014. "Women Ornament Themselves for Intrasexual Competition near Ovulation, but for Intersexual Attraction in Luteal Phase." *PLOS ONE* 9 (9): e106407.

105쪽,　발정기에 암컷은 낮은 울음소리를 자주 그리고 길게 반복한다: Poole, J. H., K. Payne, W. R. Langbauer Jr., and C.J. Moss. 1988. "The Social Contexts of Some Very Low Frequency Calls of African Elephants." *Behavioral Ecology and Sociobiology* 22: 385–392.

106쪽,　오스트리아의 구애 의례에서는 젊은 여성이 겨드랑이 사이에 사과 조각을 끼운 채 춤을 춘다: Wolchover, N. 2011. "Why Do We Kiss?" Live Science. https://www.livescience.com/33006-why-do-we-kiss.html.

106쪽,　짝을 고를 때 여성은 무의식적으로 남성의 냄새를 기준으로 삼는다: Wedekind, C., and S.

Füri. 1997. "Body Odour Preferences in Men and Women: Do They Aim for Specific MHC Combinations or Simply Heterozygosity?" *Proceedings of the Royal Society B: Biological Sciences* 264 (1387): 1471–1479.

107쪽. 집고양이와 마찬가지로 사자의 난자는 교미를 해야 난소에서 배출된다: Hunter, F. M., M. Petrie, M. Otronen, T. Birkhead, and A. P. Moller. 1993. "Why Do Females Copulate Repeatedly with One Male?" *Trends in Ecology and Evolution* 8 (1): 21–26.

108쪽. 상대와 친밀한 관계를 장기간 유지했을 때 유익한 화학물질을 분비한다: Bales, K. L., W. A. Mason, C. Catana, S. R. Cherry, and S. P. Mendoza. 2007. "Neural Correlates of Pair-Bonding in a Monogamous Primate." *Brain Research* 1184: 245–253.

109쪽. 싱싱 축제: "Tumbuna Show: Small Sing Sing Festival, Big Cultural Experience." 2019. About Papau New Guinea. https://www.aboutpapuanewguinea.com/blog/tumbuna-show-small-sing-sing-festivals/.

110쪽. 이 의례는 496년 2월 중순 어느 날, 봄의 시작을 공표하던 고대 로마의 축제에서 발전했다: Bryner, J. 2013. "What's the Origin of Valentine's Day?" Live Science. https://www.livescience.com/32426-who-was-saint-valentine.html.

110쪽. '옷 입은 채 함께 자기': Bailey, B. 2004. "From 'Bundling' to 'Hooking Up': Teaching the History of American Courtship." *OAH Magazine of History*, 3–4.

111쪽. '소녀 방문': Wolchover, "Why Do We Kiss?" 2011.

111쪽. 오늘날의 연인들은 격식을 덜 차려서, 반드시 상징적인 행위를 통해 헌신의 태도를 보여줄 필요는 없다고 말한다: Braboy Jackson, P., S. Kleiner, C. Geist, and K. Cebulko. 2011. "Conventions of Courtship: Gender and Race Differences in the Significance of Dating Rituals." *Journal of Family Issues* 32 (5): 629–652.

4장 보석, 꽃, 죽은 새 선물 — 선물 의례

117쪽. 1977년 디에고는 갈라파고스 국립공원에서 후손을 남기기 시작했다: "Diego, the Galápagos Tortoise with a Species-Saving Sex Drive, Retires." 2020. BBC. https://www.bbc.com/news/world-latin-america-53062480.

118쪽. 수컷이 암컷에게 결혼 선물을 주는 의례는 오래되었고: Lewis, S. M., K. Vahed, J. M. Koene, L. Engqvist, L. F. Bussière, J. C. Perry, D. Gwynne, and G. U. C. Lehmann. 2014. "Emerging Issues in the Evolution of Animal Nuptial Gifts." *Biology Letters* 10 (7): 20140336.

119쪽. 암컷이 수컷의 결혼 선물을 거절하면 수컷의 짝짓기 제안도 거부당할 가능성이 높다: Albo,

M. J., and A. V. Peretti. 2015. "Worthless and Nutritive Nuptial Gifts : Mating Duration, Sperm Stored and Potential Female Decisions in Spiders." *PLOS ONE* 10 (6) : e0129453.

120쪽, 결혼 선물은 이 과정에서 암컷에게 직접적인 도움을 줄 수도 있다 : ibid.

120쪽, 상징적인 역할만 하는 결혼 선물도 많다 : Sherry Jr., J. F. 1983. "Gift Giving in Anthropological Perspective." *Journal of Consumer Research* 10 (2) : 157 – 168.

121쪽, 인간 사회나 동물 사회나 선물을 주고받는 행위는 하나의 의사소통 방식이 되었다 : ibid.

121쪽, 보호받는 느낌을 받고 혜택을 얻는가 하면 새로운 사람을 사귀는 수단이 되기도 한다 : ibid.

121쪽, 인류 초기의 조상들은 선물을 이용해 능력을 과시했다 : van Schaik, C. P. 2016. "Chapter 22 : Morality." In *The Primate Origins of Human Nature*, edited by Matt Cartmill and Kaye Brown, 351 – 362. Foundations of Human Biology. Hoboken, NJ : John Wiley & Sons.

121쪽, 수컷 침팬지는 : Stevens, J. R., and I. C. Gilby. 2004. "A Conceptual Framework for Nonkin Food Sharing : Timing and Currency of Benefits." *Animal Behaviour* 67 (4) : 603 – 614.

123쪽, 마야의 도시 티칼에서는 : Lucero, L. J., and J. G. Cruz. 2020. "Reconceptualizing Urbanism : Insights from Maya Cosmology." *Frontiers in Sustainable Cities* 2 (1) : 1 – 15.

123쪽, 어떤 지역에서는 아직도 결혼할 때 지참금을 내는데 : Karasavvas, T. 2019. "Putting a Price on Marriage : The Long-standing Custom of Dowries." Ancient Origins. https://www.ancient-origins.net/history-ancient-traditions/putting-price-marriage-long-standing-custom-dowries-007222.

123쪽, 우리는 선물을 주고받으면서 감사와 사랑, 우정을 표시하고 좋은 관계를 유지하기 위해 노력한다 : D'Costa, K. 2014. "The Obligation of Gifts." *Scientific American*. https://blogs.scientificamerican.com/anthropology-in-practice/the-obligation-of-gifts/.

124쪽, 종종 보답을 받고자 하는 기대를 포함한다 : Sherry Jr., "Gift Giving in Anthropological Perspective," 1983.

124쪽, 선물은 '서래글 위킨 선물'과 '주고받기 위한 선물'로 나뉜다 : ibid.

124쪽, 암사자는 자신이 사냥한 먹이를 다 큰 딸이 훔쳐가도록 내버려 둔다 : Stevens and Gilby, "A Conceptual Framework for Nonkin Food Sharing," 2004.

125쪽, "공짜 선물 같은 것은 없다" : Kidd, A. J. 1996. "Philanthropy and the 'Social History Paradigm.'" *Social History* 21 (2) : 180 – 192.

125쪽, 바빌론의 공중 정원 : Cartwright, M. 2018. "Hanging Gardens of Babylon." Ancient History Encyclopedia. https://www.ancient.eu/Hanging_Gardens_of_Babylon/.

125쪽, 타지마할 : "Taj Mahal." 1983. UNESCO. https://whc.unesco.org/en/list/252.

125쪽, 부활절 파베르제 달걀: Morton, E. 2019. "The Mysterious Fate of the Romanov Family's Prized Easter Egg Collection." History. https://www.history.com/news/romanov-family-russia-mystery-faberge-easter-eggs.

125쪽, 이집트에는 돌 항아리에 황실의 상징을 새겨 이웃 나라에 선물하는 관습이 있었다: "A Brief History of Gift Giving and How to Do It Today." Occasion Station. https://www.occasion-station.com/a-brief-history-of-gift-giving-and-how-to-do-it-today/.

126쪽, 19세기에 프랑스가 미국에 '자유의여신상'을 선물한 사례와 비슷하다: "The French Connection." 2018. National Park Service. https://www.nps.gov/stli/learn/historyculture/the-french-connection.htm.

126쪽, 우리는 상대를 얼마나 아는지에 관계없이 각자 이익을 얻고자 하는 목적으로 선물을 주고받는다: Stevens and Gilby. "A Conceptual Framework for Nonkin Food Sharing." 2004.

126쪽, 영장류 동물, 코끼리, 사자, 늑대, 쥐, 새, 박쥐 같은 다양한 동물이 먹이를 나눠 먹으면서 신뢰를 쌓고 협력하는 분위기를 형성한다: ibid.

127쪽, 한 집단은 각각 금속 링 10개를 받았고: Brucks, D., and A. M. P. von Bayern. 2020. "Parrots Voluntarily Help Each Other to Obtain Food Rewards." *Current Biology* 30 (2): 292 – 297.

127쪽, 세 살배기 어린이들을 대상으로 비슷한 연구를 진행했을 때: Vaish, A., R. Hepach, and M. Tomasello. 2018. "The Specificity of Reciprocity: Young Children Reciprocate More Generously to Those Who Intentionally Benefit Them." *Journal of Experimental Child Psychology* 167: 336 – 353.

128쪽, 동물의 세계에서는 '불러 모으기'를 통해 먹이를 나누어 빠르게 보상을 전달한다: Stevens and Gilby. "A Conceptual Framework for Nonkin Food Sharing." 2004.

128쪽, 육식동물인 하이에나도 먹이를 나눠 먹을 때 무리를 불러 모으려고 소리를 지른다: Gersick, A. S., D. L. Cheney, J. M. Schneider, R. M. Seyfarth, and K. E. Holekamp. 2015. "Long-Distance Communication Facilitates Cooperation among Wild Spotted Hyaenas, *Crocuta crocuta*." *Animal Behaviour* 103: 107 – 116.

128쪽, 삼색제비는 곤충 떼를 먹이로 삼는데, 날카로운 울음소리로 먹이가 몰려 있는 장소를 다른 개체에게 알린다: Brown, C. R. 1998. "Chapter 2: Whitetail." In *Swallow Summer*. Lincoln: University of Nebraska Press.

128쪽, 참새는 포식자의 관심을 피하는 방법을 알고 있다: Elgar, M. 1986. "House Sparrows Establish Foraging Flocks by Giving Chirrup Calls If the Resource Is Divisible." *Animal Behaviour* 34: 169 – 174.

128쪽, 범고래가 죽은 바다표범을 나눠 먹는 데는 특별한 이유가 있다: Guinet, C., L. G. Barrett-Lennard, and B. Loyer. 2000. "Co-ordinated Attack Behavior and Prey Sharing by Killer Whales at Crozet Archipelago : Strategies for Feeding on Negatively-Buoyant Prey." *Marine Mammal Science* 16 (4) : 829 - 834.

128쪽. 수컷 사마귀는 교미하는 동안 잡아먹히는 불상사를 피하기 위해 암컷에게 먹이를 선물한다 : Toft, S., and M. J. Albo. 2016. "The Shield Effect : Nuptial Gifts Protect Males against Pre-copulatory Sexual Cannibalism." *Biology Letters* 12 : 20151082.

129쪽. 다른 침팬지와 음식을 나누는 횟수보다 무려 네 배 이상 많다 : Stevens, J. R. 2004. "The Selfish Nature of Generosity : Harassment and Food Sharing in Primates." *Proceedings of the Royal Society B: Biological Sciences* 271 (1538) : 451 - 456.

129쪽. 꼬리치레와 큰까마귀, 침팬지 사회에서는 윗자리를 차지하는 동물이 서열이 낮은 이들에게 선물을 한다 : Stevens and Gilby, "A Conceptual Framework for Nonkin Food Sharing," 2004.

129쪽. 개코원숭이 사회에서 우두머리 수컷은 지위가 낮은 수컷보다 스트레스를 많이 받는데 : Gesquiere, L. R., N. H. Learn, M. C. M. Simao, P. O. Onyango, S. C. Alberts, and J. Altmann. 2011. "Life at the Top : Rank and Stress in Wild Male Baboons." *Science* 333 (6040) : 357 - 360.

129쪽. 커다란 수확을 거두어서 식량이 넉넉할 때 음식을 나누면, 수확이 시원찮거나 가족이 먹고 살 식량을 충분히 구할 수 없을 때 다른 사람에게 도움을 받을 수 있었다 : Standage, T. 2009. "Chapter 3 : Food, Wealth, and Power." In *An Edible History of Humanity*. New York : Walker and Company.

130쪽. 흡혈박쥐 사회에서도 같은 원리가 작동한다 : Wilkinson, G. S. 1984. "Reciprocal Food Sharing in the Vampire Bat." *Nature* 308 : 181 - 184.

130쪽. 사회인류학자들이 '선물의 역설'이라고 부르는 현상이다 : Weaver, K., S. M. Garcia, and N. Schwarz. 2012. "The Presenter's Paradox : Figure 1." *Journal of Consumer Research* 39 (3) : 445 - 460.

130쪽. 중국에서는 돈이나 담배를 선물하는 풍습이 있다 : Huang, L. L., J. F. Thrasher, Y. Jiang, Q. Li, G. T. Fong, and A. C. Quah. 2012. "Incidence and Correlates of Receiving Cigarettes as Gifts and Selecting Preferred Brand Because It Was Gifted : Findings from the ITC China Survey." *BMC Public Health* 12 : 996.

131쪽. 요즘 이 방식은 서양에서 자존감을 높이거나 스스로 보상을 주면서 자신을 돌보는 방법으로 유행하고 있다 : JamehBozorgi, M. J., and S. H. H. Dashtaki. 2014. "Motivations, Emotions, and Feelings of Self-Gifting Entrepreneurs : A Cross-Cultural Study." *Journal of Entrepreneurship, Business and Economics* 2 (2) : 98 - 120.

131쪽. 동양에서 자기에게 선물하는 행위는 이상적인 자아를 찾는 데 도움이 되고 : Mick, D. G., and M. Demoss. 1990. "Self-Gifts: Phenomenological Insights from Four Contexts." *Journal of Consumer Research* 17 (3): 322–332.

131쪽, 용서를 구하기 위한 화해의 뜻이 담긴 선물도 있다: Kelley, D. 1998. "The Communication of Forgiveness." *Communication Studies* 49 (3): 255–271.

131쪽, 침팬지는 다툼을 벌인 뒤 서로를 향해 다가가 껴안고 입맞춤한다: de Waal, F. B. M. 2006. "Bonobo Sex and Society." *SA Special Editions* 16 (3s): 14–21.

131쪽, 보노보는 먹이를 나눠 먹을 때 높아지는 긴장감을 줄이려고 교미를 한다: ibid.

133쪽, 선물은 받는 사람보다 주는 사람에게 더 의미가 있기 때문이다: Sherry Jr., "Gift Giving in Anthropological Perspective," 1983.

133쪽, 배우자에게 마사지를 해준 사람은 마사지를 받을 때만큼이나 기쁨을 느꼈다: Naruse, S. M., P. L. Cornelissen, and M. Moss. 2018. "'To Give Is Better Than to Receive?' Couples Massage Significantly Benefits Both Partners' Wellbeing." *Journal of Health Psychology*: ISSN 1359-1053.

133쪽, 사람들은 개의 배를 문지르고 귀를 긁어주면서 사려 깊은 보살핌을 제공하다가 개가 즐거워하는 모습을 보이면 넙죽하게 뿌듯해한다: McGowan, R. T. S., C. Bolte, H. R. Barnett, G. Perez-Camargo, and F. Martin. 2018. "Can You Spare 15 Min? The Measurable Positive Impact of a 15-Min Petting Session on Shelter Dog Well-Being." *Applied Animal Behaviour Science* 203: 42–54.

133쪽, 아기와 놀아주는 일도 그렇다: Riem, M. M. E., M. H. van Ijzendoorn, M. Tops, M. A. S. Boksem, S. A. R. B. Rombouts, and M. J. Bakermans-Kranenburg. 2012. "No Laughing Matter: Intranasal Oxytocin Administration Changes Functional Brain Connectivity during Exposure to Infant Laughter." *Neuropsychopharmacology* 37 (5): 1257–1266.

134쪽, 미어캣은 전갈을 먹고 살기에, 독침에 쏘이지 않고 전갈을 먹는 법을 배운다: Thornton, A., and K. McAuliffe. 2006. "Teaching in Wild Meerkats." *Science* 313 (5784): 227–229.

134쪽, 비슷한 이유로 암사자는 자주 상처 입은 먹잇감을 새끼들에게 선물한다: Charlton, C. 2016. "Taught to Kill…by Mummy: Lion Cub Is Shown How to Hunt by Lioness after It Wounds Prey and Lets the Youngster Finish It Off." *Daily Mail*. https://www.daily-mail.co.uk/news/article-3429745/Taught-kill-mummy-Lion-cub-shown-hunt-lioness-wounds-prey-lets-youngster-finish-off.html.

5장   으르렁거리며 전하고 싶은 말 — 소리 의례

143쪽, 그 가운데 선전포고를 위한 소리는: Wiltermuth and Heath, "Synchrony and Cooperation,"

2009.

143쪽. 싸움의 시작을 알리거나 전투 준비를 명령하는 소리는 공격을 시작하기 전에 군대의 기운을 북돋는다: Legare and Watson-Jones, "The Evolution and Ontogeny of Ritual," 2015.

143쪽. 침팬지의 소리 의례는 사람의 의례와 비슷하다: Goodall, J. 2010. *Through a Window: My Thirty Years with the Chimpanzees of Gombe.* Boston: Houghton Mifflin Harcourt.

143쪽. 엔도르핀은 이렇게 구호를 외치고 공격적인 소리를 낼 때 분비되는 호르몬이다: Gelfand, M. J., N. Caluori, J. C. Jackson, and M. K. Taylor. 2020. "The Cultural Evolutionary Trade-off of Ritualistic Synchrony." *Philosophical Transactions of the Royal Society B: Biological Sciences* 375 (1805): 20190432.

145쪽. 사람들은 소리를 지르면서 경험을 공유하는데: Khairy, L. T., R. Barin, F. Demonière, C. Villemaire, M. Billo, J. Tardif, L. Macle, and P. Khairy. 2017. "Heart Rate Response in Spectators of the Montreal Canadiens Hockey Team." *Canadian Journal of Cardiology* 33 (12): 1633 – 1638.

145쪽. 캐나다에서는 의사들이 하키 팬들에게 주의를 준 사례가 있었다: ibid.

145쪽. 관중들의 신체 상태는 실제로 경기를 진행하는 운동선수와 생리적으로 비슷해진다: Acharya, S., and S. Shukla. 2012. "Mirror Neurons: Enigma of the Metaphysical Modular Brain." *Journal of Natural Science, Biology and Medicine.* 3 (2): 118 – 124.

146쪽. 코끼리들은 어딘가로 이동하기를 제안하면서 "가자"라며 으르렁거리고: O'Connell-Rodwell et al., "Antiphonal Vocal Bouts Associated with Departures in Free-Ranging African Elephant Family Groups," 2012.

146쪽. 고릴라 집단은 다른 곳으로 떠나기 전에 점점 커다란 소리를 낸다: Harcourt, A. H., and K. J. Stewart. 1994. "Gorillas' Vocalizations during Rest Periods: Signals of Impending Departure?" *Behavior* 130 (1 – 2): 29 – 40.

146쪽. 사자가 으르렁거리고: Stander, P. E, and J. Stander. 1988. "Characteristics of Lion Roars in Etosha National Park," *Madoqua* 15 (4): 315 – 318.

146쪽. 늑대가 긴 울음소리를 내고: Harrington, F. H., and L. D. Mech. 1983. "Wolf Pack Spacing: Howling as a Territory-Independent Spacing Mechanism in a Territorial Population." *Behavioral Ecology and Sociobiology* 12 (2): 161 – 168.

146쪽. 짖는원숭이가 고함을 지르는 것처럼 말이다: da Cunha et al., "The Roaring of Southern Brown Howler Monkeys (*Alouatta guariba clamitans*) as a Mechanism of Active Defence of Borders," 2007.

146쪽. 독특한 울음소리를 내는 말코손바닥사슴: Feighny, J. A., K. E. Williamson, and J. A. Clarke. 2006. "North American Elk Bugle Vocalizations: Male and Female Bugle Call Structure and Context." *Journal of Mammalogy* 87 (6): 1072 – 1077.

146쪽, 소리로 짝을 평가하는 붉은사슴: Charlton, B. D., D. Reby, and K. McComb. 2007. "Female Red Deer Prefer the Roars of Larger Males." *Biology Letters* 3 (4): 382 – 385.

146쪽, 소리를 이용해 동료를 찾는 붉은다람쥐: Wilson, D. R., A. R. Goble, S. Boutin, M. M. Humphries, D. W. Coltman, J. C. Gorrell, J. Shonfield, and A. G. McAdam. 2015. "Red Squirrels Use Territorial Vocalizations for Kin Discrimination." *Animal Behaviour* 107: 79 – 85.

146쪽, 자장가를 불러준다: Cirelli, L. K., Z. B. Jurewicz, and S. E. Trehub. 2020. "Effects of Maternal Singing Style on Mother – Infant Arousal and Behavior." *Journal of Cognitive Neuroscience* 32 (7): 1213 – 1220.

146쪽, 대부분의 포유동물이 소리를 낼 때, 후두 안 근육이 리드미컬하게 수축한다: Titze, I. R. 2017. "Human Speech: A Restricted Use of the Mammalian Larynx." *Journal of Voice* 31 (2): 135 – 141.

147쪽, 코끼리가 땅의 진동을 감지하는 것처럼: O'Connell-Rodwell, C. 2007. "Keeping an 'Ear' to the Ground: Seismic Communication in Elephants." *Physiology* 22: 287 – 294.

147쪽, 많은 동물이 목소리가 아니라 잎이나 풀줄기 같은 물체가 떨리는 것을 느끼며 소통한다: Casas, J., C. Magal, and J. Sueur. 2007. "Dispersive and Non-dispersive Waves through Plants: Implications for Arthropod Vibratory Communication." *Proceedings of the Royal Society B: Biological Sciences* 274 (1613): 1087 – 1092.

147쪽, 인간과 동물에게는 두개골에서부터 가운데귀나 속귀에 이르는 뼈 전도 통로가 있는데, 이곳 또는 촉감을 통해 진동을 알아차린다: Puria, S., and J. J. Rosowski. 2012. "Bekesy's Contributions to Our Present Understanding of Sound Conduction to the Inner Ear." *Hearing Research* 293 (1 – 2): 21 – 30.

147쪽, 인간의 언어는 FOXP2라는 유전자 덕분에 진화했다: Mozzi, A., D. Forni, M. Clerici, U. Pozzoli, S. Mascheretti, F. R. Guerini, S. Riva, N. Bresolin, R. Cagliani, and M. Sironi. 2016. "The Evolutionary History of Genes Involved in Spoken and Written Language: Beyond FOXP2." *Scientific Reports* 6 (1): 22157.

147쪽, 오래전부터 인간에게 말하기는 꼭 필요한 기능이었다: van Schaik, C. P. 2016. "Chapter 22: Morality." In *The Primate Origins of Human Nature*, edited by Matt Cartmill and Kaye Brown, 351 – 362. Foundations of Human Biology. Hoboken, NJ: John Wiley & Sons.

148쪽, 어떤 과학자들은 인간이 사용하는 도구가 점점 복잡해지면서 언어가 발달했다고 추측한다: Szamado, S., and E. Szathmary. 2006. "Selective Scenarios for the Emergence of Natural Language." *Trends in Ecology and Evolution* 21 (10): 555 – 561.

미
주

148쪽, 소리를 내거나 들을 때 사회적 동물에게 생리적인 반응이 나타난다: Seltzer, L. J., T. E. Ziegler, and S. D. Pollak. 2010. "Social Vocalizations Can Release Oxytocin in Humans." *Proceedings of the Royal Society B: Biological Sciences* 277 (1694): 2661 – 2666.

148쪽, 남자가 사랑하는 여자에게 사랑의 세레나데를 부를 때처럼 좋은 의도가 담긴 소리가 오갈 때 면 두 사람에게는 옥시토신 호르몬이 분비된다: ibid.

148쪽, 덤불때까치류(Swamp boubou) 같은 열대지방 새들의 이중창은 놀랍도록 조화롭다: Thorpe, W. H. 1973. "Duet-Singing Birds." *Scientific American* 229 (2): 70 – 79.

149쪽, 난소낭의 크기가 평소의 두 배로 커졌다: Lehrman, D. S., and M. Friedman. 1969. "Auditory Stimulation of Ovarian Activity in the Ring Dove (*Streptopelia risoria*)." *Animal Behaviour* 17 (3): 494 – 497.

149쪽, 방울깃작은느시가 구애 의례에서 시각적으로 자극을 받아 번식률이 높아지는 현상과 비 슷했다: Loyau and Lacroix. "Watching Sexy Displays Improves Hatching Success and Offspring Growth through Maternal Allocation." 2010.

149쪽, 집돼지는 짝과 헤어지면: Shrader, L., and D. Todt. 1998. "Vocal Quality Is Correlated with Levels of Stress Hormones in Domestic Pigs." *Ethology* 104 (10): 859 – 876.

150쪽, 몸집이 큰 동물일수록 저주파 소리를 내는데: Bowling, D. L., M. Garcia, J. C. Dunn, R. Ruprecht, A. Stewart, K. H. Frommolt, and W. T. Fitch. 2017. "Body Size and Vocalization in Primates and Carnivores." *Scientific Reports* 7: 41070.

150쪽, 동물들은 저주파 소리를 내면서 자신의 몸집이 크다는 사실을 알린다: ibid.

150쪽, 수컷은 처음으로 울면 짝을 더 잘 유혹할 수 있다: ibid.

150쪽, 늑대가 길게 울부짖으면서 자신의 무리와 영역을 지키겠다는 메시지를 전달하면: McCarley, H. 1978. "Vocalizations of Red Wolves (*Canis rufus*)." *Journal of Mammalogy* 59 (1): 27 – 35.

150쪽, 수사자는 자신의 새끼를 제외한 어떤 새끼 사자라도 모두 죽이겠다는 뜻으로 으르렁거린다: McComb, K., A. Pusey, C. Packer, and J. Grinnell. 1993. "Female Lions Can Identify Potentially Infanticidal Males from Their Roars." *Proceedings of the Royal Society B: Biological Sciences* 252: 59 – 64.

150쪽, 반면 개구리들은 사기를 친다: Tan, W. H., C. G. Tsai, C. Lin, and Y. K. Lin. 2014. "Urban Canyon Effect: Storm Drains Enhance Call Characteristics of the Mientien Tree Frog." *Journal of Zoology* 294 (2): 77 – 84.

151쪽, 기자회견, 공식 발표회, 이사회에서 말하는 사람은 낮은 목소리로 이야기한다: Nikitina, A. 2011. *Successful Public Speaking*. bookboon.com.

151쪽, 짝짓기 철에 수컷 붉은사슴이 구애 의례를 행하는 동안 암컷 붉은사슴은 울음소리의 크기를 비교해 짝을 결정한다: Charlton, et al., "Female Red Deer Prefer the Roars of Larger Males," 2007.

151쪽.　수컷 개코원숭이는 다른 수컷이 내는 소리를 분석한다: Bergman, T. J., J. C. Beehner, D. L. Cheney, R. M. Seyfarth, and P. L. Whitten. 2005. "Interactions in Male Baboons: The Importance of Both Males' Testosterone." *Behavioral Ecology and Sociobiology* 59 (4): 480 – 489.

151쪽.　검은부리아비는 요들 같은 울음소리를 길게 내면서 다른 개체의 영역을 차지하겠다는 위협적인 뜻을 드러낸다: IWalcott, C., D. Evers, M. Froehler, and A. Krakauer. 1999. "Individuality in "Yodel" Calls Recorded from a Banded Population of Common Loons, *Gavia immer*," *Bioacoustics* 10 (2 - 3): 101 – 114.

151쪽.　붉은다람쥐는 영역을 주장하는 소리를 듣고 자신의 친족을 구별한다: Wilson et al., "Red Squirrels Use Territorial Vocalizations for Kin Discrimination," 2015.

151쪽.　암컷 흰손긴팔원숭이는 100데시벨에 이르는 아주 시끄러운 울음소리를 내어: Terleph, T. A., S. Malaivijitnond, and U. H. Reichard. 2016. "Age Related Decline in Female Lar Gibbon Great Call Performance Suggests That Call Features Correlate with Physical Condition." *BMC Evolutionary Biology* 16: 4.

151쪽.　인간은 소리를 이용해 붐비는 쇼핑몰 같은 복잡한 장소에서도 서로를 알아보고 찾아낼 수 있다: Thierry, A., P. Jouventin, and I. Charrier. 2015. "Mother Vocal Recognition in Antarctic Fur Seal *Arctocephalus gazella* Pups: A Two-Step Process." *PLOS ONE* 10 (9): e0134513.

152쪽.　아기는 엄마 배 속에 있을 때부터 엄마의 목소리를 알아차리는 법을 배운다: Kisilevsky, B. S., S. M. J. Hains, K. Lee, X. Xie, H. Huang, H. H. Ye, K. Zhang, and Z. Wang. 2003. "Effects of Experience on Fetal Voice Recognition." *Psychological Science* 14 (3): 220 – 224.

152쪽.　소리를 주고받는 의례는 육식동물들이 사냥하는 동안 위치를 확인하기 위해 발달했다: Petak, I. 2010. "Patterns of Carnivores' Communication and Potential Significance for Domestic Dogs." *Periodicum Biologorum* 112 (2): 127 – 132.

152쪽.　고래들은 바다 깊은 곳의 수중측음장치 주파수대를 이용해 아주 멀리 있는 고래까지 불러들여 의사소통을 한다: "What Is SOFAR?" 2018. NOAA. https://oceanservice.noaa.gov/facts/sofar.html.

153쪽.　새벽녘과 황혼은 소리가 가장 잘 전달되는 시간대다: Brown, T. J., and P. Handford. 2002. "Why Birds Sing at Dawn: The Role of Consistent Song Transmission." *Ibis* 145 (1): 120 – 129.

153쪽.　우리는 공중보다 땅에서 코끼리가 저주파로 으르렁거리는 소리를 더 먼 거리까지 탐지할 수 있다: O'Connell-Rodwell, C. E., B. T. Arnason, and L. A. Hart. 2000. "Seismic Properties of Asian Elephant (*Elephas maximus*) Vocalizations and Locomotion." *Journal of the Acoustical Soci-*

ety of America 108 (6): 3066 – 3072.

153쪽. 멀리까지 소리를 퍼뜨리는 최초의 악기인 불로러는 1만 8,000년 전의 구석기시대에 처음 등장했다: "Australian Bullroarer." 2018. Wake Forest University. https://moa.wfu.edu/2018/07/australian-bullroarer/.

154쪽. 북아메리카 원주민은 도움을 요청하거나 질병이 발생한 사실을 이웃 부족에게 알릴 때 연기로 신호를 보내면서 노래를 부르고 북을 치는 의례를 행했다: Bryant, C. W. 2008. "How Do You Send a Smoke Signal?" Howstuffworks. https://adventure.how-stuffworks.com/survival/wilderness/how-to-send-smoke-signal.htm.

154쪽. 아프리카 서부 사람들도 전통 악기인 말하는 북을 비슷한 목적으로 활용했다: Carrington, J. F. 1949. *Talking Drums of Africa*. London: Carey Kingsgate Press.

154쪽. 약 1,000년 전, 오스트레일리아 원주민들은 저주파 소리를 내는 '디저리두'라는 악기를 발명해 줄곧 문화적인 의례에 활용했다.: Koumoulas, M. 2018. "Didgeridoo Notation." Master of Arts, Music, York University.

155쪽. 요들에 관한 기록은 397년에 처음 등장했다: Platenga, B. 1999. "Will There Be Yodeling in Heaven?" *American Music Research Center Journal* 9: 107 – 138.

155쪽. 아프리카 서부의 피그미족은 의례를 치르기 위해 요들을 부른다: Pemunta, N. V. 2018. "Fortress Conservation, Wildlife Legislation and the Baka Pygmies of Southeast Cameroon." *GeoJournal* 84 (4): 1035 – 1055.

155쪽. 클래식부터 록, 알앤비, 재즈, 컨트리음악, 오페라까지 거의 모든 음악 장르에서 요들을 활용한다: Platenga, "Will There Be Yodeling in Heaven?," 1999.

155쪽. 아델의 노래에도 요들이 포함되어 있다: Berger, M. "Adele's 25—Track by Track." Harvard Institute of Politics. https://iop.harvard.edu/get-involved/harvard-political-review/adele%E2%80%99s-25-track-track.

155쪽. 17세기에는 스위스 용병들 앞에서 요들을 부르지 못하게 할 정도였다: Rechsteiner, A. 2019. "Homesick for the Mountains." SWI swissinfo.ch. https://www.swissinfo.ch/eng/swiss-national-museum_homesick-for-the-mountains/45202814.

156쪽. 이야기를 주고받는 것은 우리 몸에도 좋다: Seltzer, L. J., A. R. Prososki, T. E. Ziegler, and S. D. Pollak. 2012. "Instant Messages vs. Speech: Hormones and Why We Still Need to Hear Each Other." *Evolution and Human Behavior* 33 (1): 42 – 45.

157쪽. 이런 의례가 우리는 더욱 헌신하도록 만든다: Hobson et al., "The Psychology of Rituals," 2018.

157쪽. 다른 사람에게 우리 생각을 이야기하기만 해도 스트레스가 줄어들고 마음이 나아진다: Huron, D. 2001. "Is Music an Evolutionary Adaptation?" *Annals of the New York Academy of Sci-*

ences 930 : 43 - 61.

157쪽,　소리로 자신을 표현하거나 소리 높여 노래를 부를 때도 마찬가지다: Moss, H., J. Lynch, and J. O'Donoghue. 2018. "Exploring the Perceived Health Benefits of Singing in a Choir: An International Cross-Sectional Mixed-Methods Study." *Perspectives in Public Health* 138 (3) : 160 - 168.

157쪽,　함께 노래를 부르면 스트레스를 받을 때 분비되는 호르몬인 코르티솔의 수치는 낮아지고, 연대감과 편안함을 느끼게 하는 옥시토신의 분비가 늘어나: van Schaik, C. P. 2016. *The Primate Origins of Human Nature*, edited by Matt Cartmill and Kaye Brown. Foundations of Human Biology. Hoboken, NJ: John Wiley & Sons.

157쪽,　우울감과 외로움이 줄어든다: Raglio, A., L. Attardo, G. Gontero, S. Rollino, E. Groppo, and E. Granieri. 2015. "Effects of Music and Music Therapy on Mood in Neurological Patients." *World Journal of Psychiatry* 5 (1) : 68 - 78.

157쪽,　차 안이나 노래방에서 혹은 합창단에서 노래를 맘껏 부르면 기분이 좋아진다: Horn, S. 2013. "Singing Changes Your Brain." *Time*. https://ideas.time.com/2013/08/16/singing-changes-your-brain/.

157쪽,　노래 부르기는 이제 관절염, 폐질환, 만성 통증, 암 등 다양한 질병으로 인한 심리적인 문제를 해결하는 데 활용되고 있다: Jasemi, M., S. Aazami, and R. E. Zabihi. 2016. "The Effects of Music Therapy on Anxiety and Depression of Cancer Patients." *Indian Journal of Palliative Care* 22 (4) : 455 - 458.

158쪽,　음악 치료는 불안을 해소하고, 삶의 질을 높이고, 질병의 증상이나 부작용을 줄이기까지 한다: Puhan, M. A., A. Suarez, C. Lo Cascio, A. Zahn, M. Heitz, and O. Braendli. 2006. "Didgeridoo Playing as Alternative Treatment for Obstructive Sleep Apnoea Syndrome: Randomised Controlled Trial." *BMJ* 332 (7536) : 266 - 270.

158쪽,　많은 과학자가 노래에는 생존가(生存價)가 하나도 없다고 여긴다: Huron, "Is Music an Evolutionary Adaptation?," 2001.

158쪽,　그는 즐거움을 찾는 행동 역시 진화론적인 적응 행동이라고 주장한다: ibid.

158쪽,　슬로베니아에서 발견된 최초의 악기는 4만 3,000년 전에서 8만 2,000년 전 사이에 만들어진 것으로 추정된다: ibid.

158쪽,　휴런은 음악의 발달에 관한 여덟 가지 이론을 통해 음악이 어째서 인간의 생존에 그토록 중요한 역할을 했는지 살핀다: ibid.

159쪽,　음악은 생존에 도움이 될 뿐만 아니라 세대에서 세대로 정보를 전달하는 수단이다: Somerville, M., L. Tobin, and J. Tobin. 2019. "Walking Contemporary Indigenous Songlines as Public Pedagogies of Country." *Journal of Public Pedagogies* 4 : 13 - 27.

159쪽. 음악을 만드는 능력은 이미 우리 유전자에 새겨져 있을지도 모른다: Callaway, E. 2007. "Music Is in Our Genes." *Nature*.

159쪽. 우리는 노래할 때와 마찬가지로 음악을 들을 때도 정신적으로 즐거움을 느끼고: Ferreri, L., E. Mas-Herrero, R. J. Zatorre, P. Ripolles, A. Gomez-Andres, H. Alicart, G. Olive, J. Marco-Pallares, R. M. Antonijoan, M. Valle, J. Riba, and A. Rodriguez-Fornells. 2019. "Dopamine Modulates the Reward Experiences Elicited by Music." *Proceedings of the National Academy of Sciences USA* 116 (9): 3793 – 3798.

159쪽. 음악을 들으면서 실제적인 이득을 얻기도 하지만, 그 자체만으로도 굉장히 즐겁고 보람찬 활동이다: Huron, "Is Music an Evolutionary Adaptation?" 2001.

159쪽. 알츠하이머 환자가 음악을 들으면 멜라토닌 수치가 높아져 안정감을 느낄 수 있다: Kumar, A. M., F. Tims, D. G. Cruess, M. J. Mintzer, G. Ironson, D. Loewenstein, R. Cattan, J. B. Fernandez, C. Eisdorfer, and M. Kumar. 1999. "Music Therapy Increases Serum Melatonin Levels in Patients with Alzheimer's Disease." *Alternative Therapies in Health and Medicine* 5 (6): 49 – 57.

159쪽. 모든 종교는 음악, 노래, 기도문 암송 등을 이용해 더 깊은 공동체 의식을 심어주고 경외심과 순종하는 마음을 자아낸다: van Schaik, *The Primate Origins of Human Nature*, 2016.

160쪽. 산스크리트어 기도문을 외우는 동안: Dudeja, J. P. 2017. "Scientific Analysis of Mantra-Based Meditation and Its Beneficial Effects: An Overview." *International Journal of Advanced Scientific Technologies in Engineering and Management Sciences* 3 (6): 21 – 26.

6장 자세, 몸짓, 표정의 무게 — 무언 의례

170쪽. 부부가 6년 동안 연구해야 할 과제는 그곳의 늑대 사회를 이해하는 것이었다: Dutcher, J., and J. Dutcher. 2020. Living with Wolves. https://www.livingwithwolves.org/about-wolves/social-wolf/.

170쪽. 사회적인 역학 관계가 끊임없이 바뀌는 늑대 무리의 권력은 이 늑대와 저 늑대 사이에서 오락가락한다: ibid.

172쪽. 서열을 나눌 때 무언 의례를 활용한다면 집단은 조직적으로 구성된다: Hermann, H. R. 2017. "Chapter 1: Defining Dominance and Aggression." In *Dominance and Aggression in Humans and Other Animals: The Great Game of Life*. Amsterdam: Elsevier.

172쪽. 무리의 다른 동물들은 대장에게 자신의 안전을 담보로 내건다: Moss, C. J. 2001. "The Demography of an African Elephant (Loxodonta africana) Population in Amboseli, Kenya." *Journal of Zoology* 255 (2): 145 – 156.

172쪽,   올리브개코원숭이 사회는 다른 동물들에 비해 조금 더 민주적이다: Strandburg-Peshkin, A., D. R. Farine, I. D. Couzin, and M. C. Crofoot. 2015. "Shared Decision-Making Drives Collective Movement in Wild Baboons." *Science* 348 (6241): 1358 – 1361.

173쪽,   위협적이거나 겁나는 상황에서 말을 꺼내지 않고도 자신감을 한껏 드러낸다: Carney, D. R., A. J. Cuddy, and A. J. Yap. 2010. "Power Posing: Brief Nonverbal Displays Affect Neuroendocrine Levels and Risk Tolerance." *Psychological Science* 21 (10): 1363 – 1368.

173쪽,   아놀도마뱀의 수컷은 영역 싸움에서 이기기 위해 시도 때도 없이 거드럭거리면서 걷는다: Johnson, M. A., B. K. Kircher, and D. J. Castro. 2018. "The Evolution of Androgen Receptor Expression and Behavior in Anolis Lizard Forelimb Muscles." *Journal of Comparative Physiology A: Neuroethology, Sensory, Neural, and Behavioral Physiology* 204 (1): 71 – 79.

173쪽,   우리가 중요한 업무 회의에 참석할 때 자리에 앉아 있는 태도는 동료들과의 관계에 영향을 미친다: Cuddy, A. J. C., C. A. Wilmuth, A. J. Yap, and D. R. Carney. 2015. "Preparatory Power Posing Affects Nonverbal Presence and Job Interview Performance." *Journal of Applied Psychology* 100 (4): 1286 – 1295.

173쪽,   테스토스테론이 치솟는 사람은 다른 사람에게 자신이 힘을 피 기히며 자신감을 보여주고. Carney et al., "Power Posing," 2010.

174쪽,   성별에 관계없이 테스토스테론 수치가 높을 때 하는 행동이다: ibid.

174쪽,   코끼리: O'Connell-Rodwell, C. 2017. "Elephant Country Blog 4: The Unseated Ozzie." *National Geographic Society Newsroom* (blog), *National Geographic*. https://blog.national-geo-graphic.org/2017/07/25/elephant-country-blog-4-the-unseated-ozzie/.

174쪽,   오랑우탄이 이렇게 행동하면 주변에 있던 동료들의 테스토스테론 분비가 줄어든다: Emery Thompson, M., A. Zhou, and C. D. Knott. 2012. "Low Testosterone Correlates with Delayed Development in Male Orangutans." *PLOS ONE* 7 (10): e47282.

174쪽,   이 행동은 등을 앞으로 구부리고, 다리를 꼬고, 고개를 숙이고, 최대한 눈을 피하는 것을 신호로 삼는다: Pease, A., and B. Pease. 2004. *The Definitive Book of Body Language*. New York: Bantam Books.

174쪽,   우리의 건강은 신체적이든 정신적이든 몸짓과 표정에 많은 영향을 받는다: Segal, J., M. Smith, L. Robinson, and G. Boose. 2019. "Nonverbal Communication." HelpGuide. https://www.helpguide.org/articles/relationships-communication/nonverbal-communication.htm.

174쪽,   우리의 생식 능력까지도 다른 사람의 신호에 따라 변화한다: House, L. D., et al. "Competence as a Predictor of Sexual and Reproductive Health Outcomes for Youth: A Systematic Review." *Journal of Adolescent Health* 46 (3): S7 – S22.

175쪽. 발정 상태인 수컷 코끼리는 이런 전략을 활용해 냄새를 멀리 퍼지게 한다: Poole, J. H. 1987. "Rutting Behavior in African Elephants: The Phenomenon of Musth." *Behaviour* 102 (3/4): 283 – 316.

179쪽. 권력자의 성격이 통치의 특징을 결정지었다: Sarros, J. C., B. Cooper, and J. C. Santora. 2007. "The Character of Leadership." *Ivey Business Journal* 71 (5): 1 – 9.

179쪽. 그는 어떻게 당근과 채찍을 분배할지 잘 알고 있었다: O'Connell, *Elephant Don*, 2012.

180쪽. 나이 많은 수컷이 없는 공원에 젊은 수컷 코끼리들이 들어온 경우: Slotow, R., G. van Dyk, J. Poole, B. Page, and A. Klocke. 2000. "Older Bull Elephants Control Young Males." *Nature* 408 (6811): 425 – 426.

181쪽. 나는 무리를 지배하는 수컷 야생 코끼리들 사이의 공격성과 호르몬의 역할을 연구하면서 그 사실을 한 번 더 확인할 수 있었다: O'Connell-Rodwell, C. E., J. D. Wood, C. Kinzley, T. C. Rodwell, C. Alarcon, S. K. Wasser, and R. Sapolsky. 2011. "Male African Elephants (*Loxodonta africana*) Queue When the Stakes Are High." *Ethology Ecology and Evolution* 23 (4): 388 – 397.

181쪽. 같은 대학 기숙사에 사는 여성들은 순전히 가깝게 지내고 있다는 이유만으로 금세 생리 주기가 같아진다: Weller, L., A. Weller, H. Koresh-Kamin, and R. Ben-Shoshan. 1999. "Menstrual Synchrony in a Sample of Working Women." *Psychoneuroendocrinology* 24 (4): 449 – 459.

181쪽. 사회적 동물은 자주 호르몬 주기가 같아지고 같은 시기에 새끼를 낳는다: Ims, R. A. 1990. "The Ecology and Evolution of Reproductive Synchrony." *Trends in Ecology and Evolution* 5: 135 – 140.

181쪽. 펭귄: Ancel, A., M. Beaulieu, and C. Gilbert. 2013. "The Different Breeding Strategies of Penguins: A Review." *Comptes Rendus Biologies* 336 (1): 1 – 12.

181쪽. 홍합: Martinez, F., and B. Durham. "Advantages of Reproductive Synchronization in the Caribbean Flamingo." Final Paper, Stanford University. https://socobilldurham.sites.stanford.edu/sites/g/files/sbiybj10241/f/soco_-_advantages_of_reproductive_synchronization_in_the_caribbean_flamingo.pdf

181쪽. 영양을 비롯한 다른 포유동물들은 비슷한 시기에 새끼를 낳아 집단 전체의 보호를 받도록 한다: Sekulic, R. 1978. "Seasonality of Reproduction in the Sable Antelope." *African Journal of Ecology* 16 (3): 177 – 182.

182쪽. 사자를 포함한 육식동물들도 비슷한 시기에 새끼를 낳아 공동 양육을 한다: Bertram, B. C. R. 2009. "Social Factors Influencing Reproduction in Wild Lions." *Journal of Zoology* 177 (4): 463 – 482.

182쪽.   아이들에게는 롤모델이 필요하다: Ahrens, K. R., D. L. Dubois, M. Garrison, R. Spencer, L. P. Richardson, and P. Lozano. 2011. "Qualitative Exploration of Relationships with Important Non-parental Adults in the Lives of Youth in Foster Care." *Children and Youth Services Review* 33 (6): 1012 – 1023.

182쪽.   청소년과 성인 사이에 다리를 놓아줄 의례는 그만큼 중요하다: Davis, J. "Wilderness Rites of Passage: Healing, Growth, and Initiation." School of Lost Borders. http://www.schoolo-flost-borders.org/content/wilderness-rites-passage-healing-growth-and-initiation-john-davis-phd.

182쪽.   유대교의 성년식인 바르와 바트 미츠바가 이런 통과의례의 예다: ibid.

183쪽.   최근 연구에 따르면, 사실 침팬지가 웃음을 짓는 상황은 우리가 웃을 때와 똑같다: Davila-Ross, M., G. Jesus, J. Osborne, and K. A. Bard. 2015. "Chimpanzees (*Pan troglodytes*) Produce the Same Types of 'Laugh Faces' When They Emit Laughter and When They Are Silent." PLOS ONE 10 (6): e0127337.

183쪽.   최근 연구는 소리를 내어 웃거나 미소를 짓는 행위가 건강에 좋다는 사실을 밝혀냈다: Dimberg, U., and S. Soderkvist. 2010. The Voluntary Facial Action Technique: A Method to Test the Facial Feedback Hypothesis." *Journal of Nonverbal Behavior* 35: 17 – 33.

183쪽.   부모와 아이가 서로의 눈을 지그시 바라보면 이들의 뇌에서 옥시토신이 분비되어 따뜻하고 편안한 기분에 휩싸인다: Feldman, R., A. Weller, O. Zagoory-Sharon, and A. Levine. 2007. "Evidence for a Neuroendocrinological Foundation of Human Affiliation." *Psychological Science* 18 (11): 965 – 970.

183쪽.   연인끼리 혹은 사람과 반려견이 서로를 바라볼 때도 같은 반응이 나타난다: Handlin, L., E. Hydbring-Sandberg, A. Nilsson, M. Ejdebäck, A. Jansson, and K. Uvnäs-Moberg. 2015. "Short-Term Interaction between Dogs and Their Owners: Effects on Oxytocin, Cortisol, Insulin and Heart Rate—An Exploratory Study." *Anthrozoös* 24 (3): 301 – 315.

183쪽.   누군가의 눈을 가만히 바라보면 그의 마음 상태를 알 수 있다: Bania, A. E., and E. E. Stromberg. 2013. "The Effect of Body Orientation on Judgments of Human Visual Attention in Western Lowland Gorillas (*Gorilla gorilla gorilla*)." *Journal of Comparative Psychology*, 127(1): 82 – 90.

183쪽.   침팬지, 보노보, 오랑우탄 역시 이런 능력을 가지고 있다: Kano, F., Krupenye, C., Hirata, S., Tomonaga, M., and J. Call. 2019. "Great Apes Use Self-Experience to Anticipate an Agent's Action in a False-Belief Test." *Proceedings of the National Academy of Sciences* 116 (42) 20904 – 20909.

185쪽.   가만히 바라보기와 몸짓의 중요성을 확인할 수 있는 사례가 바로 수화다: "American Sign

Language." 2019. NIH. https://www.nidcd.nih.gov/health/american-sign-language.

185쪽.　맨 처음 수화를 배운 오랑우탄 '찬텍'을 만났다: Omarzu, T. 2014. "New Documentary Tells Story of Orangutan Who Learned Sign Language at UTC." *Chattanooga Times Free Press*. https://www.timesfreepress.com/news/local/story/2014/jul/23/program-tells-chanteks-story/262460/.

188쪽.　야생에서 태어나 고릴라 재단에서 성장한 '마이클'이라는 고릴라는 600가지가 넘는 수화를 배웠다: "Michael's Story." Gorilla Foundation. https://www.koko.org/conservation/michaels-story/.

188쪽.　마이클이 수화로 끔찍한 이야기를 전하는 모습은 〈코코플릭스 Kokoflix〉 유튜브 채널에서 볼 수 있는데, 지켜보고 있자면 정말 숙연해진다: ibid.

189쪽.　코끼리 가족의 우두머리가 구체적인 이동 경로나 물과 음식을 얻을 수 있는 곳에 관한 지식을 모든 어른 암컷 코끼리들에게 전달한다: Foley, C., Pettorelli, N., and L. Foley. 2008. "Severe Drought and Calf Survival in Elephants." *Biological Letters* 4 : 541 – 544.

190쪽.　도나가 머릿속으로 어떤 물건을 상상할 수 있는지 그리고 그것을 기억할 수 있는지 알아보고 싶었다: O'Connell, "The Emotional Elephant," in *Elephant Don*, 2012.

191쪽.　'체이서'라는 이름을 가진 보더 콜리는 1,000가지가 넘는 단어를 배웠다: Lee, A. 2013. "Smart Dog: Border Collie Learns Language, Grammar." USA *Today*. https://www.usatoday.com/story/news/nation/2013/11/24/smart-dog-border-collie-learns-language-grammar/3691967/.

192쪽.　청각 장애견 '블루': "Deaf Shelter Dog Masters Doggie Sign Language to Impress Her Future Family." *People*. https://people.com/pets/deaf-shelter-dog-learns-sign-language/.

192쪽.　의식하지 않은 정직한 신호: Pentland, S. 2008. *Honest Signals: How They Shape Our World*. Cambridge, MA : MIT Press.

192쪽.　펜틀랜드는 즉석 만남 자리에 이 방법을 적용해 상호작용의 결과를 측정했다: Madan, A., R. Caneel, and S. Pentland. 2001. "Voices of Attraction." MIT Media Laboratory Technical Note No. 584.

194쪽.　춤의 진동은 우리 몸에 커다란 영향을 끼친다: Rooke, J. 2014. "The Restorative Effects of Ecstatic Dance : A Qualitative Study." BA (Hons) in Social Science, Dublin Business School.

194쪽.　인류의 역사가 시작된 이래로 인간은 내내 춤추는 의례를 행해왔다: Berggren, K. 1998. *Circle of Shaman: Healing through Ecstasy, Rhythm, and Myth*. Rochester, VT : Destiny Books.

194쪽.　가브리엘 로스는 1970년대에 무아지경의 움직임을 현대무용에 접목했고, 오늘날의 클럽 문화에서도 이 춤을 볼 수 있다: ibid.

194쪽. 털이나 머리카락을 손질하는 행동처럼 촉각을 자극하는 몸짓은 무언 의례로서 깊은 의미가 있다: Crockford, C., R. M. Wittig, K. Langergraber, T. E. Ziegler, K. Zuberbuhler, and T. Deschner. 2013. "Urinary Oxytocin and Social Bonding in Related and Unrelated Wild Chimpanzees." *Proceedings of the Royal Society B: Biological Sciences* 280 (1755): 20122765.

194쪽. 유대감을 높이는 옥시토신 호르몬 분비가 늘어나고 신뢰 관계가 두터워진다: Tierney, R. 2016. "The Power of Touch." *Telegraph.* https://www.telegraph.co.uk/beauty/skin/youth-ful-vitality/the-power-of-touch/.

194쪽. 꼭 껴안고 피부를 맞대면 내분비기관인 부신이 스트레스 호르몬인 코르티솔 생산을 중단하라고 신호를 보내고, 면역 반응이 활발하게 일어나도록 해 우리의 건강 상태를 향상시킨다: ibid.

195쪽. 피부끼리 접촉하면 기분이 좋아지고 우울증을 막아주는 세로토닌과 도파민이 분비된다: ibid.

195쪽. 숙면에도 도움이 된다: Grewen, K. M., B. J. Anderson, S. S. Girdler, and K. C. Light. 2003. "Warm Partner Contact Is Related to Lower Cardiovascular Reactivity." *Behavioral Medicine* 29 (3): 123-130.

195쪽. 자주 껴안는 부부일수록 두 사람의 관계가 더 건강하고 끈끈하다: van Anders, S. M., R. S. Edelstein, R. M. Wade, and C. R. Samples-Steele. 2013. "Descriptive Experiences and Sexual vs. Nurturant Aspects of Cuddling between Adult Romantic Partners." *Archives of Sexual Behavior* 42: 553-560.

195쪽. 새로 태어난 아기에게는 포옹이 너무나도 중요하기 때문에: Walsh, K. 2019. "Calling All 'Cuddlers' to Volunteer." Denver CBS Local. https://denver.cbslocal.com/2019/01/15/cuddlers-volunteer-nicu-uchealth-university-colorado-hospital/.

7장 놀이로 배우는 생존 기술 — 놀이 의례

203쪽. 놀이에 에너지를 쏟는 일은 사실 새끼의 '육체적·사회적 발달'을 돕고 생존하는 데 아주 중요한 역할을 한다: Spinka, M., R. C. Newberry, and M. Beckoff. 2001. "Mammalian Play: Training for the Unexpected." *Quarterly Review of Biology* 76 (2): 141-168.

203쪽. 어미 말이 망아지와 놀아주면 망아지의 성별과 관계없이 훈련을 더 잘할 수 있었다: Cameron, E. Z., W. L. Linklater, K. J. Stafford, and E. O. Minot. 2008. "Maternal Investment Results in Better Foal Condition through Increased Play Behaviour in Horses." *Animal Behaviour* 76 (5): 1511-1518.

204쪽. 놀이는 본래 일상적인 행동을 과장하거나 의례처럼 만든 것: van Schaik, C. P. 2016. "Chapter 16: Growth and Development." In *The Primate Origins of Human Nature*, edited by Matt Cartmill and Kaye Brown, 251–262. Foundations of Human Biology. Hoboken, NJ: John Wiley & Sons.

204쪽, 놀이가 이루어지는 환경은 실전과 다르게 특별히 보호받는다: Spinka et al., "Mammalian Play," 2001.

204쪽, 대부분의 인간과 동물은 사회적인 놀이, 몸을 움직이는 놀이, 물건을 가지고 노는 놀이에 참여한다: Burghardt, G. M. 2005. *The Genesis of Animal Play: Testing the Limits*. Cambridge, MA: MIT Press.

204쪽, 물건을 가지고 다른 사람들과 함께 역할 놀이를 하면서 몸싸움을 벌이거나 쫓고 쫓기는 시늉을 하는 등 세 가지 놀이가 모두 섞이는 경우도 많다: van Schaik, "Chapter 16: Growth and Development," 2016.

205쪽, 큰절하는 자세는 서로 아무런 피해도 주지 말고 그저 놀기만 하자는 초대의 의미다: Bekoff, M. 1995. "Play Signals as Punctuation: The Structure of Social Play in Canids." *Behaviour* 132 (5/6): 419–429.

205쪽, 늑대 무리에서는 보통 우두머리가 개가 큰절하듯 절을 하며 놀자고 요청한다: Dutcher, J. & J. Dutcher. 2013. *The Hidden Life of Wolves*. Washington, DC: National Geographic.

209쪽, 이들의 목표는 반드시 이기는 것이 아니라, 꼭 필요한 기술을 훈련하고 발달시키는 것이다: Spinka et al., "Mammalian Play," 2001.

209쪽, 달리기, 걷기, 점프하기, 덮치기 등 움직이는 놀이는 평생의 운동 능력을 길러준다: ibid.

209쪽, 기린들은 '네킹(necking)'이라는 행동을 통해 싸움 놀이를 한다: Leuthold, B. M., and W. Leuthold. 1978. "Daytime Activity Patterns of Gerenuk and Giraffe in Tsavo National Park, Kenya." *African Journal of Ecology* 16 (4): 231–243.

210쪽, 수컷 쥐들의 놀이는 여러 가지 목적이 뒤섞여 있다: Oliveira, A. F. S., A. O. Rossi, L. F. R. Silva, M. C. Lau, and R. E. Barreto. 2009. "Play Behaviour in Nonhuman Animals and the Animal Welfare Issue." *Journal of Ethology* 28 (1): 1–5.

210쪽, 놀이는 적은 비용으로 위험을 감수하지 않고 새로운 것을 배울 수 있는 좋은 방법이다: Pellegrini, A. D., D. Dupuis, and P. K. Smith. 2007. "Play in Evolution and Development." *Developmental Review* 27 (2): 261–276.

210쪽, 인간과 동물 모두 청소년기에 놀이를 가장 많이 즐긴다: Oliveira et al., "Play Behaviour in Nonhuman Animals and the Animal Welfare Issue," 2009.

211쪽, 동물들도 스트레스를 받거나 먹을 것이 충분하지 않거나 환경이 안전하지 않으면 잘 놀지 않는다: ibid.

211쪽, 위험을 무릅쓰도록 유도하고, 유연한 사고방식으로 문제를 해결하게 한다: van Schaik, "Chapter 16 : Growth and Development," 2016.

211쪽, 호모에렉투스 이야기를 조심스럽게 꺼내보자: Solly, M. 2018. "Laziness May Have Contributed to the Decline of *Homo erectus*." *Smithsonian Magazine*. https://www.smithsonianmag.com/smart-news/laziness-may-have-contributed-downfall-homo-erectus-180969983.

212쪽, 연구자들은 사막에서 생활하는 나미비아의 힘바족 사회가 위험한 상황에서 어떻게 행동하는지 서구 사회와 비교했다: Pope, S. M., J. Fagot, A. Meguerditchian, D. A. Washburn, and W. D. Hopkins. 2019. "Enhanced Cognitive Flexibility in the Semi-Nomadic Himba." *Journal of Cross-Cultural Psychology* 50 (1): 47 - 62.

213쪽, 한 연구에서는 생쥐들이 생활하는 두 곳 중 한곳에만 쳇바퀴를 넣어주었다: van Praag, H., T. Shubert, C. Zhao, and F. H. Gage. 2005. "Exercise Enhances Learning and Hippocampal Neurogenesis in Aged Mice." *Journal of Neuroscience* 25 (38): 8680 - 8685.

213쪽, 또 다른 연구에서는 새끼 쥐 두 그룹 중 한 그룹만 자유롭게 놀 수 있게 내버려 두었다: Einon, D. F., M. J. Morgan, and C. C. Kibbler. 1987. "Brief Periods of Socialization and Later Behavior in the Rat." *Developmental Psychobiology* 11 (3): 213 - 225. PMID : 658602.

213쪽, 심리학자들은 인간의 놀이와 인지 발달이 직접적으로 관련 있다는 사실을 증명했다: Trevlas, E., O. Matsouka, and E. Zachopoulou. 2010. "Relationship between Playfulness and Motor Creativity in Preschool Children." *Early Child Development and Care* 173 (5): 535 - 543.

214쪽, 부모가 놀이에 참여하면 아이들은 부모와 같은 어른들과 돈독한 유대 관계를 맺는 법을 배운다: Pellegrini et al., "Play in Evolution and Development," 2007.

214쪽, 어린 시절에 충분히 놀지 못하면 신경세포가 비정상적으로 발달하는 반면에, 놀이를 하면 ADHD(주의력결핍과잉행동장애) 증세가 약해졌다: Panksepp, J. 2007. "Can Play Diminish ADHD and Facilitate the Construction of the Social Brain?" *Journal of the Canadian Academy of Child and Adolescent Psychiatry* 16 (2): 57 - 66. PMID : 18392153.

214쪽, 「놀이를 위한 변명」: Gopnik, A. 2016. "In Defense of Play." *Atlantic*. https://www.theatlantic.com/education/archive/2016/08/in-defense-of-play/495545/.

215쪽, 아이들은 비디오게임을 함께 할 때 유대감을 강하게 느낀다: Hickerson, B., and A. J. Mowen. 2012. "Behavioral and Psychological Involvement of Online Video Gamers : Building Blocks or Building Walls to Socialization?" *Society and Leisure* 35 (1): 79 - 103.

215쪽, 비디오게임은 중독성이 강하기 때문에 사회화를 방해하고 개인을 고립시킨다: Zamani, E., A. Kheradmand, M. Cheshmi, A. Abedi, and N. Hedayati. 2010. "Comparing the Social

Skills of Students Addicted to Computer Games with Normal Students." *Journal of Addiction and Health* 2 (3 - 4) : 59 - 65.

216쪽. 바보짓은 사실 적응하는 데 유리한 행동이다: Gopnik, "In Defense of Play," 2016.

216쪽. 놀이는 스트레스를 해소시킨다: Robinson, L., M. Smith, J. Segal, and J. Shubin. 2019. "The Benefits of Play for Adults." HelpGuide. https://www.helpguide.org/articles/mental-health/benefits-of-play-for-adults.htm.

216쪽. 많은 기업들이 단체 게임, 역할극, 수련회를 통해 직원들의 공동체 의식과 혁신 정신을 키워주려고 노력한다: Mack, S. "Are Company Retreats Good for Productivity?" *Houston Chronicle.* https://smallbusiness.chron.com/company-retreats-good-productivity-37136. html.

217쪽. 스포츠는 놀이와 마찬가지로 많은 장점을 지니고 있다: Johnson, R. L., and P. Stanford. 2002. *Strength for Their Journey: 5 Essential Disciplines African-American Parents Must Teach Their Children and Teens.* New York : Harlem Moon.

217쪽. 1883년, 프랑스의 피에르 드 쿠베르탱 남작은 영국의 럭비 스쿨을 방문했다: Wiles, K. 2017. "The First Modern Olympic Games." History Today. https://www.historytoday. com/archive/months-past/first-modern-olympic-games.

217쪽. 올림픽은 원래 그리스 올림피아에서 기원전 8세기부터 기원후 4세기까지 열렸다: "The Games." 2020. Penn Museum. https://www.penn.museum/sites/olympics/olympicorigins.shtml.

217쪽. 1896년 그리스에서 열린 첫 번째 근대 올림픽대회에서는 전쟁을 벌였던 나라들을 불러 모아 동맹을 구축하게 했다: Wiles, "The First Modern Olympic Games," 2017.

218쪽. '빙판 위의 기적' : "US Ice Hockey Rookies Conjure Up a Miracle on Ice." 1980. International Olympic Committee. https://www.olympic.org/news/us-ice-hockey-rookies-conjure-up-a-miracle-on-ice.

219쪽. 1994년 6월 14일, 남아프리카공화국 럭비 대표 팀은 뉴질랜드의 럭비 대표팀과 경기를 벌였다: "The Early History of Rugby in South Africa." 2019. South African History Online. https://www.sahistory.org.za/article/early-history-rugby-south-africa.

220쪽. 우리는 80세에 얼마나 건강하고 행복할지를 미리 예측할 수 있다: Mineo, L. 2017. "Good Genes Are Nice, but Joy Is Better." *Harvard Gazette.* https://news.harvard.edu/gazette/story/2017/04/over-nearly-80-years-harvard-study-has-been-showing-how-to-live-a-healthy-and-happy-life/.

8장 함께 애도하면서 치유하기 — 애도 의례

226쪽. 포르투갈 북부의 가라노 조랑말 무리를 연구한 결과가 있다: Mendonca, R. S., M. Ring-hofer, P. Pinto, S. Inoue, and S. Hirata. 2020. "Feral Horses" (*Equus ferus caballus*) Behavior to-ward Dying and Dead Conspecifics." *Primates* 61 (1): 49 – 54.

227쪽. 말을 안락사시켰던 수의사들은 말들이 애도와 비슷한 행동을 한다고 종종 말한다: Dickin-son, G. E., and H. C. Hoffmann. 2016. "The Difference between Dead and Away: An Ex-ploratory Study of Behavior Change during Companion Animal Euthanasia." *Journal of Vet-erinary Behavior* 15: 61 – 65.

227쪽. 죽음학은 죽음과 관련된 심리적·사회적 문제를 연구하는 학문이다: Anderson, J. R. 2016. "Comparative Thanatology." *Current Biology* 26 (13): R553 – R556.

228쪽. 애도하는 행동에는 육체적이고도 심리적인 커다란 대가가 따른다: King, B. J. 2013. "When Animals Mourn." *Scientific American* 309 (1): 62 – 67.

228쪽. 『동물은 어떻게 슬퍼하는가』: King, B. J. 2013. *How Animals Grieve*. Chicago: University of Chicago Press.

228쪽. 처음에는 사체를 검사하고 처리한다: Anderson, "Comparative Thanatology," 2016.

228쪽. 애도는 공통의 정신적 고통이나 깊은 슬픔을 공유하는 조금 더 높은 수준의 행동으로, 흔히 '장례'라고도 불린다. ibid.

229쪽. 연구자들은 "죽음에 대한 동물의 반응을 애도로 여길 수 있는가?"라는 질문에 대해 판단할 수 있는 두 가지 기준을 제시했다: King, "When Animals Mourn," 2013.

229쪽. 침팬지는 인간처럼 애도한다고 여겨지는 동물이다: Sapolsky, R. M. 2016. "Psychiat-ric Distress in Animals versus Animal Models of Psychiatric Distress." *Nature Neuroscience* 19 (11): 1387 – 1389.

229쪽. 곰베에서 침팬지를 연구한 제인 구달은 '플린트'라는 침팬지를 태어날 때부터 죽을 때까지 관찰했다: "The 'F' Family." 2017. Jane Goodall Institute. https://www.janegoodall.org. au/2017/03/the-f-family/.

230쪽. 야생 차크마개코원숭이 암컷도 가족을 잃었을 때 슬퍼한다: Engh, A. L., J. C. Beehner, T. J. Bergman, P. L. Whitten, R. R. Hoffmeier, R. M. Seyfarth, and D. L. Cheney. 2006. "Behavioural and Hormonal Responses to Predation in Female Chacma Baboons (*Papio hama-dryas ursinus*)." *Proceedings of the Royal Society B: Biological Sciences* 273 (1587): 707 – 712.

230쪽. 인간 또한 가족이 사망했을 때 코르티솔 수치가 높아지고: Alderton, D. 2011. *Animal Grief: How Animals Mourn*. Dorset, UK: Hubble & Hattie.

230쪽. 애도 기간에 사회관계망을 넓히면서 수치를 낮춘다: Engh et al., "Behavioural and Hormonal Responses to Predation in Female Chacma Baboons," 2006.

230쪽,　개코원숭이 같은 사회적인 포유동물 역시 인간처럼 공동체에 의지해 가족을 잃은 상실감을 달랜다: ibid.

230쪽,　벌과 불개미, 흰개미 같은 사회적 곤충들은 동료가 죽으면 사체를 처리한다: Anderson, "Comparative Thanatology," 2016.

231쪽,　상어도 다른 상어가 풍기는 네크로몬 냄새를 맡을 수 있다: Stroud, E. M., C. P. O'Connell, P. H. Rice, N. H. Snow, B. B. Barnes, M. R. Elshaer, and J. E. Hanson. 2014. "Chemical Shark Repellent: Myth or Fact? The Effect of a Shark Necromone on Shark Feeding Behavior." *Ocean and Coastal Management* 97: 50‑57.

231쪽,　인간은 부패할 때 네크로몬 같은 역할을 하는 휘발성 물질을 분비한다: Izquierdo, C., J. C. Gomez-Tamayo, J. C. Nebel, L. Pardo, and A. Gonzalez. 2018. "Identifying Human Diamine Sensors for Death Related Putrescine and Cadaverine Molecules." *PLOS Computational Biology* 14 (1): e1005945.

231쪽,　어떤 연구자들은 개가 이 물질의 냄새를 맡고 인간의 질병을 찾아낼 수 있다고 주장한다: Dickinson and Hoffmann, "The Difference between Dead and Away," 2016.

231쪽,　연구자들은 케냐의 기린 가족 가운데 어미 기린 한 마리가 발이 기형인 새끼를 낳는 장면을 관찰했다: King, "When Animals Mourn," 2013.

231쪽,　어떤 연구자들은 새끼가 젖을 빨 수 있을 만큼 오래 산 뒤 죽으면 어미와 새끼의 유대감이 더 강력해진다고 생각한다: Bercovitch, F. B. 2020. "A Comparative Perspective on the Evolution of Mammalian Reactions to Dead Conspecifics." *Primates* 61 (1): 21‑28.

233쪽,　『늑대들의 지혜』: Jim and Jamie Dutcher. 2018. *The Wisdom of Wolves*. Washington, DC: National Geographic.

236쪽,　유인원, 원숭이, 돌고래, 딩고 등 사체를 데리고 다닌 동물에 관한 기록도 있다: Anderson, "Comparative Thanatology," 2016.

236쪽,　돌고래의 경우 어미가 등지느러미를 이용해 죽은 새끼를 업고 가는 모습이 발견된 적이 있다: King, "When Animals Mourn," 2013.

236쪽,　기니의 작은 침팬지 무리에서는 경험 많은 어미 침팬지가 죽어서 미라가 된 새끼를 거의 70일 동안 안고 다녔다: Biro, D., T. Humle, K. Koops, C. Sousa, M. Hayashi, and T. Matsuzawa. 2010. "Chimpanzee Mothers at Bossou, Guinea Carry the Mummified Remains of Their Dead Infants." *Current Biology* 20 (8): R351‑R352.

236쪽,　어미 동물이 계속 죽은 새끼를 데리고 다니는 이유에 관해서는 여러 가지 설명을 제시할 수 있다: Watson, C. F. I., and T. Matsuzawa. 2018. "Behaviour of Nonhuman Primate Mothers toward Their Dead Infants: Uncovering Mechanisms." *Philosophical Transactions of the Roy-*

al Society of London. Series B, Biological Sciences 373 (1754)˸ 20170261.

237쪽, 그런 본능은 신체적으로나 정신적으로 많은 도움을 준다˸ Kingdon, C., E. O'Donnell, J. Givens, and M. Turner. 2015. "The Role of Healthcare Professionals in Encouraging Parents to See and Hold Their Stillborn Baby˸ A Meta-Synthesis of Qualitative Studies." *PLOS ONE* 10 (7)˸ e0130059.

237쪽, 영국, 미국, 캐나다, 오스트레일리아, 스웨덴, 일본 등 6개국의 12개 연구를 혼합한 최근의 메타 연구는 사산(死産)을 경험한 부모를 조사해 그들의 태도를 기록했다˸ ibid.

238쪽, 친척이 죽어서 누워 있는 곳이나 친지가 죽음을 맞이한 장소로 자주 찾아오는 코끼리들이 있었다˸ Goldenberg, S. Z., and G. Wittemyer. 2020. "Elephant Behavior toward the Dead˸ A Review and Insights from Field Observations." *Primates* 61 (1)˸ 119 - 128.

239쪽, 학자들은 코끼리들이 죽은 코끼리 앞에서 꽤 긴 시간을 보내는 것을 보면 단순한 호기심 때문에 누가 죽었는지 확인하는 행동은 아니라고 말한다˸ ibid.

241쪽, 많은 보고서에서 야생 코끼리는 죽은 코끼리의 몸에 흙을 뿌리거나 나뭇가지를 덮어 매장한다고 설명하고 있다˸ Siegal, R. K. 1980. "The Psychology of Life after Death." *American Psychologist* 35 (10)˸ 911 - 931.

241쪽, 야생 침팬지는 죽은 가족을 흙이나 나뭇잎으로 덮어 매장한다˸ ibid.

242쪽, 많은 사회적 동물이 질병을 예방하고 기생충 감염을 피하고 전염병으로부터 벗어나기 위해 사체를 치우거나 매장한다˸ Anderson, "Comparative Thanatology," 2016.

242쪽, 초기 인류도 매장을 중요하게 여겼다˸ Pettitt, P. 2018. "Hominin Evolutionary Thanatology from the Mortuary to Funerary Realm˸ The Palaeoanthropological Bridge between Chemistry and Culture." *Philosophical Transactions of the Royal Society B: Biological Sciences* 373 (1754)˸ 20180212.

242쪽, 40만 년 전부터 죽은 사람 옆에 물건을 함께 묻는 부장(副葬) 풍습이 있었다는 사실이 밝혀졌다˸ ibid.

242쪽, 30만 년 전부터 특별히 죽은 사람을 위한 땅을 마련하기 시작했다˸ ibid.

242쪽, 인간이 사후 세계를 이해했다는 증거다˸ ibid.

242쪽, 신생대의 홍적세 기간 동안 인류가 서로 협력해 문화의 꽃을 피우면서 이런 개념이 생겨났고, 시간이 흐르면서 죽은 사람을 점점 더 극진히 대우했다˸ ibid.

242쪽, 오늘날에도 많은 사람이 영혼이 존재한다고 믿으면서 죽은 사람을 추모한다˸ Siegal, "The Psychology of Life after Death," 1980.

243쪽, 애도는 살아 있는 우리와 떠날 사람을 돌아볼 시간을 준다˸ King, *How Animals Grieve*, 2013.

243쪽, 사랑하는 사람이 사망하자마자 함께 모여 애도하는 방식도 죽음을 받아들이는 디딤돌 역할

을 한다: Walsh, F., and M. McGoldrick, eds. 2004. *Living beyond Loss: Death in the Family*. 2nd ed. New York: W. W. Norton and Company.

244쪽, 어떤 지역에는 오래전부터 전문적으로 통곡해주는 사람이 있다: "Professional Mourning." 2020. Wikipedia. https://en.wikipedia.org/wiki/Professional_mourning.

244쪽, 이집트, 중국, 근동 지역, 지중해 국가들에서는 관 옆에서 슬픔에 빠진 가족들을 전문적으로 위로할 사람을 불러 밤을 새우고, 통곡하고, 애도하고, 고인을 칭찬하기까지 한다: ibid.

244쪽, 최근 미국에서는 '죽음 상담사'가 사별한 사람뿐 아니라 죽음을 앞둔 사람과 가족을 도와주고 상담한다: Watt, C. S. 2019. "End-of-Life Doulas: The Professionals Who Guide the Dying." *Guardian*. https://www.theguardian.com/lifeandstyle/2019/nov/06/end-of-life-doulas-the-professionals-who-help-you-die.

244쪽, 애도 의례를 행하는 사람들은 강렬한 감정을 표현하면서 무너지지 않도록 서로를 지탱한다: Walsh, F., and McGoldrick, M. 1991. "Loss and the Family: A Systemic Perspective." In *Living beyond Loss: Death in the Family*. W. W. Norton and Company.

244쪽, 문상객이 찾아와 슬퍼하는 가족과 잠시 함께 있어주고: ibid.

244쪽, 사별한 사람들은 이런 분위기 속에서 며칠 동안 관 옆에서 밤을 새우고, 장례식을 치르고, 고인을 매장한다: ibid.

245쪽, 사별을 겪은 사람들이 고립감을 느끼지 않도록 곁에 머문다: ibid.

245쪽, 사랑하는 사람을 잃은 후 결혼, 출산, 기념일 등 가족 행사를 챙길 때마다 죽은 사람을 추억하며 슬픔을 다스릴 수도 있다: ibid.

245쪽, 슬픔에서 헤어 나오지 못하는 사람들은 암, 심장병, 고혈압에 걸릴 확률이 높다: Iliya, Y. A. 2015. "Music Therapy as Grief Therapy for Adults with Mental Illness and Complicated Grief: A Pilot Study." *Death Studies* 39 (1–5): 173–184.

245쪽, 친척들과 함께 애도하면 스트레스가 줄어들고 시간이 흐르는 동안 슬픔과 함께 성숙할 수 있다: Walsh and McGoldrick, "Loss and the Family: A Systemic Perspective," 1991.

245쪽, 심리적으로 마음을 보듬으며 애도하는 일과 물리적으로 곁에 머물며 애도하는 일 모두 중요하다: Cheney, D. L., and R. M. Seyfarth. 2009. "Chapter 1: Stress and Coping Mechanisms in Female Primates." *Advances in the Study of Behavior* 39: 1–44.

246쪽, 슬픔을 함께할 때 스트레스 수치가 낮아진다: King, "When Animals Mourn," 2013.

246쪽, 모르는 사람이 죽었을 때조차 슬픔을 느끼는 능력은 생존 기술로 진화했다: ibid.

246쪽, 인류학자들은 죽은 사람과 대화를 이어가다 보면 애도 과정을 단축할 수 있다고 믿는다: ibid.

246쪽, 멕시코에서는 며칠 동안 세상을 떠난 사람들의 삶을 기념하는 '죽은 자들의 날'이 있다:

Greenleigh, J., and R. R. Beimler. 1998. *The Days of the Dead: Mexico's Festival of Commu-
nion with the Departed*. Rohnert Park, CA: Pomegranate.

246쪽, 중국에서는 죽은 사람을 기념하기 위해 청명절(清明節)에 조상의 무덤을 찾아가 깨끗이 청소
한다: Zhang, L. 2007. "On the Custom of Tomb-Sweeping and Ancestor Worship in Yuan-
zaju." *Journal of Chongqing University (Social Science Edition)*. 2007-01.

247쪽, 프랑스 사람들은 '모든 영혼의 날'에 사랑하는 가족의 묘지에 꽃을 바치거나 죽은 가족을 추
억하는 글을 읽는다: USAG Benelux Public Affairs. 2017. "All Saints' Day Honors the De-
ceased." https://www.army.mil/article/196239/all_saints_day_honors_the_deceased.

249쪽, 음악은 슬픔을 치유하는 데 아주 효과적이다: Iliya, "Music Therapy as Grief Therapy for
Adults with Mental Illness and Complicated Grief," 2015.

9장 새로운 시작과 자연의 리듬 — 회복 의례

255쪽, 도착하는 시점은 1월에서 3월 사이다: Craig, A. S., L. M. Herman, C. M. Gabriele, and A.
A. Pack. 2003. "Migratory Timing of Humpback Whales (*Megaptera novaeangliae*) in the Central
North Pacific Varies with Age, Sex and Reproductive Status." Behaviour 140 (8/9): 981 –
1001.

256쪽, 새들은 낮의 길이를 단서로 삼아 계절의 변화를 파악한다: Dawson, A. 2007. "Seasonality in
a Temperate Zone Bird Can Be Entrained by Near Equatorial Photoperiods." *Proceedings of
the Royal Society B: Biological Sciences* 274 (1610): 721 – 725.

257쪽, 일본메추라기를 낮이 짧은 지역에서 긴 지역으로 데려가면 도착한 뒤 몇 시간 안으로 호르
몬이 조절된다: Ball, G. F., and J. Balthazart. 2010. "Japanese Quail as a Model System for
Studying the Neuroendocrine Control of Reproductive and Social Behaviors." *ILAR Jour-
nal* 51 (4): 310 – 325.

257쪽, 소노란사막에 사는 적갈색 참새에게는 온대기후에서 사는 새들과는 다른 체내 시계가 필요
하다: Brashears, A. 2012. "Singing in the Rain." Arizona State University School of Life Sci-
ences. Ask a Biologist. https://askabiologist.asu.edu/explore/animals-seasons.

257쪽, 곰이 추운 겨울 동안 겨울잠을 자면서 살아남으려면 가을에 충분히 먹어야 한다: "The
Brown Bear: Torpor or Hibernation?" 2017. Bear Sanctuary Domazhyr. https://www.
bearsanctuary-domazhyr.org/our-bears/about-bears/brown-bear-torpor-or-hibernation.

257쪽, 곰은 이 시기에 '식욕 과다'라고 부르는 생리 현상을 겪는다: "When Bears Prepare for Win-
ter." 2018. National Park Service. https://www.nps.gov/articles/bears-winter.htm.

259쪽, 연어는 삶 전체를 좌우하는 환경과 호르몬의 신호를 따른다: Cooke, S. J., G. T. Crossin, and S. G. Hinch. 2011. "Pacific Salmon Migration : Completing the Cycle." In *Encyclopedia of Fish Physiology: From Genome to Environment*, edited by A. P. Farrell, 1945 – 1952. San Diego : Academic Press.

259쪽. 왕나비의 애벌레는 다섯 번에 걸쳐 허물을 벗은 후 추운 겨울을 피하기 위해 가을에 남서쪽으로 날아간다: "Monarch Butterfly Migration and Overwintering." U.S. Forest Service. https://www.fs.fed.us/wildflowers/pollinators/Monarch_Butterfly/migration/index.shtml.

259쪽. 봄이 오면 바다표범은 여름을 대비해 두터운 겨울 코트를 벗어두고 털갈이를 한다: Ling, J. K. 1970. "Pelage and Molting in Wild Mammals with Special Reference to Aquatic Forms." *Quarterly Review of Biology* 45 (1): 16 – 54.

259쪽. 수컷 말코손바닥사슴에게는 나뭇가지처럼 갈라진 뿔이 있는데, 이 뿔은 4월에서 8월 사이에 엄청나게 길어진다: Langley, L. 2018. "Why Do Moose Shed Their Antlers?" *National Geographic*. https://www.nationalgeographic.com/news/2018/01/animals-antlers-moose-seasons-mating/.

259쪽. '결혼 비행': van Huis, A. 2017. "Cultural Significance of Termites in Sub-Saharan Africa." *Journal of Ethnobiology and Ethnomedicine* 13 (8): 1 – 12.

260쪽. 인간의 하루 리듬(생리 작용)도 낮의 길이와 햇빛이 노출된 양에 영향을 받는다: Brambilla, C., C. Gavinelli, D. Delmonte, M. C. Fulgosi, B. Barbini, C. Colombo, and E. Smeraldi. 2012. "Seasonality and Sleep : A Clinical Study on Euthymic Mood Disorder Patients." *Depression Research and Treatment* 2012 : 978962.

260쪽. 우리는 그저 자연 속에 있기만 해도 스트레스 수치와 혈압이 낮아지는 경험을 할 수 있다: Park, B. J., Y. Tsunetsugu, T. Kasetani, T. Kagawa, and Y. Miyazaki. 2010. "The Physiological Effects of Shinrin-yoku (Taking in the Forest Atmosphere or Forest Bathing): Evidence from Field Experiments in 24 Forests across Japan." *Environmental Health and Preventive Medicine* 15 (1): 18 – 26.

260쪽. 자연의 순환을 깨달으면 . Crimmins, T. 2020. "To Ease Climate Anxiety, Reconnect with the Rhythms of the Seasons." *Scientific American*. https://blogs.scientificamerican.com/observations/to-ease-climate-anxiety-reconnect-with-the-rhythms-of-the-seasons/.

260쪽. 날씨가 따뜻해지면서 햇빛을 많이 받으면 기분이 좋아진다: Willis, J. 2015. "The Science of Spring : How a Change of Seasons Can Boost Classroom Learning." *Guardian*. https://www.theguardian.com/teacher-network/2015/apr/02/science-spring-how-seasons-classroom-learning.

260쪽. 성장호르몬도 더 많이 분비된다: Tendler, A., A. Bar, N. Mendelsohn-Cohen, O. Karin,

Y. Korem, L. Maimon, T. Milo, et al. 2020. "Human Hormone Seasonality." bioRxiv preprint.

261쪽.   춘분에 태양이 적도 바로 위에 오면 사람들은 봄의 시작과 관련된 의례를 많이 행한다: "The Seasons, the Equinox, and the Solstices." Weather. https://www.weather.gov/cle/seasons.

261쪽.   춘분이나 추분과 관련된 의례는 수 세기 동안 이어져 내려왔다: "Spring Equinox." BBC. https://www.bbc.co.uk/religion/religions/paganism/holydays/springequinox.shtml.

261쪽.   '오스타라': ibid.

261쪽.   기독교의 부활절과 유대교의 유월절도 이 무렵이다: "Ostara Facts and Worksheets." 2019. Kids Konnect. https://kidskonnect.com/holidays-seasons/ostara/.

261쪽.   '노루즈': ibid.

261쪽.   로마신화에서 미트라 신은 춘분 때 부활해 흰색 황소를 죽이고 달과 밤하늘을 창조했다: ibid.

261쪽.   마야인은 유카탄반도에 위치한 치첸이트사 한가운데의 계단식 피라미드인 쿠쿨칸 신전에서 의례를 행했다: ibid.

262쪽.   고대와 현대를 통틀어 오스타라 의례를 행할 때는 보통 봄 색깔로 꾸민 제단을 세우고: ibid.

262쪽.   하지와 동지는 태양이 적도에서 가장 멀리 떨어진 때를 기념한다: "The Seasons, the Equinox, and the Solstices."

262쪽.   영국 윌트셔에 있는 선사시대의 거석 기념물인 스톤헨지는 하지에 해가 뜨는 방향과 동지에 해가 지는 방향을 나타낸다: Greenspan, R. E. 2019. "Here's Why Stonehenge Is Connected to the Summer Solstice." Time. https://time.com/5608296/summer-solstice-stonehenge-history/.

262쪽.   햇볕을 적게 쬐면 계절성 정서 장애나 우울증을 겪을 수도 있다: Rosenthal, N. E., D. A. Sack, C. Gillin, A. J. Lewy, F. K. Goodwin, Y. Davenport, P. S. Mueller, D. A. Newsome, and T. A. Wehr. 1984. "Seasonal Affective Disorder." Archives of General Psychiatry 41: 72 – 80.

262쪽.   우리의 활동이나 의례는 계절 변화를 받아들이는 데 도움이 된다: Crimmins, "To Ease Climate Anxiety, Reconnect with the Rhythms of the Seasons," 2020.

262쪽.   연구자들은 우리가 정원 가꾸기나 들새 관찰과 같은 활동을 통해 스스로 삶을 통제하고, 행복을 느끼며, 자연과 삶의 순환을 다시금 받아들일 수 있다고 주장한다: Sorin, F. 2015. "13 Reasons Why Gardening Is Good for Your Health." Gardening Gone Wild. https://gardeninggonewild.com/13-reasons-why-gardening-is-good-for-your-health/.

263쪽.   교토에 처음 벚꽃이 핀 날을 설명한 9세기 기록이 아직도 남아 있다: Aono, Y., and K. Kazui. 2008. "Phenological Data Series of Cherry Tree Flowering in Kyoto, Japan, and Its Application to Reconstruction of Springtime Temperatures since the 9th Century." *International Journal of Climatology* 28 (7): 905 – 914.

263쪽. 검은발숲쥐는 기생충을 물리치기 위해 둥지에 월계수 잎을 가져다 놓는다: Hemmes, R. B., A. Alvarado, and B. L. Hart. 2002. "Use of California Bay Foliage by Wood Rats for Possible Fumigation of Nest-Borne Ectoparasites." *Behavioral Ecology* 13 (3): 381 – 385.

263쪽. 계피 색깔 몸에 털이 많은 꼬리와 크고 동그란 귀를 지닌 귀여운 이 쥐는 집 청소를 정말 잘한다: Gentry, J. B., and M. H. Smith. 1968. "Food Habits and Burrow Associates of *Peromyscus polionotus*." *Journal of Mammalogy* 49 (3): 562 – 565.

263쪽. 생쥐 역시 3월과 4월에 같은 행동을 한다: Schmid-Holmes, S., L. C. Drickamer, A. S. Robinson, and L. L. Gillie. 2001. "Burrows and Burrow-Cleaning Behavior of House Mice (*Mus musculus domesticus*)." *American Midland Naturalist* 146 (1): 53 – 62.

264쪽. 찌르레기처럼 새 둥지를 짓지 않고 둥지를 재사용하는 새들은 휘발성 물질이 들어 있는 신선한 녹색 잎을 가져다 놓으며 집을 청소한다: Mazgajski, T. D. 2019. "Nest Site Preparation and Reproductive Output of the European Starling (*Sturnus vulgaris*)." *Avian Biology Research* 6 (2): 119 – 126.

264쪽. 꿀벌의 벌집은 아마도 자연에서 가장 깨끗한 환경일 것이다: Simone, M., J. D. Evans, and M. Spivak. 2009. "Resin Collection and Social Immunity in Honeybees." *Evolution* 63 (11): 3016 – 3022.

264쪽. 다양한 사회적 곤충이 자신의 보금자리를 청소한다: Bot, A. N. M., C. R. Currie, A. G. Hart, and J. J. Boomsma. 2001. "Waste Management in Leaf-Cutting Ants." *Ethology Ecology and Evolution* 13: 225 – 237.

265쪽. 바다 밑 암초 사이에서는 청소놀래기가 자리를 잡고 춤을 추는 것 같은 행동으로 자신의 서비스를 광고한다: Bshary, R. 2003. "The Cleaner Wrasse, *Labroides dimidiatus*, Is a Key Organism for Reef Fish Diversity at Ras Mohammed National Park, Egypt." *Journal of Animal Ecology* 72 (1): 169 – 176.

265쪽. 어떤 연구자들은 인간의 봄맞이 대청소는 페르시아의 새해맞이 축제 '노루즈'에서 비롯되었다고 말한다: Thomas, L. 2014. "2. Cleaning as a Cultural Impulse." In *Why Cleaning Has Meaning: Bringing Wellbeing into Your Home*. Edinburgh, UK: Floris Books.

265쪽. 유대인들은 일주일에 걸쳐 성대하게 기념하는 유월절을 준비하면서 집을 깨끗이 청소한다: ibid.

265쪽. 가톨릭교도들도 2월 참회의 화요일 다음 날부터 시작되는 사순절 직전 혹은 40일의 사순절 기간 중 첫 번째 주에 봄맞이 대청소 의례를 행한다: ibid.

265쪽,　특히나 추운 날씨 때문에 혹독한 겨울을 나야 하는 곳에서 봄맞이 대청소를 많이 한다: Thomas, "2. Cleaning as a Cultural Impulse." 2014.

266쪽,　청소는 우리의 신체적 건강뿐만 아니라 정신적 건강을 유지하는 데 중요하다: McDonnell, J. "The Health Benefits of Cleaning." Rush University Medical Center. https://www.rush. edu/health-wellness/discover-health/health-benefits-cleaning.

267쪽,　지방이 풍부한 생선, 짙은 녹색의 잎채소, 식물성기름, 복합 탄수화물과 블루베리, 딸기 같은 과일이 우리의 인지능력을 높인다: Mosconi, L. 2018. "Food for Thought: The Smart Way to Better Brain Health." *Guardian*. https://www.theguardian.com/lifeandstyle/2018/oct/13/food-diet-what-you-eat-affects-brain-health-dementia.

267쪽,　최근 어느 연구에서는 2030년까지 미국에 사는 성인 중 절반이 비만에 시달릴 것으로 예측되었고: Ward, Z. J., S. N. Bleich, A. L. Cradock, J. L. Barrett, C. M. Giles, C. Flax, M. W. Long, and S. L. Gortmaker. 2019. "Projected U.S. State-Level Prevalence of Adult Obesity and Severe Obesity." *New England Journal of Medicine* 381 (25): 2440-2450.

267쪽,　다른 연구에서는 20년 전과 똑같은 양의 음식을 먹고 같은 시간 동안 운동을 하더라도 사람들의 체지방 비율은 항상 더 높게 나왔다: Brown, R. E., A. M. Sharma, C. L. Ardern, P. Mirdamadi, P. Mirdamadi, and J. L. Kuk. 2016. "Secular Differences in the Association between Caloric Intake, Macronutrient Intake, and Physical Activity with Obesity." *Obesity Research and Clinical Practice* 10 (3): 243-255.

268쪽,　항생제를 남용하면 소화기관 속 미생물 생태계를 건강하게 유지하지 못한다: Zhang, S., and D. C. Chen. 2019. "Facing a New Challenge: The Adverse Effects of Antibiotics on Gut Microbiota and Host Immunity." *Chinese Medical Journal* 132 (10): 1135-1138.

268쪽,　코끼리들은 이미 이 사실을 알고 가족의 똥을 먹는다: Soave, O., and C. D. Brand. 1991. "Coprophagy in Animals: A Review." *Cornell Veterinarian* 81 (4): 357-364.

268쪽,　가뭄이 길어지면 땅에서 자라는 풀의 종류가 달라진다: Li, G., B. Yin, J. Li, et al. 2020. "Host-Microbiota Interaction Helps to Explain the Bottom-Up Effects of Climate Change on a Small Rodent Species." *Multidisciplinary Journal of Microbial Ecology* 14: 1795-1808.

268쪽,　2015년에는 카자흐스탄의 평균기온이 상승하자 그렇지 않아도 멸종 위기였던 사이가산양 20만 마리가 한꺼번에 죽었다: Kock, R. A., M. Orynbayev, S. Robinson, S. Zuther, N. J. Singh, W. Beauvais, E. R. Morgan, et al. 2018. "Saigas on the Brink: Multidisciplinary Analysis of the Factors Influencing Mass Mortality Events." *Science Advances* 4 (1): eaao2314.

271쪽,　명상을 하는 사람들은 최소 11시간 이내에 생각, 행동, 감정을 조절하는 능력이 향상되었고 결과적으로 뇌 건강도 좋아졌다: Tang, Y. Y., Q. Lu, X. Geng, E. A. Stein, Y. Yang, and M. I. Posner. 2010. "Short-Term Meditation Induces White Matter Changes in the Anterior

Cingulate." *Proceedings of the Natural Academy of Sciences USA* 107 (35): 15649 - 15652.

10장   우리 자신을 되찾는 여행 — 여행 의례

277쪽.   한때 보츠와나에서는 영양과 얼룩말이 대이동을 했다: Lindsey, P. A., C. L. Masterson, A. L. Beck, and S. Romañach. 2012. "Ecological, Social and Financial Issues Related to Fencing as a Conservation Tool in Africa." In *Fencing for Conservation: Restriction of Evolutionary Potential or a Riposte to Threatening Processes?*, edited by M. J. Somers and M. W. Hayward, 215 - 234. New York: Springer.

278쪽.   최근 동물의 이동 경로를 복구해 다시 안전한 통로를 만들려는 움직임이 일어나고 있다: Chase, M. J., and C. R. Griffin. 2009. "Elephants Caught in the Middle: Impacts of War, Fences and People on Elephant Distribution and Abundance in the Caprivi Strip, Namibia." *African Journal of Ecology* 47: 223 - 233.

278쪽.   탄자니아의 세렝게티 평원에서는 큰 영양 200만 마리와 작은 영양을 포함한 얼룩말 20만 마리가 매년 2,900킬로미터를 넘는 거리를 이동한다: Harris, G., S. Thirgood, J. G. C. Hopcraft, J. P. G. M. Cromsight, and J. Berger. 2009. "Global Decline in Aggregated Migrations of Large Terrestrial Mammals." *Endangered Species Research* 7: 55 - 76.

278쪽.   흰기러기는 그린란드, 캐나다, 알래스카의 추운 겨울에서 벗어나기 위해 미국, 멕시코 등 남쪽 나라로 이동한다: Abraham, K. F., R. L. Jefferies, and R. T. Alisauskas. 2005. "The Dynamics of Landscape Change and Snow Geese in Mid-continent North America." *Global Change Biology* 11 (6): 841 - 855.

278쪽.   똑같은 방식으로 인간도 한때 아메리카들소나 매머드 떼를 뒤쫓았다: "The Earliest Humans in Yellowstone." 2019. National Park Service. https://www.nps.gov/yell/learn/historyculture/earliest-humans.htm.

278쪽.   회색 고래는 매년 러시아 바다에서 멕시코로 왔다가 다시 돌아간다: Mate, B. R., V. Y. Ilyashenko, A. L. Bradford, V. V. Vertyankin, G. A. Tsidulko, V. V. Rozhnov, and L. M. Irvine. 2015. "Critically Endangered Western Gray Whales Migrate to the Eastern North Pacific." *Biology Letters* 11 (4): 20150071.

278쪽.   세계에서 가장 먼 거리를 이동하는 동물은 120가지 철새 가운데 자그마한 북극제비갈매기다: Egevang, C., I. J. Stenhouse, R. A. Phillips, A. Petersen, J. W. Fox, and J. R. Silk. 2010. "Tracking of Arctic Terns *Sterna paradisaea* Reveals Longest Animal Migration." *Proceedings of the Natural Academy of Sciences USA* 107 (5): 2078 - 2081.

279쪽.   인간은 신생대 홍적세 때 수렵과 채집을 하면서 옮겨 살던 관습을 1만 2,000년 전부터 서서히 중단하기 시작했다: Marlowe, F. W. 2005. "Hunter-Gatherers and Human Evolution."

코끼리도 장례식장에 간다

Evolutionary Anthropology: Issues, News, and Reviews 14 (2): 54 – 67.

279쪽. 지나치게 사냥을 많이 하는 바람에 매머드, 마스토돈, 거대 나무늘보와 같은 사냥감이 멸종
했다: Sandom, C., S. Faurby, B. Sandel, and J. Svenning. 2014. "Global Late Quaterna-
ry Megafauna Extinctions Linked to Humans, Not Climate Change." *Proceedings of the Royal
Society B: Biological Sciences* 281 (1787): 20133254.

279쪽. 경제적이거나 정치적인 이유다: Hagen-Zanker, J. 2008. "Why Do People Migrate? A Re-
view of the Theoretical Literature." Maastrcht Graduate School of Governance Working Pa-
per No. 2008/WP002.

279쪽. 코펜하겐의 아슈라 행진:Pedersen, M. H., and M. Rytter. 2017. "Rituals of Migration: An
Introduction." *Journal of Ethnic and Migration Studies* 44 (16): 2603 – 2616.

279쪽. 이슬람교도는 이슬람교의 성지인 사우디아라비아의 메카를 찾아가고: Zeidan, A. 2020.
"Hajj." Britannica. https://www.britannica.com/topic/hajj.

279쪽. 가톨릭 신자들은 교황이 사는 바티칸 교황청을 방문하기 위해 로마로 순례 여행을 떠난다:
"Pilgrimage: Rome." BBC. https://www.bbc.co.uk/bitesize/guides/z84dtfr/revision/6.

280쪽. 노래가 땅과 하늘을 연결하는 길이사 소상신의 영혼이 만들어낸 꿈의 길이라고 생각한다:
Somerville et al., "Walking Contemporary Indigenous Songlines as Public Pedagogies of
Country," 2019.

280쪽. 비전 퀘스트(Vision quest)는 영적인 여행을 떠나는 의례다: Krown, M. K. 2009. "Huffing-
ton Post: What Is a Vision Quest and Why Do One?" School of Lost Borders. http://www.
schooloflostborders.org/content/huffington-post-what-vision-quest-and-why-do-one.

280쪽. 여행을 사치로 여길 수도 있지만 많은 연구에서 밝혀졌듯 여행은 육체적·정신적 건강을 지
키는 데 도움을 준다: Chen, C., and J. F. Petrick. 2013. "Health and Wellness Benefits of
Travel Experiences." *Journal of Travel Research* 52 (6): 709 – 719.

283쪽. 어떤 나무의 씨앗은 불이 나야 싹을 틔운다: Barro, S. C., and S. G. Conard. 1991. "Fire Ef-
fects on California Chaparral Systems: An Overview." *Environment International* 17 (2 – 3):
135 – 149.

283쪽. 초창기 인류는 아프리카에서 불을 사용하면서 진화했다: Hebrew University of Jerusalem.
2008. "Fire Out of Africa: A Key to the Migration of Prehistoric Humans." ScienceDaily.
www.sciencedaily.com/releases/2008/10/081027082314.htm.

283쪽. 현대인이 이산화탄소를 대량으로 배출하면서 기온이 상승한 탓에 많은 곳에서 큰 화재가 자
주 발생한다: Bowman, D. M., J. Balch, P. Artaxo, W. J. Bond, M. A. Cochrane, C. M.
D'Antonio, R. Defries, et al. 2011. "The Human Dimension of Fire Regimes on Earth."
Journal of Biogeography 38 (12): 2223 – 2236.

284쪽. 들불이 난 후 카신의 비레오새와 스웨인슨의 개똥지빠귀가 줄어들었다: Smucker, K. M., R. L. Hutto, and B. M. Steele. 2005. "Changes in Bird Abundance after Wildfire : Importance of Fire Severity and Time since Fire." *Ecological Applications* 15 (5): 1535 – 1549.

290쪽. 일본에서는 이런 경험을 '산린요쿠(森林浴)'라고 부른다: Smith, C. 2014. "Forest Bathing." *Psychology Today*. https://www.psychologytoday.com/us/blog/shift/201409/forest-bathing.

290쪽. 삼림욕은 스트레스 수치와 혈압을 낮추고, 맥박 수를 줄이며, 긴장을 완화해준다고 한다: Park et al., "The Physiological Effects of Shinrin-Yoku," 2010.

297쪽. 1990년대 중반 무렵, 회색 늑대가 옐로스톤에 다시 들어와 환경에 긍정적인 영향을 미쳤다: "Wolf Restoration." 2020. National Park Service. https://www.nps.gov/yell/learn/nature/wolf-restoration.htm.

298쪽. 기운을 되찾아주는 여행: Berman, M. G., J. Jonides, and S. Kaplan. 2008. "The Cognitive Benefits of Interacting with Nature." *Psychological Sciences* 19: 1207 – 1212.

298쪽. 여행을 떠나려는 열망은 우리의 유전자에 새겨져 있다: Crouch, G. I. 2013. "*Homo sapiens* on Vacation." *Journal of Travel Research* 52 (5): 575 – 590.

298쪽. 인간의 조상은 수렵·채집 생활을 하면서 결국 지구의 구석구석까지 퍼졌다: Marlowe, "Hunter-Gatherers and Human Evolution," 2005.

299쪽. 인간은 여행을 계획하기만 해도 쉽게 행복해진다: Nawijn, J., M. A. Marchand, R. Veenhoven, and A. J. Vingerhoets. 2010. "Vacationers Happier, but Most Not Happier after a Holiday." *Applied Research in Quality of Life* 5 (1): 35 – 47.

299쪽. 여행을 하면 비정상적이던 혈압 수치가 나아지고: Hruska, B., S. D. Pressman, K. Bendinskas, and B. B. Gump. 2020. "Vacation Frequency Is Associated with Metabolic Syndrome and Symptoms." *Psychology and Health* 35 (1): 1 – 15.

299쪽. 면역 체계는 튼튼해진다: Vinocur, L. 2015. "10 Reasons Why Vacations Matter." Take Back Your Time. https://www.takebackyourtime.org/why-vacations-matter/10-reasons-to-vacation/.

299쪽. 처음 보는 환경을 접하면 새로운 시선으로 자신의 고향과 삶을 바라볼 수 있다: Rowan Kelleher, S. 2019. "This Is Your Brain on Travel." Forbes. https://www.forbes.com/sites/suzannerowankelleher/2019/07/28/this-is-your-brain-on-travel/#77b646db2be6.

299쪽. 해외에서 공부한 학생은 그러지 않은 학생보다 문제 해결 과제를 성공적으로 해낼 가능성이 20퍼센트 더 높았다: Darian, N. 2015. "The 10 Lessons to Learn from Traveling." *A Leading Study Abroad Blog* (blog), *HuffPost*. https://www.huffpost.com/entry/the-10-lessons-to-learn-f_b_8056918.

302쪽,　『모든 것은 그 자리에』: Sacks, O. 2019. *Everything in Its Place: First Loves and Last Tales*. New York : Knopf.

303쪽,　불교에서 한 사람은 더 큰 전체 중 일부다: Goetz, J. 2004. "Research on Buddhist Conceptions of Compassion : An Annotated Bibliography." *Greater Good*.

감사의 말

이 책은 로스앤젤레스에서 매년 열리는 아이디어 페스티벌인 서밋 LA summit la에 참가했을 때 얻은 영감으로 시작됐다. 친한 친구 케리 길마틴이 나흘 동안 열리는 이 행사에 초대해주었다. 그에게 고맙다고 말하고 싶다. 그가 아니었다면 나는 이런 행사가 있는지 영영 몰랐을 것이다. 마침 친구와 나는 둘 다 삶의 전환점을 돌고 있는 참이었는데, 그곳의 다양한 참석자와 획기적인 행사에서 영감을 많이 받았다.

게다가 나는 NASA 프로젝트 몇 개의 책임 연구를 맡으며 생명공학 업계에서 일하다가 오랫동안 수행해오던 코끼리 청력 연구로 방향을 전환하고 있었다. 당시 나는 우주산업에만 많은 집중을 쏟아붓고 있었다. 지구와 그 위에 사는 생물들에 대한 관심과 투자가 절실히 필요한 시기라서 갈등이 되었다. 우리가 알기로는 아직까지 지구를 대신할 행성은 없다. 놀랍게도 누군가는 인간이 살 수 있는 다른 행성을 찾기 위해 개인 자산을 쏟아 부을 수 있겠지만, 현재 우리가 살고 있는 아주 독특한 행성인 지구는 위기를 겪고 있다. 이런 상황에서 다시 코끼리 연구에 온통 관심을 쏟을 수 있어서 기뻤다.

나는 아이디어 페스티벌 모임에 참가해 더 많은 생각을 하면서 책의 핵심적인 아이디어를 떠올렸다. 인간을 포함해 많은 동물의 의례가 놀랍도록 비슷하다고 생각했다.

친한 친구이자 출판 대리인인 티나 실릭과 이야기를 나누다가 내 생각들을 책으로 만들자는 제안을 받았다. 실릭은 곧장 크로니클 프리즘 출판사에서 책을 내면 좋겠다고 말했다. 좋은 출판사를 찾아준 실릭이 얼마나 고마운지 모른다. 크로니클 프리즘 출판사의 에바 에이버리 편집자도 하와이에서 산 적이 있었다. 에바 에이버리와 처음 만나 이야기할 때 알게 된 사실이었다. 나는 금세 그가 적임자라는 사실을 알아차렸다. 에바는 하와이 빅 아일랜드의 힐로에서 보낸 어린 시절부터 자연 세계에 깊은 애정을 느꼈다고 한다. 이 책은 환상의 짝꿍인 저자와 편집자가 함께 만든 작품이다. 에바의 열정과 통찰력은 이 책을 만들어가는 과정에서 여과없이 드러났으니 나로서는 그저 정말 감사할 뿐이다. 나는 에바와 많은 대화를 나누었고, 에바도 이 책과 나에게 신뢰를 보여준 덕분에 이 책이 잘 마무리될 수 있었다. 에바를 생각하면 겸손해지고 정말 감사한 마음이 든다. 그리고 책 표지를 디자인해준 패멀라 가이스마와 디자인 팀 마크 타우버, 제니퍼 젠슨과 제작팀 베스 웨버, 테라 킬립, 세실리아 상티니에게 특별히 감사드린다. 이 책에 자주 관심을 보여준 크로니클 프리즘 출판사의 다른 직원들에게도 무척 고맙다.

코끼리 도나가 표적 훈련을 받는 동안 나와 도나를 도와준 오클랜드 동물원의 코끼리 담당자들, 특히 콜린, 지나, 제프 킨즐리에게 감사드린다. 그리고 비영리단체 유토피아 사이언티픽을 통해 우리가 에토샤 국립공원 안에서 오랜 기간 코끼리 연구를 계속할 수 있게 해준 에토샤 생태연구소와 나미비아 환경 관광부에 가장 감사드린다. 그곳에서 쌓은 경험이 이 책의 토대가 되었다. 또 나를 지원해준 스탠퍼드 대학의 보조금 프로그램 VPUE과 10년 넘게 현장에서 연구 보조로 도와준 스탠퍼드대 학생들에게 고마움을 느낀다. 또한 이 책에 실린 산호초 연구와 홍학 연구를 모두 지원해준 팰컨우드 재단에도 감사드리고 싶다. 재정 지원을 받아 코끼리 보호 구역에서 현장 연구를 할 수 있어 감사하고, 유토피아 사이언티픽에 개인적으로 기부해주신 분들 모두에게 감사드린다. 소리 의례에서 이야기한 연구의 일부는 하버드 의대 이턴 피보디 연구소의 NIDCD 보조금 #5K01DC017812-01의 재정 지원을 받아 진행하고 있다.

동물원 코끼리의 죽음에 관해 이야기해준 버넌 프레슬리에게 감사하다. 그는 코끼리들에게 애도가 필요하다는 사실을 이해하고 코끼리들의 애도 의례를 도와주면서 이들을 따뜻하게 배려했다. 린 마일스 박사는 '오랑우탄 사람' 찬텍을 기르면서 수화를 가르치고 교감을 나눈 경험을 이야기해주었다. 인간과 가까운 유인원을 새로운 관점으로 보게 해주어서 감사하다. 제이미 더쳐 부부는 소투스 늑대 무리를 연구할 당시 겪었던 흥미진진한 경험, 특히 라코타에 관한 이야기를 해주었다. 이들에게도 감사하고 싶다.

나는 마거릿 프렌치 아이작에게 은혜를 입었다. 마거릿은 내장의 미생물 생태계를 바꾸도록 의욕을 불어넣었다. 덕분에 나뿐 아니라 남편도 몇 년은 더 살 수 있을 것 같다. 내가 꾸준히 노력할 수 있도록 믿음을 불어넣어줬으며 친구들과 가족에게도 긍정적인 에너지를 전파했다. 당신의 성공이 나의 성공이다.

나의 소중한 친구 타냐 마이어도 고맙게 생각한다. 내 원고를 세세하게 읽어준 후 의례에 관해 재미있는 이야기를 많이 나누었다. 올케 앤 오코넬 오버마이어에게도 고맙다고 말하고 싶다. 놀이 의례와 애도 의례에 관한 부분을 먼저 읽고 현명한 조언을 많이 해주었다.

남편 팀 로드웰에게 고마움을 전하고 싶다. 야생에서 이 책에 실린 경험을 함께했고, 의례에 관해 수많은 대화를 나누었고, 내가 밤늦게까지 글을 쓰느라 정신없이 굴어도 잘 참아주었다. 자연에서 함께 모험을 떠나는 최고의 파트너가 되어주어서 고맙다. 게다가 완벽한 사진까지 촬영해주어서 감사하다.

세심하고 지혜롭게 원고를 정리해준 제프 캠벨에게도 감사의 인사를 하고 싶다. 조디 베레진처럼 열정적인 학생 인턴의 도움을 받을 수 있어서 정말 운이 좋았다. 그는 참고 문헌 정리를 도와주었다. 특별히 나의 자매 시오반에게 고맙다고 말하고 싶다. 책을 쓰는 마지막 단계에서 내가 머릿속에서 더욱더 생생한 이미지를 끄집어내 글로 옮길 수 있게 도와주었다. 수없이 많은 시간을 들인 끝에 더욱 명확하게 표현할 수 있었다. 그만이 할 수 있는 일이었다.

마지막으로 부모님인 댄과 얼린 오코넬에게 감사드린다. 글을 쓰는 동안 끊임없이 격려해주시고 가장 초기 단계에서부터 원고를 여러 번 읽어주셨다. 그리고 어릴 때부터 자연, 예술, 여행에 대한 사랑을 심어주셔서 감사하다.

옮긴이 이선주

연세대학교 사학과를 졸업하고, 서울대학교 대학원에서 미술사를 공부했다. 『조선일보』 기자, 월간지 『톱클래스』 편집장을 지냈다. 현재는 전문 번역가로 활동하고 있다. 옮긴 책으로는 『세계사를 바꾼 16가지 꽃 이야기』, 『절대 성공하지 못할 거야』, 『혼자 보는 미술관』, 『매일매일 모네처럼』, 『퍼스트맨』, 『히틀러를 선택한 나라』 등이 있다.

코끼리도 장례식장에 간다

1판 1쇄 발행 2023년 1월 5일
1판 4쇄 발행 2023년 6월 13일

발행인 박명곤 **CEO** 박지성 **CFO** 김영은
기획편집 채대광, 김준원, 박일귀, 이승미, 이은빈, 이지은, 성도원
디자인 구경표, 임지선
마케팅 임우열, 김은지, 이호, 최고은
펴낸곳 (주)현대지성
출판등록 제406-2014-000124호
전화 070-7791-2136 **팩스** 0303-3444-2136
주소 서울시 강서구 마곡중앙6로 40, 장흥빌딩 10층
홈페이지 www.hdjisung.com **이메일** main@hdjisung.com
제작처 영신사

© 현대지성 2023

"Inspiring Contents"
현대지성은 여러분의 의견 하나하나를 소중히 받고 있습니다.
원고 투고, 오탈자 제보, 제휴 제안은 main@hdjisung.com으로 보내 주세요.